やさしい信号処理
原理から応用まで
INTRODUCTION
TO SIGNAL PROCESSING:
FROM PRINCIPLES
TO PRACTICE

三谷政昭
MASAAKI MITANI

講談社

まえがき

「何だかこのごろ，暮らしが便利になったな」と感じたなら，"ははあ，これは信号処理っていうヤツのしわざだな？"と，一日も早く，心の中で呟けるようになってもらいたいものである．なぜなら，日常ではめったに目にすることのない信号処理が，"ICT（Information & Communication Technology，情報通信技術）"，"ディジタル化"などのキーワードで語られる新時代の根っこのところをしっかり支えているからだ．

そんな時代背景の中，本書『やさしい信号処理─原理から応用まで─』の執筆依頼を受けてから，わかりやすい説明を模索するうちに，かれこれ2年……，月日が経つのは早いもの．暮らしの中の信号処理は，社会のいたるところに使われ，未来に向かってどんどん進歩しているらしい．なのに，「信号処理が何者なのか？」，普通に暮らしているとなかなか知る機会はない．でも，童話『鶴の恩返し』に登場する老夫婦じゃあないが，そうっと信号処理の世界を覗いてみたい気もする．

普通の技術者からは，「信号処理のことを詳しく知りたいけれど，数学ばかりでヤル気も起きないし，難しい数式ばかりでどうにもならないよ」という不評も聞こえてくる．ヤル気が出てこない理由は，信号処理が私たちの暮らしの奥深くに入り込んでいて，全く見えないことにあるのかもしれない．

そんなこんなで，ヤル気を出して信号処理をモノにするコツは，直観的に腑に落ちるポイントを自力で，簡単な例示を自分流に覚えやすくアレンジして理解することだと思う．「直観」とは本質を見抜く力だ．

この本は，**"信号処理に関わる「直観」を習得し，磨きをかけてもらう"**ためのお手伝いを買って出たという次第である．本書は，信号処理の根底に横たわる「基本的で普遍的なアイデア」を，簡単な数式で解き明かし，イメージで理解する，本質がズバリわかる，世にも不思議な解説本といったところだ．驚きの直観的説明が，あなたの苦手意識をきれいさっぱり吹き飛ばしてくれること，請け合いである（かなり自己宣伝が強くなってしまったが，ご容赦のほど）．

近年，信号処理ではディジタル処理が主流だ．ディジタルと聞くと何だか高度な数学が使われていそうだが，「その中身は？」と言えば，実は四則計算（＋，－，×，÷）

だけなのだ．不思議な感じだが，現在のICT＆ディジタル化時代を支えるのは，確かに小学校低学年で習う算数なのである．

このように信号処理はやさしい算数で実現されているのだが，本質を理解しようとすると，厄介な数式がそこかしこに出てくる．本書では，数式を最小限に留め，実際に手を動かして計算してもらうことを前提に，わかりやすい例示を多用している．また，信号処理の多岐にわたる応用事例を取り上げて，楽しみながら基本テクニックが学べるよう，工夫したつもりである．さらに，フリーソフト[*1]を利用して，信号処理のようすをパソコンによるシミュレーションで体感できるように配慮している（第2章の 2-3 ）．

信号処理を手がける人ならば，最低限これだけは知って理解しておいてほしいと思われるエッセンスに話題を絞り，そのエッセンスに流れる基本となる考え方を，わかりやすく筋道だてて説明するので，じっくりとお読みいただきたい．そうして，これまで難解だと思っていた信号処理に関する嫌悪感が少しでも払拭されて，その有効性に興味を持っていただけたなら，と願わずにはいられない．

なお，序章と第6章にある手書きの楽しい挿し絵は，筆者の妻で自称キッチン・イラストレータ＆書家の三谷美笑玄（雅号）の手によるものである．お愉しみいただきたい．

最後に，本書をまとめるにあたり，内容構成や表現上の適切なアドバイスとともに，何かとご面倒をおかけしたうえに手助けしていただいた㈱講談社サイエンティフィク出版部・慶山篤氏に対し，心より感謝の意を表します．

2013年春　　三谷政昭

[*1] 「ハイブリッド・シミュレータ（機能限定，評価版）」
　　 ㈱マイクロネット
　　 （URLは，http://www.micronet.co.jp/intersim/）

目次

まえがき iii

序章 "信号処理連峰"を踏破・登頂するために 1
- **序-1** "信号処理連峰"って何? 2
- **序-2** 四則計算でナットクする"信号解析"の極意 6

第I部 知ってナットクする! 信号処理のための基礎理論 11

第1章 信号処理ワールドを覗いてみよう! 13
- **1-1** 近未来(20XX年)のある日 13
- **1-2** 信号処理ワールドを支える6大機能 15
- **1-3** 不規則信号と確定信号 22

第2章 信号処理数学のウォーミングアップをしよう ... 25
- **2-1** 正弦波交流のパラメータと数式表現 25
- **2-2** アナログ信号とディジタル信号 32
  - **column 1** サンプリング定理 34
- **2-3** いろいろな信号波形をシミュレーションで見てみよう! ... 37
- **2-4** 「ベクトル」のノルムと内積が,信号処理の出発点! ... 41
- **2-5** 「直交」と「相関」がわかれば,信号処理はわかったも同然! ... 46
  - **column 2** N次元ベクトルからアナログ信号へ 48

第3章 アナログ信号の操作：ラプラス変換とフーリエ級数 ... 52

- **3-1** アナログ信号全体を表す"ラプラス変換" ... 52
- **3-2** アナログ信号の周波数操作は"s"にあり！ ... 56
- **3-3** アナログ信号の周波数成分が見えてくる"フーリエ級数" ... 59
  - column 3 複素数とオイラーの公式 ... 66
  - column 4 正弦波交流の複素表示 ... 70

第4章 ディジタル信号の操作：z変換と離散フーリエ変換(DFT) ... 75

- **4-1** ディジタル信号全体を表す"z変換" ... 75
- **4-2** ディジタル信号の周波数操作は"z^{-1}"にあり！ ... 80
- **4-3** ディジタル信号の周波数成分が見えてくる"離散フーリエ変換(DFT)" ... 82

第5章 信号処理応用の基本テクニック ... 99

- **5-1** 信号を微分・積分する ... 100
- **5-2** 雑音を小さくして取り除く ... 103
- **5-3** 信号を周波数成分で分別する ... 108
  - column 5 聖徳太子のエピソード「豊聡耳(とよさとみみ)」 ... 110
- **5-4** 信号のデータ量を少なくする ... 115
- **5-5** 信号の"似ている"度合いを知る ... 119
  - column 6 すべての信号処理技術は，相関計算に通ず ... 130
- **5-6** 余りを計算する：不思議な整数演算 ... 131
- **5-7** 誤り検出／訂正の仕組みを知って作る：パリティ，ハミング符号 ... 135
- **5-8** データをシャッフルする：暗号の基本の「キ」 ... 145
  - column 7 古典暗号の「カギ」を握る鍵 ... 148

第II部 ズバリわかる！応用事例における信号処理テクニック ... 151

第6章 信号処理技術の多彩な応用事例 ... 153
- **6-1** ホーム・ネットワークと信号処理技術 ... 153
- **6-2** リビングで存在感を示す信号処理技術 ... 154
- **6-3** 信号処理技術が育む"キッチンの名シェフ" ... 155
- **6-4** 信号処理技術でファミリーもお楽しみ ... 156
- **6-5** 信号処理技術が外出先とおウチをつなぐ ... 157
- **6-6** 留守宅を信号処理技術でシッカリ守る ... 158
- **6-7** 高齢者の不安を払拭する信号処理技術 ... 158
- **6-8** 信号処理技術で外国語恐怖症は克服できる ... 159

第7章 エントロピーで量る信号変換処理の世界 ... 161
- **7-1** 通信モデル ... 161
- **7-2** 情報伝送と周波数 ... 164
  - **column 8** シャノンの限界と符号理論 ... 165
- **7-3** エントロピーから見た"符号化と復号化" ... 166
  - **column 7** 情報とエントロピー ... 170
- **7-4** 誤り検出と誤り訂正 ... 170

第8章 音・画像の"小は大を兼ねる"信号処理 ... 173
- **8-1** データ圧縮のための符号化 ... 173
- **8-2** 画像データの圧縮：JPEG, MPEG ... 178
  - **column 10** 視覚の死角？を利用する"量子化" ... 181

	8-3 音データの圧縮：MP3	187
	column 11 聴覚の死角？を利用する"知覚符号化"	188

第9章 誤り検出／訂正で情報を守る信号処理 … 191

	9-1 符号理論の基礎	191
	9-2 符号化／復号化における誤り検出／訂正アルゴリズム	194
	9-3 誤り訂正を体験してみよう（リード・ソロモン符号）	200
	column 12 データ誤りの種類	205

第10章 セキュリティを守る信号処理：DES暗号, RSA暗号 … 207

	10-1 暗号の役割	207
	column 13 ゼロ知識対話証明	209
	10-2 暗号の分類とその特徴	210
	10-3 共通鍵暗号：DES暗号	215
	10-4 公開鍵暗号：RSA暗号	228
	column 14 一方向性関数と暗号マジック	228

付録A	実フーリエ級数の展開式の導出	239
参考文献		242
索引		243

序章　"信号処理"連峰を踏破・登頂するために

　今朝起きてから，この瞬間までに，みなさんは絶対にディジタル＆アナログ"信号処理"技術と出会い，その恩恵に浴している．そう断言できるほどに，この技術は身近で利用されているのだが，黒子のような存在のため，気づくことはほとんどない．例えば，パソコン，FAX一体型留守番電話機，DVDプレーヤ，エアコン，冷蔵庫，炊飯器，カメラなど，私たちの暮らしの中のあらゆるシーンにおいて信号処理は必要不可欠であり，未来に向かって日々進歩している．

　こういった現状を目の当たりにして，"信号処理とは何ぞや"とか"信号処理のことをもっと，もっと知りたい"など，意欲的な読者の皆さんのために，信号処理の全体像を俯瞰することから始めよう．図序-1は，信号処理が関わる分野をいくつもの山々，名付けて**"信号処理"連峰**になぞらえたものだ．これをご覧になって，おおよその感じは想像していただけるのではないだろうか？

図序-1　"信号処理"連峰

 "信号処理"連峰って何？

　さて，"信号処理"連峰の麓には，"信号処理"技術のご神体に触れ，その御利益にあやかろうと，大勢のエンジニアや理系学生がこぞって参拝する"ディジタル＆アナログ"という名のお寺（略して，"デジアナ寺"）があった．お寺には，"いい加減で，アナログだけはよく知っていて，饅頭に目が無い"和尚と，"ディジタルにはめっぽう強くて，しゃべる猫（実体はロボット，名はミケ博士）"の二人が住んでいる（図序-2）．

　さっそく，デジアナ寺の和尚とミケ博士の軽妙な掛け合い問答を通して，みなさんには，"信号処理"連峰を踏破・登頂するために，連峰を形づくる"信号処理"技術の全体的なイメージを描いていただこう．

和尚　"信号処理"連峰と呼ぶ山岳地帯，その頂には雲が覆っているようだな．ねえ，ミケ博士，雲の名を教えてもらいたいなあ．

博士　ガッテン承知，ニャーニャー．えっへん，六つの雲は「インテリジェントな家電機器（冷蔵庫／エアコン／炊飯器）」，「ロボット」，「天気予報」，「人物特定」，「オーディオ」，「防犯カメラ」と呼ばれている．これからも，天候変化に伴って，いろいろな雲が出現するよ．

和尚　楽しみだな．次は，雲の下にそびえる山々の名は？

博士　いくつかの個性的な山の名が付けられているよ．その名は，"音響岳"を

図序-2　デジアナ寺の和尚とミケ博士

　はじめとして，"センサ岳"，"計測・制御・推定岳"，"フィルタ山"，"画像解析・合成・認識山"，"通信・放送山"など．個々の山の高さや形状の違い，風による影響で，いろいろな雲が発生するんだけど……．

和尚　そうすると，「オーディオ」雲は"音響岳"と"フィルタ山"の狭間に，「人物特定」雲は"画像解析・合成・認識山"の頂上に現れるっていう感じなのかな？

博士　いつもはとぼけてるようだけど，おっとどっこい．なんと素晴らしい，和尚さん．それぞれの山それ自体が信号処理の要素技術．雲は要素技術を集大成した製品という感じ，わかっていただけましたでしょうか．

和尚　まあ理解できるよ，山と雲，二つの関係っていうのは？　だったら，山はどうやって造られるんだろう．博士，わかりやすく説明して，教えてくださいな．

博士　そう言われても，高校理科の「地学」という科目で学んだことを思い出してもらいたいんだけど，和尚さん，どうでしょう．

和尚　そう，かれこれ30年以上も前のことで，忘却の彼方．さっぱり思い出せない．山だから，ひょっとして地球の歴史と関係してるかもね．

博士　なかなか，鋭い視点ですよ．地球の構造を思い起こしてもらうと，内部には数千度にも熱せられた固体のマントルが存在し，周りは地殻で覆われています．そうして，マントルの中から融け出して液体になったマグマが地殻を突き破り上

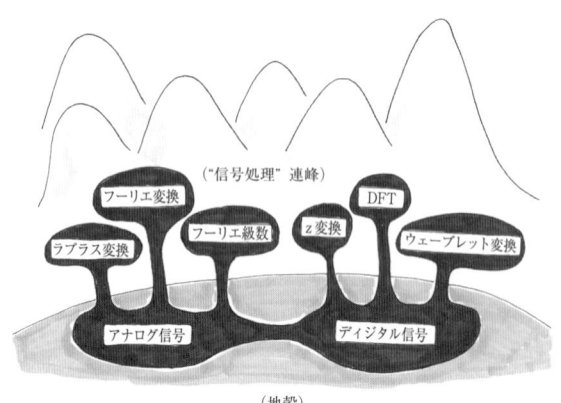

図序-3　"信号処理"連峰の形成とマグマ溜り

がってきて，マグマ溜まりが形成される．すると，地殻の弱いところからマグマが地表に噴出する．その噴出物が何層にも重なって堆積し，少しずつ高くなって山がそびえるようになっていくのです．あるいは，マグマの圧力が増して地殻が盛り上がって，徐々にせり上がってくること（地殻変動）もあるでしょうね．

和尚　地学で学んだ地球の構造，山の形成の感じは，徐々につかめてきたぞ．歳の割には，小生，頭のほうはまだまだ柔らかいな．若い者にはまだ負けないよ．

博士　そうです，和尚さん，自信を持ってください．捨てたもんじゃないですよ．信号処理の話なのに地学の喩えを持ち出して，無理にこじつけようとした感じで，何気に気恥ずかしい．でも敢えて言わせてください（**図序-3**）．

"信号処理"連峰を形成するための信号源は，**図序-3**のように地殻の中に溜まっているマグマに相当する「**アナログ信号**」と「**ディジタル信号**」なんだ（詳細は，**2-2**を参照）．

和尚　小生自慢の手首にはめてる"アナログ"時計（ブランド品で超高価），数字が並んで針のない博士の"ディジタル"時計（100円ショップで購入）と同じような意味なのかな？

博士　そう，そう，その通り．和尚さん，なかなかやりますね．ディジタルというのは「**離散**（"不連続"，"とびとび"といった意味）的な数値」のことで，「**量子化**されている」と言われることもある．これに対して，アナログとは「**連続**した**無数の値**」として表現したものである．

和尚　それじゃあ，悪い癖だとわかっちゃいるけど，「作麼生（そもさん）！」　**図序-3**のアミカケ部分の地層は，どんな働きをしているのかな？

博士「作麼生（これ以降，Somosan と略記）」どこかで聞いたことがある音の響き，ウーン，ウーン．思い出したぞ，和尚さんとの禅問答で，小坊主の私が発する言葉，「そうら，質問だぞ，どうだ答えられるか」という意味だったかな？

「説破（答えてみせましょの意味，これ以降は Seppa と略記）」アミカケ部分では，マグマ（信号）の通りやすいところを探し出したり，地層の内部を突き進めるように，マグマの組成を変える働きを担っているんだ．

和尚　よくぞ，答えた．さすが，私の一番弟子だね．でも，答えがいまいちだ，ようわからん．もう一回，Somosan，どうだぁ〜．

博士　Seppa，マグマが地層を突き進んでいくときに，地層はマグマを「**直交**」，「**相関**」と呼ばれる表現形式に変換したり，変形させたりします．そうして得られる表現形式の中から，山岳地帯を形成するためのマグマ溜まりに，同じ組成のマグマを集めて送り込む働きがあることが知られています．その結果，図序-3 に示すように，

　　ディジタル信号に対しては：

　　　「**z 変換**」，「**DFT**（Discrete Fourier Transform，ディジタル信号のフーリエ変換）」，「**ウェーブレット変換**」

　　アナログ信号に対しては：

　　　「**ラプラス変換**」，「**フーリエ級数**」，「**フーリエ変換**」

と名付けるマグマ溜まりが造られます．ここで，「**フーリエ級数**」，「**フーリエ変換**」，「**DFT**」は「**フーリエ解析**（Fourier analysis）」と総称されます．

和尚　まあ，アミカケ部分の働きの雰囲気が，何となく納得できたような気がする．ちょっと病みつき．それじゃ，またまた，Somosan，マグマ溜まりは，何のためにあるのじゃな？

博士　また，和尚さんから質問が飛んで来たぞ．Seppa，組成ごとに分類されたマグマ溜まりに蓄えられたマグマが噴出したり，圧力を利用して地層を盛り上げたり，……などして，信号処理の要素技術の山々，峰々を造り出しているのです．例えば，テレビやデジカメで必要な画像分析・認識・合成，画像データ量の圧縮などを実現する山である（図序-2 を参照）．

和尚　なるほどね．頭を酷使したので，疲れたぁ．熱いお茶を入れて，饅頭を食べて一息つくとしよう．

博士　ホント，疲れますね．美味しい焼き魚をつまんでこようっと．しばしの休息，ありがたや，ありがたや．

序-2 四則計算でナットクする"信号解析"の極意

"信号処理"連峰の喩え話を終えたところで，連峰を形づくるための地層がもつ要素技術の土台として，デジアナ寺が所蔵する秘伝書の中身をひもといておこう．秘伝書には，信号処理のための三つの門外不出の"信号解析"の極意として，

　「**直交**」，「**相関**」，「**フーリエ解析**」

が書かれている．いずれの極意も，信号解析を理解するうえでのキーポイントとなるものなので，四則計算の範囲でイメージ的な解説にとどめることにして，最初に「**直交**」，「**相関**」の意味するところをしっかりと理解していただこう．

ところで，和尚と博士の休息明けに，参拝にきていた一人の美人エンジニア（キュートな女の子，略してQ子）が，二人の会話の輪の中に無理やり入り込んできた．実は，先ほどの会話をそばで盗み聞きしていたが，より専門的な説明を，ミケ博士から聞き出したいというものであった．

Q子　和尚さんと博士のやり取りは，たいへん面白く，信号処理エンジニアとして非常に興味深かったわ．ご迷惑でなければ，私も会話の仲間に入れてもらえないかしら．

和尚　いいですよ，多種多様な信号処理も，これからは"女子力"に頼らないといけないし，どうぞどうぞ．

博士　もちろん，OKですよ．何の遠慮も要らないので，ズバズバ聞いてください．

Q子　さっそくなんですが，「**直交**」っていうのは何ですか？

和尚　そんなの簡単，直角に交わることじゃよ．……むむ．信号が直角に交わるって，チンプン，カンプン？？？

博士　解説を始めるとしましょうか．その前に理屈はともかく，**図序-4**に示す二つの信号（①，②）に対して，

$$\langle ①, ② \rangle = \frac{1}{4}\{a \times e + b \times f + c \times g + d \times h\} \qquad (序.1)$$

という演算を定義します．このとき，**図序-5**に示す四つの信号（❶，❷，❸，❹）を考え，異なる二つの信号に対して式（序.1）を計算してみてください．Q子さん，どんな値が得られるかな？

Q子　博士，私のこと，ちょっと見くびってないかしら．❶と❷なら，式（序.1）を適用すればいいんだから，

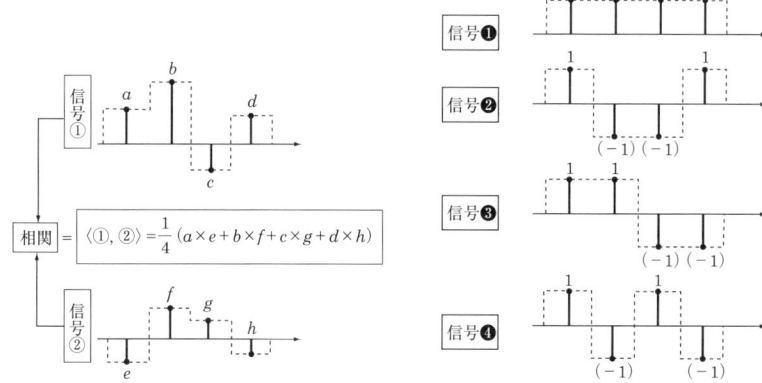

図序-4　信号（4サンプル）の相関演算　　図序-5　"直交する"信号例（4サンプル）

$$\langle \mathbf{1}, \mathbf{2} \rangle = \frac{1}{4} \times \{1 \times 1 + 1 \times (-1) + 1 \times (-1) + 1 \times 1\} = \frac{1}{4} \times \{1 - 1 - 1 + 1\} = 0 \quad (序.2)$$

となって，一丁上がり．こんなもんですか，博士．

博士　種明かしをするとね，式（序.1）の計算値が0（零）になるというのが「**直交**」という性質なんだ（詳細は，**2-4** を参照）．簡単なことでしょ．ちなみに，式（序.1）で定義した"**積和**（乗算した結果を加算した値）"が「**相関**」（信号間の関係の強さを表す，詳細は **2-5** を参照）なんです．これでもう，「**直交**」と「**相関**」の信号処理の二つの極意がいっぺんに理解してもらえたっていうわけだ．

和尚　へぇーっ，ビックリだね．ほかの異なる二つの信号の相関はどうなんだろう？　ちょっとやってみるか．

$$\begin{cases} \langle \mathbf{1}, \mathbf{3} \rangle = \frac{1}{4} \times \{1 \times 1 + 1 \times 1 + 1 \times (-1) + 1 \times (-1)\} = \frac{1}{4} \times \{1 + 1 - 1 - 1\} = 0 \\ \langle \mathbf{1}, \mathbf{4} \rangle = \frac{1}{4} \times \{1 \times 1 + 1 \times (-1) + 1 \times 1 + 1 \times (-1)\} = \frac{1}{4} \times \{1 - 1 + 1 - 1\} = 0 \\ \langle \mathbf{2}, \mathbf{3} \rangle = \frac{1}{4} \times \{1 \times 1 + (-1) \times 1 + (-1) \times (-1) + 1 \times (-1)\} = \frac{1}{4} \times \{1 - 1 + 1 - 1\} = 0 \\ \langle \mathbf{2}, \mathbf{4} \rangle = \frac{1}{4} \times \{1 \times 1 + (-1) \times (-1) + (-1) \times 1 + 1 \times (-1)\} = \frac{1}{4} \times \{1 + 1 - 1 - 1\} = 0 \\ \langle \mathbf{3}, \mathbf{4} \rangle = \frac{1}{4} \{1 \times 1 + 1 \times (-1) + (-1) \times 1 + (-1) \times (-1)\} = \frac{1}{4} \times \{1 - 1 - 1 + 1\} = 0 \end{cases}$$

$$(序.3)$$

Q子　まあ，すべての組み合わせで，『**相関が0**』になってる．こんなことが起こるなんて不思議だわ．ミケ博士，どうしてなの．和尚さんの真似で，

Somosanっと.

和尚 ほんに,そうだね.Q子さんも,やるもんだねぇ.私も,もう一度,Somosanーっ.

博士 Seppaーっ,Q子さんも美しいけど,式(序.2)と式(序.3)はもっと美しい! すべての異なる二つの信号に対する「相関が0」になるとき,**図序-5**の四つの信号の集合を「**直交基底**」というんだ.頭の片隅にでも入れて,記憶にとどめておいてほしい,いずれ役に立つことがあるから.

Q子 そんなこと言わないで,「**直交基底**」の利用シーンをかいつまんで教えてもらいたいです.和尚さん,そうですよねぇ.

和尚 もったいつけないで,教えなさいよ,Somosan.

博士 そうですか,Seppa.いま,ある信号⊗が(16, -2, 4, -6)であったとき,**図序-5**の四つの信号(❶,❷,❸,❹)を用いて合成することを考えてみましょう.結論からで恐縮だけど,**図序-6**のように,

$$[信号❶を3倍]+[信号❷を2倍]+[信号❸を4倍]+[信号❹を7倍] \quad (序.4)$$

の総和として合成できるよ.

Q子 本当,でも不思議だわ.どうやって3倍,2倍,4倍,7倍という情報を見つけ出してくるのかしら.かなり難しそうね.

博士 いやあ,それがそうでもなくて,"超"が付くほど簡単.ちょっと,やってみましょう.試しに,「信号❶を3倍」の情報における数値の'3'から始めましょ.算出方法は,ある信号⊗と信号❶の「**相関**」を求めるだけなんですね.式(序.1)の定義に代入すればいいので,

$$\langle ⊗, ❶ \rangle = \frac{1}{4} \times \{16 \times 1 + (-2) \times 1 + 4 \times 1 + (-6) \times 1\} = \frac{1}{4} \times \{16 - 2 + 4 - 6\} = 3 \quad (序.5)$$

となって,驚いたことに3倍を表す数値'3'が,あぶり出されてくるではないですか.

Q子 エッ,うそっ,そんなに都合よく計算できるものかしら? 博士,たまたま,そうなっただけなんでしょう.でも,残りすべても「**相関**」で算出できるのかもしれない.騙されたと思って,信号❷でやってみようっと.

$$\langle ⊗, ❷ \rangle = \frac{1}{4} \times \{16 \times 1 + (-2) \times (-1) + 4 \times (-1) + (-6) \times 1\}$$
$$= \frac{1}{4} \times \{16 + 2 - 4 - 6\} = 2 \quad (序.6)$$

まあ,'2'という数値が出て,合ってる!

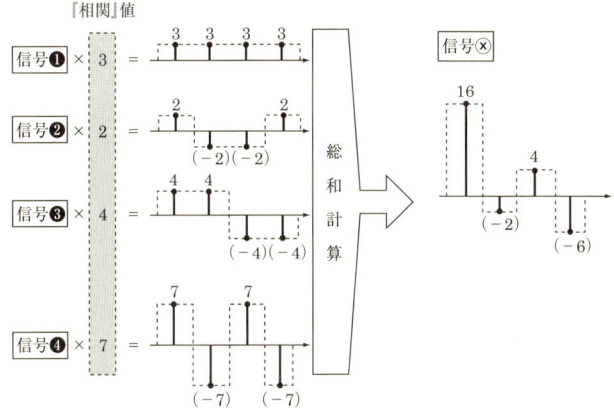

図序-6 「相関」と「直交」を利用した信号分析／合成例

和尚 そんなに驚くこともないだろう．残り二つの計算で，きっとボロが出るから，きっとネ．

$$\langle \text{Ⓧ}, \text{❸} \rangle = \frac{1}{4} \times \{16 \times 1 + (-2) \times 1 + 4 \times (-1) + (-6) \times (-1)\}$$
$$= \frac{1}{4} \times \{16 - 2 - 4 + 6\} = 4 \qquad (序.7)$$

$$\langle \text{Ⓧ}, \text{❹} \rangle = \frac{1}{4} \times \{16 \times 1 + (-2) \times (-1) + 4 \times 1 + (-6) \times (-1)\}$$
$$= \frac{1}{4} \times \{16 + 2 + 4 + 6\} = 7 \qquad (序.8)$$

えっ，えぇーっ．全部，正解？ くわばら，くわばら，触らぬ神に祟りなしっていうことか．ミケ博士がデジアナ寺の大明神さまに見えてきたぞ．

博士 皆のもの，控えおろう！ 「**相関**」，「**直交**」の文字が目に入らぬかあ．たった二つだけの極意を身につけてさえいれば，"信号処理"連峰をいとも簡単に踏破・登頂できるぞよ．大明神さまの御前である，頭が高い……なんちゃってね．さらに付け加えれば，式（序.4）は「**フーリエ解析**」そのものなんですが，この式は，

　　信号の直交基底による分解／合成

という物理的意味を持っていて，周波数成分の計算に相当しているんです．さらに言えば，脳波や心電図などの生体信号中の周波数成分を知ることで病気の診断ができたり，音声や画像などの信号波形に含まれる周波数成分の情報をもとに，声紋分析，画像のデータ圧縮などの処理が可能になるというわけさ．

図序-7　『やさしい信号処理—原理から応用まで—』冒険の始まり

Q子　なんて，素晴らしいこと，感動ものだわ．これまでは，「**フーリエ解析**」と言えば，難しい数学で見るのも嫌だったけど，どうってことはないんだわ．「**相関**」，「**直交**」，「**フーリエ解析**」，みんな大好きよ．

和尚　Q子さんの言うとおり，「**フーリエ解析**」なんて，恐れるに足らずだね．ミケ博士・大明神さま，ありがたいありがたい．

博士　どんなもんだい，僕の実力をわかってもらえたかな．デジアナ寺の秘伝書にある三つの極意「**相関**」，「**直交**」，「**フーリエ解析**」は，信号解析の基本の「キ」なんだ．厳密な数式を丸暗記するんじゃなく，数式が表す物理的な意味をイメージ化して把握することこそが"信号処理"連峰を踏破・登頂するための近道と言えるんです．和尚さんも，Q子さんも，三つの極意を会得してから，"信号処理"連峰に挑みましょう．ニャーニャー．

Q子　はい，そうしますわ．博士，和尚さん，いろいろとありがとうございました．

和尚　老体にむち打って，体力をつけてから，出かけることにするか．

　しばらく経ってから，和尚，Q子さん，ミケ博士の三人はうち揃い，"信号処理"連峰に向けての身支度を調えたそうである．読者の皆さんも，三人とご一緒に，多彩な信号処理の山々や峰々を踏破しながら，山頂を極め，空に漂う多様な雲を眺めていただきたい．

　それでは，「さあ，"信号処理"連峰の踏破・登頂を目指して，エイ，エイ，オー！」と高らかに発声して，『やさしい信号処理—原理から応用まで—』の冒険に旅立つとしよう（**図序-7**）．

第 I 部

知ってナットクする！
信号処理のための
基礎理論

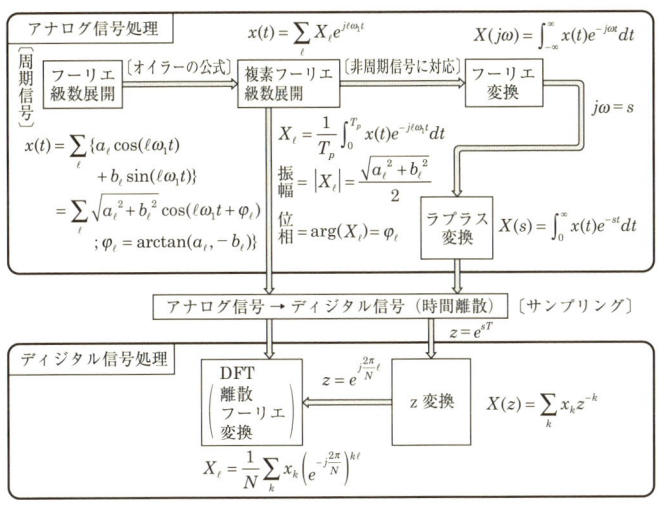

さて,"フーリエ解析(フーリエ級数,フーリエ変換,DFT)"が信号処理の中心にあることはよく知られており,

私たちが物理現象として扱う信号波形は,直流といろいろな周波数の正弦波(cos波,sin波)の寄せ集めである

と言い表される.つまり,フーリエ解析は周波数成分の混ざりぐあいを調べるために必要となる最も重要な数学的手段の一つに位置づけられる.その際,**相関**(信号間の関係の強さ)と**直交**が信号処理の土台をなす考え方で,あらゆる応用事例の基礎になるものである.

特に,**直交変換**,**予測**,**符号化**と呼ばれる信号処理が,データ量を削減するための基本手法であることを体感していただく.

また,**ラプラス変換**がアナログ信号全体,**z変換**がディジタル信号全体を表現するための基礎的な変換であることに言及し,活用例を示す.

なお,これら各種信号処理の詳細および物理的意味については,手前みそで恐縮だが,拙著『今日から使えるフーリエ変換』(講談社刊,2005年)および『今日から使えるラプラス変換・z変換』(講談社刊,2011年)をお勧めするので,是非ともご一読いただきたい.

第1章 信号処理ワールドを覗いてみよう！

　信号処理という用語が醸し出すイメージは，おそらくやたらに難解だ，といったところかもしれない．複雑な数式のオンパレードだ，プログラム実装するのも大変そうだ，私の手には負えないな，という感じで，初めから避けたいと思われていないだろうか．実はとんでもない．理屈はどうであれ，実務においては通常のプログラム作成とさほど変わりばえしないので，気軽な気持ちでチャレンジしてもらいたい．もちろん数式（数学）が苦手でもOKで，「どう使えば，何が得られるのか」さえ，しっかり理解することから始めれば，さまざまな信号処理との出会いが楽しくて，興味を持っていただけることは絶対に保証できる．

　さっそく，「これから信号処理を勉強したいのだが，予備知識がないので，どの本も理解できず困っている」，こんな人にとって福音となるような信号処理ワールドの話から始めるとしよう．

1-1 近未来（20XX年）のある日

　20XX年のある日の朝．ベッドの上で寝ぼけ眼をこすりながら，「カーテン！」と言うと，カーテンがスーッと自動的に開いて，窓から朝日のまぶしい光が差し込んでくる．「テレビ！」という声に反応してスイッチが入り，地デジ／BS／CSの数百チャネルの中からTPOに合わせて好みの番組を選んでくれて視聴できる．さらに続けて，「コーヒー！」と声を発すれば，お世話ロボットが香ばしいエスプレッソを入れて，ベッドまで運んできてくれる……（図1-1）．ごくごく普通の家庭で，こんな光景が当たり前になっている（おそらく）．

　また，通勤地獄もなく自宅に居ながらにして，テレビ電話を介して数人の部下とFace to Faceで仕事の打合せができたり，取引先との商談もこなせる．体調が思わしくないときは，かかりつけのお医者さんにモニタ画面越しに診察してもらうことが可能だ．

　勉強するにしたって，わざわざ学校に行ったり塾通いをしたりすることもなく，

図1-1　20XX年のある日の朝

図1-2　実はもう"信号処理技術"は顔見知り！

自宅で学習するような社会になっているかもしれない．ショッピングだって，インターネットを利用して，好きなときに，欲しい商品をバーゲン価格で購入し，クレジット決済する．一昔前にSF映画で見たような，こんなふうに便利になればいいのになあ，と思っていた夢物語が，現実の暮らしにしっかりと根を下ろしつつある．

　携帯電話にしたって，小さな子供からお年寄りまで一人一台持つくらいにスマホが普及して，電子財布に変身したり，道案内をしてくれたり，外国人との通訳もしてくれる……何と，凄いことだろう?!

　この，夢のような世界へのキップを私たちに手渡してくれるのが，**"信号処理"**と呼ばれる技術，**"信号処理ワールド"**なのである．信号処理は，朝起きてからこの瞬間までに，あなたが絶対に出会っていると断言できるほどに，身近なところで利活用されている（図1-2）．「こんなの，聞いたことも，見たことも，使ったこと

は一度もないよ」という人は，きっと一人もいらっしゃらないことだろう．とはいえ，信号処理は"黒子に徹している"だけに，「これが信号処理，信号処理ワールドです」とは，どこにも書かれてはいない．その存在になかなか気づいてもらえないだけなのである．

それでは，夢いっぱいの近未来社会を実現するキーテクノロジー，信号処理を取り上げて，今より少しでもわかってもらえたらという気持ちで，その素性を詳らかにしていきたい．

1-2 信号処理ワールドを支える6大機能

信号処理の働きは，信号を「知る」，「見る」，「作る」，「送る」，「圧縮する」，「守る」の概ね六つの機能に大別されると言ってよい（図1-3）．身近な例をいくつか示して，これら六つの要素から成る信号処理ワールドをこっそり覗いてみようではないか．さあ，信号処理ワールドの探検に出発だ！

◆ 信号を「知る」（分析・認識ワールド）

毎日使っている料理用ミキサの調子がいつもと違うわ，何だか妙な音が混じってる気がするんだけど——こんなとき，あなたが経験豊富なベテラン主婦なら，この異音からミキサの不具合の発生要因をきちんと特定できるだろう．

例えば，「ウ〜ン，ウ〜ン」となるような低い音なら，ミキサの回転シャフトの軸受け部分にガタがきている可能性が高いと推測するだろうし，「シャカシャカ，キーキー」と高い音なら，潤滑油が切れているか，回転シャフト部分が摩耗して摩擦抵抗が増えているなどと推定できるかもしれない．

こんなふうに，ミキサが発生する音の信号の中には**"ミキサの状態を知る情報"**が含まれている．そこで，ベテラン主婦のもつ経験則（暗黙知），すなわち「音によるミキサの状態診断の知識」を具現化して，ミキサにマイコン（コンピュータ処理）を組み込んで異常判定を任せることだって可能だ（図1-4）．最近では，ミキサをはじめとして多くの家電製品（エアコン，洗濯機など）には自動診断機能が組み込まれていて，家電製品が発生する音や洗濯水の濁り度，室内温度／湿度などの信号情報に基づき，故障箇所の検知から部品（ゴミ取りのフィルタ，駆動モータなど）の交換時期までも，マイコンが自動的に判断してくれるようになっているもの

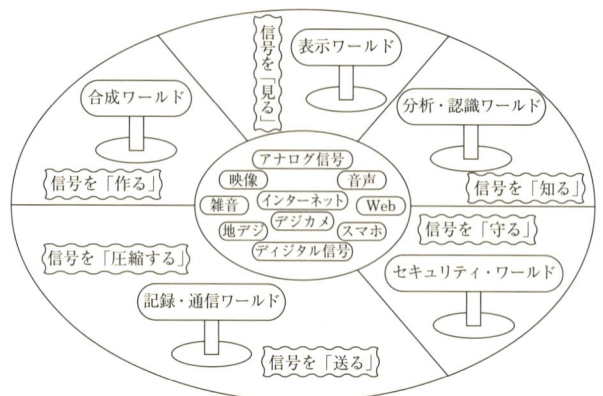

図1-3　信号処理ワールドを支える6大機能

図1-4　ミキサが発生する異常音は何かしら？

が珍しくない．このように，**"対象から発せられるさまざまな信号情報を使って，対象の状態を知ろう"** とするときに，信号処理が必要になるという図式だ．

また，防犯カメラやディジタル・カメラでは，顔認識機能を搭載したものが一般的になりつつあり，売れ筋の商品となっているらしい．そのほか，自動車の運転支援システムとして，ステレオ・カメラを用いて前方に対して画像計測を行い，歩行者や自転車などを監視し，検知して未然に衝突事故を防止する機能だって実現されている．

◆ 信号を「見る」，「作る」（表示ワールド，合成ワールド）

こんどは，自分自身の顔写真（画像）を撮るときの様子を再現してみよう（図1-5）．まず，旧式カメラで撮るときは，自分以外の誰かに頼んで，明るさをチェックして

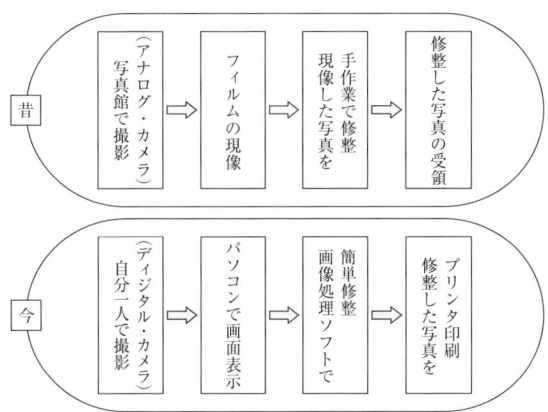

図 1-5　お見合い写真を手にするまでの今と昔

　レンズの絞り，シャッター速度を設定し，被写体の自分（顔の中心）にピントを合わせ，手ぶれが発生しないようにカメラをしっかりと両手で固定して，シャッターを切ってもらう必要がある．その後，ネガを写真屋さんに持ち込んで現像する．この一連の流れを経て，やっとこさ顔写真の完成となる．

　これに対し，最先端のディジタル・カメラでは，手を伸ばしてレンズを自分自身の顔に向けて，シャッターを押すだけで済む．たった一人で自分の顔写真を撮ることができる．なぜなら，顔がボヤけて写らないかどうかを調べてピントを合わせ，手ぶれの有無をカメラに内蔵された加速度センサからの信号で自動判断して防止し，撮影時の明るさ（晴れ，曇り，夜，逆光など）を照度センサで検知して，絞りやシャッター速度を瞬時に自動調整してくれるからだ．こうした高度な撮影テクニックにも，多種多様な信号処理が組み込まれているわけだ．また，写真屋さんに出向くこともなく，自宅のプリンタでカラー印刷するだけで顔写真が手にできる．

　さらには，不細工に撮れた顔をイケメン（美男）に仕上げることも"超"簡単だ．目鼻立ちをすっきりさせて，切れ長の目，たくましく日焼けした顔色に変えることも立ち所にできてしまう．こうした顔画像の修整だって，四則計算による信号処理（**ディジタル信号処理**と総称）が深く関与している．一昔前までは，現像した写真を手描きで少しずつ修整して，お見合い写真を作っていたものなのだが……（何だか，隔世の感がある）．

　また，最近よく見かける"しゃべる機械"は，信号合成処理を使って実現されている．その際，音声の成り立ち（例：時間波形，周波数スペクトル成分）を知ること

が大いに役立つ．音声の成り立ちがわかれば，それを利用して音声合成できるわけで，こんなときにも信号処理の考え方が生かされる．

◆ 信号を「圧縮する」，「送る」（記録・通信ワールド）

近年，インターネット，高機能携帯電話（スマホ）などなど，"いつでも，どこでも，だれとでも，どんな情報（音声／画像／制御などの各種信号）でも送受信して利用できる"通信がもてはやされている．情報通信の歴史を遡れば，古くは太鼓の音や，時代劇に出てくる忍者が利用したのろし（情報の発生），伝書鳩や飛脚（情報の伝達）などを巧みに使って，届けたい情報を伝達してきた（図1-6）．時が進んで19世紀にはエジソンやベルの電話の発明によって，送りたい情報を電気的な信号に変換して情報通信を実現するという一大変革がもたらされた．すなわち，21世紀の高度情報化社会を形づくっている基礎となる技術のおおもとのアイデアが創造されている．

現在では，テレビ映像も，電話音声も，ロボット制御も……何でもかんでもディジタル（数値）データに置き換えられて送受信されるというディジタル通信の世界が，世の中を席巻しているといっても過言ではない．こうしたディジタル通信の強みは，

- 通信時の劣化（信号歪み）を回復できる（雑音に強い）
- コンピュータとの相性が非常によく，音声や画像などのデータを圧縮する処理が簡単に実現できる
- 秘密裏に情報を送受信する秘匿通信がやりやすい
- データの超大容量化への対応（多重伝送，データ圧縮など）に優れている

などが代表的である．この中で，データを圧縮する必要性は，画像などの大容量データを小さくして，インターネット上で高速通信ができるようにしたり，ディジタル・カメラで記録できる写真の枚数を増やしたり，といった効率性を実現する上で必要

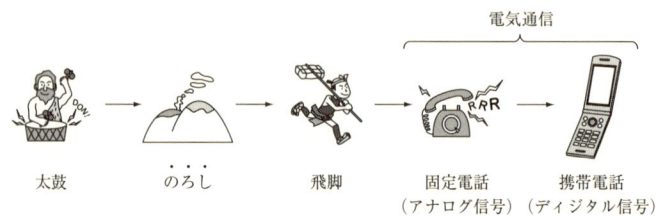

図1-6　情報通信の歴史

不可欠の信号処理と言える．自動車に喩えてみれば，日本のように道路幅や駐車場スペースが非常に小さい場合には，車の大きさを圧縮して小型化する必要があることに似た考え方だろう．

◆ 信号を（あるいは信号で）「守る」（セキュリティ・ワールド）

最後は，信号を守る（**情報セキュリティ**），すなわち情報通信システムの正当な利用者に"安心"を与えるという信号処理である．つまり，さまざまな脅威（盗聴，改ざん，偽造，不正アクセス）から，信号が表す情報を守ることである．セキュリティの代表格として**暗号**（詳細は第10章を参照）が知られていると思うので，ここでは視点を変え，生体的な特徴を利用するセキュリティ処理を紹介しておく．

さて，みなさんは"**バイオメトリクス**"という言葉（一度ぐらい見聞きされているとは想像されるのだが）をご存じだろうか．「バイオメトリクス（biometrics）」という言葉は「biology（生物学）」と「metrics（測定）」の合成語で，「生物測定学」などと訳され，「他人と異なる，自分だけの特徴」を見い出すことによって「本人である」ということを証明する計測信号処理を意味する．つまり，他人と異なり，自分だけしか持っていない特徴，例えば「顔」「指紋」，「網膜」，「虹彩（瞳孔の周囲で色のついた部分，いわゆる"黒目"）」，「静脈」，「掌紋（手のひらの模様）」，「声」，「DNA（遺伝情報）」などが典型的なものである（図1-7）．余談になるが，ウシやウマなどの動物には指紋ならぬ「鼻紋」があるらしい．

これらの身体的な特徴のうち「声（1次元の音圧信号）」以外の生体に関わる情

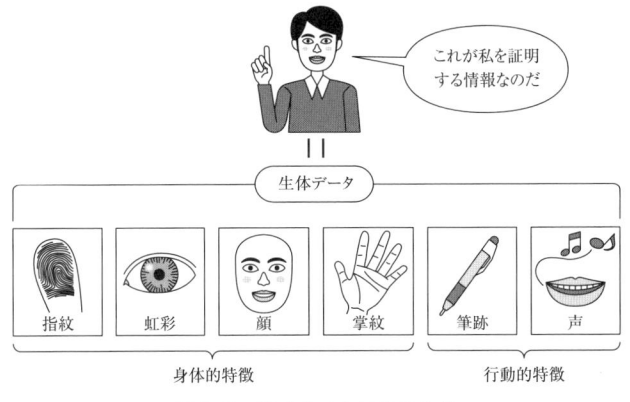

図1-7 バイオメトリクスとは

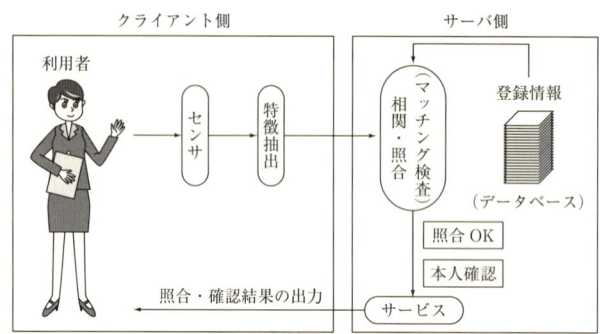

図1-8 サーバ認証モデルの例

報は，すべて2次元信号，すなわち画像である．多くの場合，バイオメトリクスは画像の信号処理そのものであり，画像の計測・分類・認識処理が必要不可欠なのだ．

このような個人の身体的な特徴を使うセキュリティが本人確認の手段として，もっとも大がかりに導入されているのは，諸外国からの旅客が集まる空港などである．実際，空港の搭乗ゲートでは，虹彩の模様や，顔の輪郭，目鼻の位置などの顔のデータによって本人を確認するシステムが稼働している．

バイオメトリクス認証に基づくセキュリティと画像処理のようすについて，もう少し詳しく触れておこう．ここでは，バイオメトリクス（生体）情報をサーバで集中管理し，検索・照合処理することで本人確認（これ以後，認証という）するシステムを取り上げ，登録から認証までのプロセスを簡単に説明する（図1-8）．

・登録

読み取り用のセンサで入力されたバイオメトリクス情報（指紋，顔などの特徴）や氏名などの個人情報がデータベースに登録される．

・認証

端末から送られてきたバイオメトリクス情報を，認証サーバに格納されているデータベースと比較・照合し，照合結果に問題がなければ「本人であること」を認知する．

登録，認証時には，指紋や顔などの生体画像信号の取り込み，特徴抽出（輪郭，特徴点など）の画像処理が必ず実行され，認証時にはあらかじめ登録されている個人情報との照合処理が必要となる．基本的な処理の流れを図1-9に示す．

・生体画像の入力

指紋画像であればセンサ（感熱式，静電式，電界式，感圧式），顔画像であれ

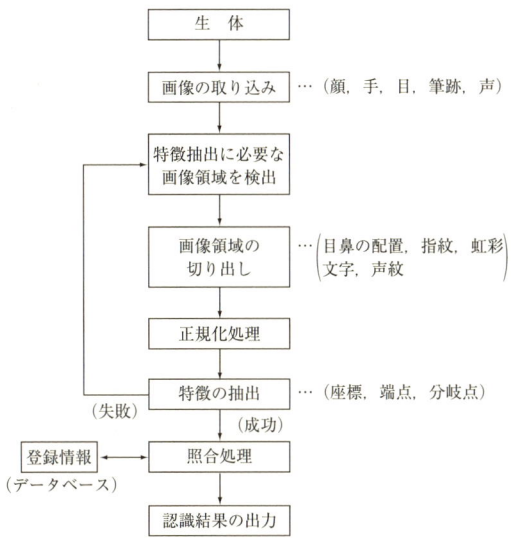

図 1-9　パターン認識における処理の流れ

ばカメラを用いて画像信号を取り込む．

- **特徴抽出に必要な画像領域の検出**

　入力画像の中から，特徴を取り出すために必要な領域を検出する．例えば，背景や複数の人物が写っているときは，認証対象となる顔を検出することが重要である．

- **画像領域の切り出しと正規化処理**

　特徴を取り出すための領域に基づき，入力画像から必要な領域の切り出しを行う．切り出された画像においては，顔であれば，顔の大きさ，顔の部品（目，鼻，口，耳など），傾き，輝度にばらつきが存在することになるので，ばらつきを補正するために正規化処理を行う．

- **特徴の抽出**

　切り出された画像に対して，特徴量（色，形状など）を抽出する．抽出した特徴データを用いて，切り出した画像領域が適切であるかどうかを判定する．適切でない場合は，再度切り出し処理を行う．顔であれば，次のようになる．

　　［幾何学的な特徴］

　　　目，鼻，口などの形状，それらの相対的な位置関係

　　［パターン分布的な特徴］

顔表面の色や濃淡の分布

・照合処理

　切り出した画像から抽出した特徴を，データベースに蓄えられた特徴の登録データと比較・照合する．このとき，画像からの得られた特徴と登録済みのものとの一致度を調べて，認証することになる．

　他方，画像の特徴に最も類似した画像をデータベースの中から見つけ出すプロセスは，事件の犯人や個人を特定するための処理となる．現在では，犯罪対策の一環として，駅や街灯などにおびただしい数の監視カメラが設置され，犯人逮捕に結びつく有用な情報を得ることが行われている．

1-3 確定信号と不規則信号

　身近な信号例として，図1-10を見てもらいたい．図1-10(a)は音声波形，(b)は株価，(c)は心電図，(d)は金属表面の粗さ（凹凸）の信号であり，いずれも異なる物理量を表している．また，(a)，(b)，(c)のように時間を変数とした信号もあれば，(d)のように物質表面のある方向の位置を変数とする信号もある．さらに，時間を変数にもつ信号であっても，縦軸の物理単位やスケールは個々に異なっていることに注意を要する．

　また，図1-10の信号はいずれも横軸が時間あるいは位置を表す一つの変数しか

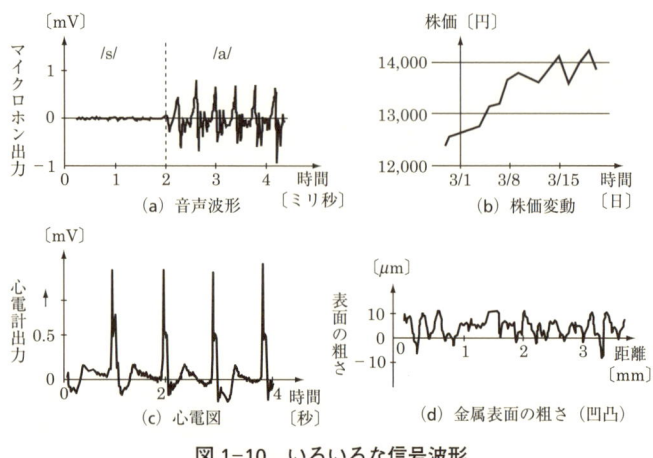

図 1-10　いろいろな信号波形

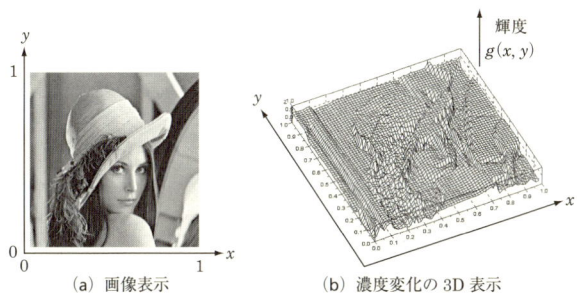

図 1-11　モノクロ画像信号例（標準画像「Lenna」*）

もたない信号であるが，二つ以上の変数をもつ信号もある．その代表は画像信号である．図 1-11(a) はモノクロ画像であり，画面上に直交する二つの座標軸（x 軸，y 軸）をとって，ある点 (x, y) の画像の輝度（明るさ）を $g(x, y)$ と表すと，これとてやはり一種の信号である．実際に図 1-11(a) の画像 $g(x, y)$ を立体的に表せば，同図(b)のようになる．ここで，変数が一つの信号を **1 次元信号** と呼ぶことにすれば，二つの変数をもつ静止画像は **2 次元信号** と呼べる．動画像になれば，時間パラメータが増えて $g(x, y, t)$，また 3D（立体）画像なら奥行きも含めて $g(x, y, z)$ で表される 3 次元信号，さらに 3D 画像のアニメーションなら 4 次元信号 $g(x, y, z, t)$ となるだろう．

2 次元，3 次元，……のように多次元の信号処理となればなるほど，難しいというイメージを抱きやすいと思われるが，一般的には 1 次元の信号処理の単純な拡張で対処できることが多いので，必要以上の心配は要らない．しかるに，1 次元における信号処理テクニックをしっかりと理解し，身につけておきさえすれば大丈夫なのである．

ところで，これまで例として挙げた信号は，ある時刻（あるいは位置）での値がわかったとしても，その値が時間の経過（異なる位置）でどのように変化していくかを予測することが困難な信号である．ただ，心電図や株価の変動などは不完全ながらも，ある程度の予測はできるが，数学的に確定できるというわけではない．このような信号は，**不規則信号** といい，自然界に存在する信号のほとんどがそうであ

---

*　図 1-11(a) の写真はレナ・ソダーバーグという人を撮影したもので，もとはアメリカの『Playboy』誌（1972 年 11 月号）に掲載されていた．現在は信号処理の研究に適した標準的なテスト画像として，慣行的に「Lenna」と呼ばれ広く用いられている．

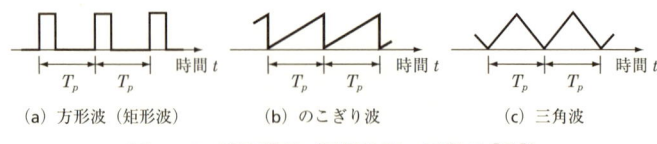

図 1-12 確定信号（周期波形，周期 T_p [秒]）

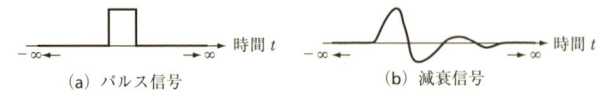

図 1-13 孤立波の例

る［図 1-10］．よく経験することではあるが，空中を飛びまわるハエを退治しようとして，現在の位置からハエ叩きを振り下ろす瞬間にハエがどの位置に来るのかを予測することは甚だ難しい（なかなか退治できなくてイライラすることが多い）．これとて，ハエが不規則な動きをするからで，ハエ叩きを大きくするとかハエ退治用の殺虫スプレーに頼らざるを得ないこともしばしばである．

　これに対して，どの時刻（位置）でもその値が一意に特定できるような信号があり，**確定信号**と呼ばれる［図 1-12］．例えば，ラジオから定時に流れる「ピッ，ピッ，ピー」という時報音や音叉が発する音（多少のふらつきはあっても，きれいな単一周波数の正弦波）は，私たちの身の周りの中では非常に確定信号に近い例である．正弦波は，ある一定の時間間隔で同じ波形が繰り返される信号であり，**周期信号**という．正弦波以外のよく目にする周期信号には，方形波，のこぎり波，三角波などがある［図 1-12(a)〜(c)］．

　また，ある短い時間範囲内に信号のエネルギーが集中しているような単発的な信号は，**パルス信号**という［図 1-13(a)］．これに類する信号として，図 1-13(b)に示す**孤立波**と呼ばれる波形は，エネルギーが有限で十分に時間が経過すると 0 になるような減衰信号である．もちろん，周期信号は常にエネルギーをもつ信号なので，孤立波には該当しない．

第2章 信号処理数学のウォーミングアップをしよう！

ここでは，さまざま信号処理を数式表現する際の基本の「キ」として，正弦波交流，相関の考え方をしっかりと理解してもらうために，数学的な取り扱いを中心に説明する．

まずは，信号処理数学の三本柱として，三角関数（cos, sin），直交性，相関計算を取り上げ，基本的な説明から始めよう．その際，アナログ＆ディジタル信号処理シミュレータを利用し，できるだけビジュアル化して易しい解説を心がけるので，是非ともパソコンを動かし，目で見て体感していただきたい．なお，数学およびパソコン・シミュレーションを得意としている人は，本章の内容を知識の再確認程度に留めていただければ，と思う．

2-1 正弦波交流のパラメータと数式表現

先に **1-3** で説明した確定信号の典型として，単一周波数を有する正弦波交流（cos波）がある．cos波は，ある時刻 t [秒] における時間的な変化（**瞬時値**）として，三角関数を用いて，

$$x(t) = A_m \cos\left(\frac{2\pi}{T_p} t + \varphi\right) \tag{2.1}$$

$$= A_m \cos(2\pi f t + \varphi) \tag{2.2}$$

$$= A_m \cos(\omega t + \varphi) \tag{2.3}$$

というすっきりした形で表される（**図2-1**）．ここで，A_m, T_p, f, ω, φ はそれぞれ以下のような物理量を表す．

- A_m ：信号の大きさ（最大値）を表し，**最大振幅**（あるいは**ピーク**, peak）と呼ばれる．
- T_p ：**周期**と呼ばれる．一つの山から次の山までの時間（一般には，ある振幅から次の同じ振幅の大きさに戻るまでの時間）を表し，単位は [秒]．

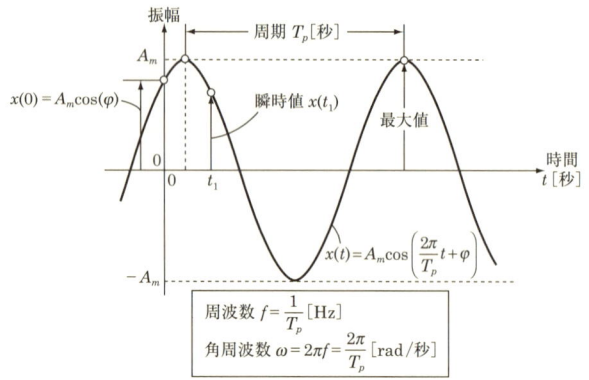

図 2-1　正弦波（cos 波）交流の各部の名称

f ：**周波数**と呼ばれる．1秒間に波の山がいくつ含まれるか，すなわち，波が何回繰り返されるかを示し，単位は [Hz]．周期 T_p とは，次式で表される関係がある．

$$f = \frac{1}{T_p} \quad (あるいは，\ T_p = \frac{1}{f}) \tag{2.4}$$

ω ：オメガと読む．信号がどの程度の速さ（角速度）で回転しているのかを表し，**角周波数**と呼ばれる．単位は [rad/秒]．周期 T_p [秒] および周波数 f [Hz] とは，次式で表される関係が成り立つ．

$$\omega = 2\pi f \quad (あるいは，\ \omega = \frac{2\pi}{T_p}) \tag{2.5}$$

φ ：ファイと読む．$t = 0$ [秒] における角度（**初期位相**）を表し，信号の時間（あるいは，位置）方向のずれを角度換算したものである．単位は [rad].

また，周波数が同じで初期位相の異なる二つの正弦波（**図 2-2**）を考えると，縦方向の振幅差に加えて，横（時間）方向にも波形のピークがずれることが考えられる．このとき，横方向での二つの波形のずれを**位相差**と表現し，単位は [rad] である．時間差 $(t_2 - t_1)$ [秒] を位相差に換算するには，時間差を $2\pi f$ 倍すればよい．

では，なぜ正弦波信号が式（2.1）～式（2.3）のように表現できるのか，簡単に説明しておこう．実は，正弦波というのはもともと一定の速さで回転しているようすを表したものである．例えば，「コトコトコト……」と音を立てて回っている水車（回転半径 r [m]）を真横から見てもらいたい（**図 2-3**）．水車が 12 [秒] で 1 回転（角度に換算すると，360 度 $= 2\pi$ [rad] 回転するのに 12 [秒] かかる）すると

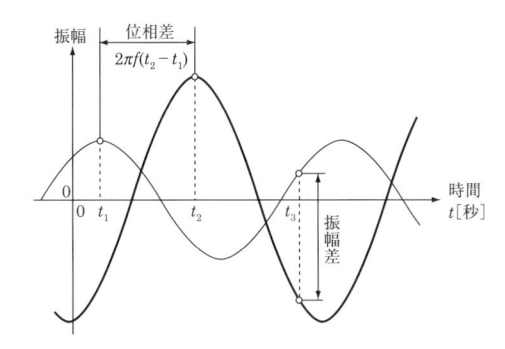

図 2-2 二つの正弦波の位相差 ($t_2 > t_1$)

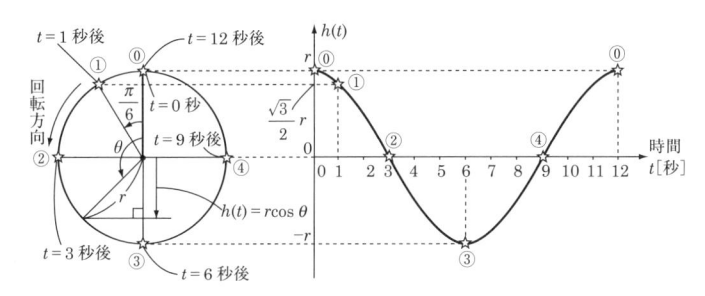

図 2-3 水車の回転と正弦波交流（cos 波）

き，水車の「回転周期 T_p は 12 [秒] である」という．

この水車のマーク☆が，$t=0$ [秒] のとき地面と垂直の位置⓪にあるとすれば，1 秒後には $\theta = 360\, 度 \times \dfrac{1}{12} = 30\, 度 = \dfrac{\pi}{6}$ [rad] だけ回った位置①に来る．1 周期が $T_p = 12$ [秒] なので，全体の 1/4 の時間 $T_p/4 = 3$ [秒] が経過したときに水平位置②に到達し，ちょうど半分の時間 $T_p/2 = 6$ [秒] で一番低い位置③になって，9 [秒] で位置④，12 [秒] 経つと最初の一番高い位置⓪の高さに戻ってくる．

そこで，時間経過 t [秒] に対する振幅（回転の中心を通る水平線との高さの差）をグラフ表示すると，どこか見覚えのある曲線（cos 波）が現れてくるではないか．振幅の瞬時値 $h(t)$ は，水車の半径 r と回転角度 θ に依存し，

$$h(t) = r \cos \theta \tag{2.6}$$

という式で記述されることから納得できる．「フーン，なるほど．家庭で使われる 50 [Hz] あるいは 60 [Hz] の交流電気が，発電所のタービンが回転することによっ

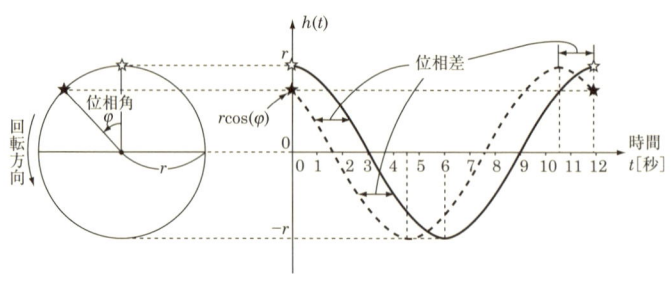

図 2-4 位相角と位相差

て作られているようすに似ているな」とも思える．
　以上のことから，ある時刻における回転角度 [rad] は，

$$\theta = 2\pi \times \frac{t}{T_p} \tag{2.7}$$

で表せるので，振幅の瞬時値は，式 (2.6) より，

$$h(t) = r\cos\left(\frac{2\pi}{T_p}t\right) \tag{2.8}$$

となる．ただし，式 (2.8) の $\frac{2\pi}{T_p} = 2\pi f = \omega$ [rad/秒] は「1秒間当たり，どれだけ角度が変化するか」を表すパラメータである．ω が角周波数と呼ばれる理由も合点がいく．
　次に，水車のマーク☆のほかに，☆から角度 φ が正（プラス，$\varphi > 0$）[rad] だけずれた位置にマーク★を付けて，これまでと同様に水車の回っているようすを見てみよう．マーク★はマーク☆よりも低い位置から動き出し，常にマーク☆よりも一歩先を進んでいく．この様子を「マーク★は，マーク☆より位相が φ [rad] 進んでいる（**進み位相**）」と表現する．φ [rad] の位相のずれは時刻 t とは無関係に一定なので，位相を含んだマーク★の位置 $\tilde{h}(t)$ は，

$$\tilde{h}(t) = r\cos\left(\frac{2\pi}{T_p}t + \varphi\right) \tag{2.9}$$

と表される（**図 2-4**）．ここで，位相差 φ [rad] は二つの波形の時間（横）方向の波形のずれを意味する．なお，位相差 φ を時間に換算するときは，式 (2.9) より，

$$\tilde{h}(t) = r\sin\left\{\frac{2\pi}{T_p}\left(t + \frac{\varphi}{2\pi}T_p\right)\right\} \tag{2.10}$$

と変形できるので，時間差 t_d [秒] は，式 (2.5) を考慮すれば，

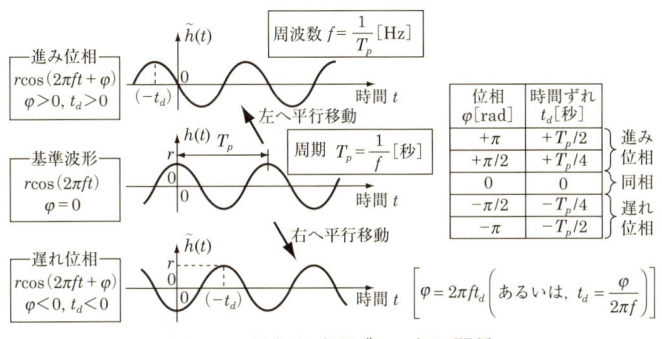

図 2-5 位相と時間ずれの相互関係

$$t_d = \frac{\varphi}{2\pi} T_p = \frac{\varphi}{\omega} \tag{2.11}$$

で表される．すなわち，**図 2-5**［上段］のように基準波形 $h(t)$ を左に t_d［秒］だけ平行移動すればよい．

　一方，位相 φ が負（マイナス，$\varphi<0$）のときは，マーク★が常にマーク☆よりも一歩後ろを遅れて追いかける形になるので，「マーク★は，マーク☆より位相が φ［rad］遅れている（**遅れ位相**）」と表現する．つまり，**図 2-5**［下段］のように基準波形 $h(t)$ を右に $|t_d|$［秒］だけ平行移動した波形になる．

　したがって，水車の高さの瞬時値 $h(t)$ を信号値 $x(t)$ に，高さの最大値 r を信号振幅の最大値 A_m に置き換えて，正弦波を表す数式表現として一般化すると，式（2.1）〜式（2.3）が得られることになるわけだ．

　また，初期位相 $\varphi = 0$［rad］の正弦波交流（cos 波）を，

$$x(t) = A_m \cos\left(\frac{2\pi}{T_p} t\right) \tag{2.12}$$

と表すとき，位相が $\pm\pi/2$［rad］（$= \pm 90$ 度）だけずれている波形は，それぞれ，**表 2-1** の余角の公式を適用すれば，

$$y(t) = A_m \cos\left(\frac{2\pi}{T_p} t + \frac{\pi}{2}\right) = -A_m \sin\left(\frac{2\pi}{T_p} t\right) \tag{2.13}$$

$$\tilde{y}(t) = A_m \cos\left(\frac{2\pi}{T_p} t - \frac{\pi}{2}\right) = A_m \sin\left(\frac{2\pi}{T_p} t\right) \tag{2.14}$$

となり，sin 波として表される（**図 2-6**）．ここで，式（2.12）の変数 $x(t)$ を使って表すと，

表 2-1 三角関数の公式（すべて，複号同順）

基本公式	$\begin{cases} \sin(-\theta) = -\sin\theta,\ \cos(-\theta) = \cos\theta \\ \sin^2\theta + \cos^2\theta = 1 \end{cases}$
2倍角の公式	$\sin(2\theta) = 2\sin\theta\cos\theta,\ \cos(2\theta) = \cos^2\theta - \sin^2\theta = 1 - 2\sin^2\theta = 2\cos^2\theta - 1$
半角の公式	$\sin\theta = \dfrac{1-\cos(2\theta)}{2},\quad \cos\theta = \dfrac{1+\cos(2\theta)}{2}$
余角の公式	$\sin\left(\theta \pm \dfrac{\pi}{2}\right) = \pm\cos\theta,\quad \cos\left(\theta \pm \dfrac{\pi}{2}\right) = \mp\sin\theta$
合成公式	$\begin{cases} A\sin\theta + B\cos\theta = \sqrt{A^2+B^2}\sin(\theta+\varphi)\ ;\ \varphi = \arctan(A, B) \\ A\cos\theta + B\sin\theta = \sqrt{A^2+B^2}\cos(\theta+\varphi)\ ;\ \varphi = \arctan(A, -B) \end{cases}$ なお，純粋数学では arctan 関数を arctan(x) のように1変数で定義するのが普通だが，本書では arctan(A, B) のように2変数で定義する（C言語の atan2 関数と同様の流儀）．関数 arctan(A, B) は，$\tan\varphi = A/B$ となるような φ の値（$-\pi < \varphi < \pi$）を返す関数である．
加法定理	$\sin(\alpha \pm \beta) = \sin\alpha\cos\beta \pm \cos\alpha\sin\beta$ $\cos(\alpha \pm \beta) = \cos\alpha\cos\beta \mp \sin\alpha\sin\beta$

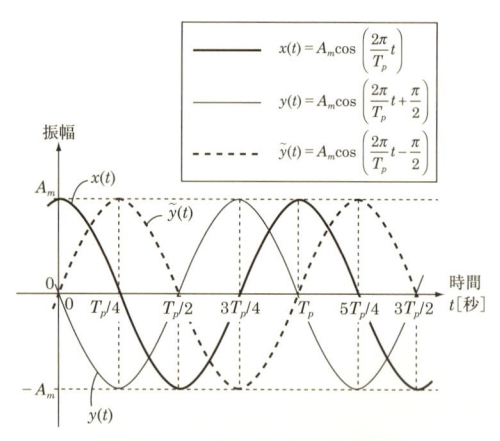

図 2-6 cos 波と sin 波の位相関係

$$y(t) = A_m \cos\left\{\dfrac{2\pi}{T_p}\left(t + \dfrac{T_p}{4}\right)\right\} = x\left(t + \dfrac{T_p}{4}\right) \tag{2.15}$$

$$\tilde{y}(t) = A_m \cos\left\{\dfrac{2\pi}{T_p}\left(t - \dfrac{T_p}{4}\right)\right\} = x\left(t - \dfrac{T_p}{4}\right) \tag{2.16}$$

であり，周期 T_p の 1/4 だけの時間ずれがあることがわかる．

なお，本書を読み進めていく際に有用と思われる三角関数の代表的な公式を，表 2-1 に示しておくので，いろいろな計算で利用していただきたい．

ナットクの例題 ❷-1

$x(t) = 5\cos(10t - 1)$ で表される cos 波形について，最大振幅，角周波数，周期，周波数，位相角（初期位相）を求めよ．さらに，$y(t) = 5\cos(10t)$ との位相差，時間差を示せ．

解答

最大振幅 $A_m = 5$，角周波数 $\omega = 10\,[\mathrm{rad/秒}]$，周期 $T_p = \dfrac{2\pi[\mathrm{rad}]}{\omega[\mathrm{rad/秒}]} = \dfrac{2\pi}{10} = \dfrac{\pi}{5}$ [秒]，周波数 $f = \dfrac{1}{T_p} = \dfrac{\omega}{2\pi} = \dfrac{10}{2\pi} = \dfrac{5}{\pi}$ [Hz]，位相角 （-1）[rad]

位相角が 0 [rad] の cos 波形 $y(t)$ を基準に考えると，$x(t)$ の位相角 $\varphi(=-1)$ がマイナス（負）なので，「$x(t)$ は $y(t)$ より 1 [rad] だけ位相が遅れている」と表現できることから，$y(t)$ の波形を右に 1 [rad] だけ平行移動すれば $x(t)$ の波形に一致する．逆に，$x(t)$ を基準にとると，「$y(t)$ は $x(t)$ より 1 [rad] だけ位相が進んでいる」と別表現できるわけで，$x(t)$ の波形を左に 1 [rad] だけ平行移動したものとしてもよい．

また，$x(t) = 5\cos\{10(t - 0.1)\}$ と変形することにより，位相差 1 [rad] が 0.1 [秒] の時間差に相当することがわかる．一般には，位相差 [rad] を角周波数で除した値が時間差 [秒] に相当する．

$$\text{時間差 [秒]} = \frac{\text{位相差 [rad]}}{\text{角周波数 [rad/秒]}} \tag{2.17}$$

ナットクの例題 ❷-2

$x(t) = 3\sin(4t)$ で表される sin 波を，$y(t) = 3\sin\left(4t + \dfrac{\pi}{2}\right)$ に変形した後の波形グラフを描け．また，$\tilde{y}(t) = x(-t)$ に変形した後の波形グラフを描け．

解答

図 2-7 を参照し，sin 波のグラフの変化の特徴を理解してほしい．

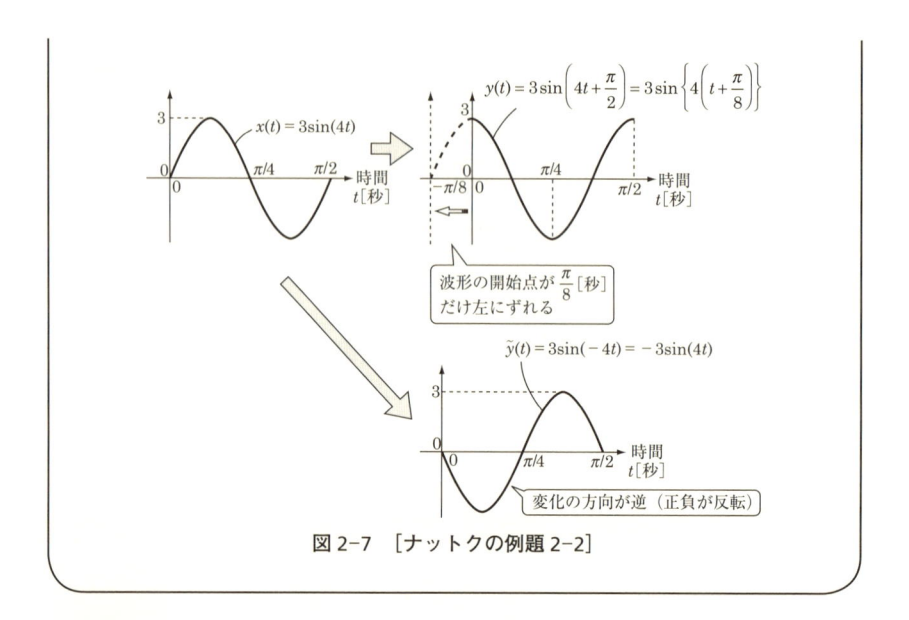

図中:
- $x(t) = 3\sin(4t)$
- $y(t) = 3\sin\left(4t + \dfrac{\pi}{2}\right) = 3\sin\left\{4\left(t + \dfrac{\pi}{8}\right)\right\}$
- 波形の開始点が $\dfrac{\pi}{8}$［秒］だけ左にずれる
- $\tilde{y}(t) = 3\sin(-4t) = -3\sin(4t)$
- 変化の方向が逆（正負が反転）

図 2-7 ［ナットクの例題 2-2］

2-2 アナログ信号とディジタル信号

　私たちが信号処理で対象とする物理量（気温・気圧，電流・電圧，音圧，風速など）は，普通，連続的に変化する．例えば，気温の時間変動を信号として観測する場合，その変動のようすは時間経過に対して連続的に変動するアナログ量なので，その値に時間的な隙間はない．こうした連続的に変化する物理量を表す信号は，**アナログ信号**（analog signal）と呼ばれる．

　しかしながら，アナログ信号の測定データを処理したり，記録・保存することを考えると，いったいどれくらい詳細な測定値が必要なのか，戸惑ってしまう．通常，気温であれば1秒や1分で急激に値が変化することは考えにくいし，もっと粗い1時間ごとの時間間隔で測定したとしても，不都合はほとんど生じないだろう．そうであれば，できるだけデータ量を少なくしたほうが，パソコンを使ってデータ処理する際の計算時間が短縮できるし，データを記録保存するファイル領域も少なくて済む．

　測定精度についても同様で，今の気温は 34.312983℃ などと必要以上の桁数まで精度を上げて測定することは無意味であろう．せいぜい 34.3℃ などと，0.1℃きざ

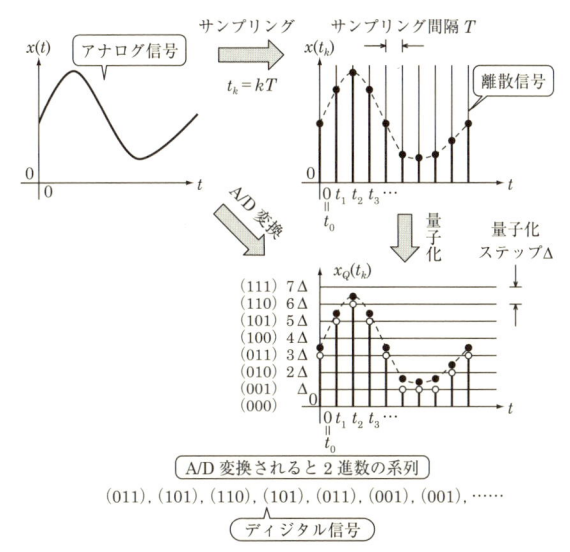

図2-8 アナログ信号からディジタル信号へ

みの精度の測定で十分である．

このようにアナログ信号をとびとびの値に変換することを**サンプリング**（sampling）といい，一定の測定間隔 T［秒］は**サンプリング間隔**（sampling interval），得られる信号を**離散信号**（discrete signal）と呼ぶ（**図2-8**）．ここで，サンプリング間隔の逆数 $1/T$［Hz］を**サンプリング周波数**（sampling frequency）といい，1秒間当たりの離散信号の個数を表す．

十分に細かな時間間隔でサンプリングされている（サンプリング周波数が高い）ときは，このディジタル信号によって，元のアナログ信号を十分に再現できる（**コラム❶を参照**）．

さらに，離散信号の測定値をとびとびの値で表して，横方向（変数）と縦方向（測定値）の両者に対してとびとびの値で表現した信号を，**ディジタル信号**（digital signal）と称する（**図2-8**）．ここで，測定値に対してとびとびの値で表すことを**量子化**（quantization）といい，図2-8は2進数表現による量子化の例で，階段の段差は**量子化ステップ**と呼ばれる．

さて，アナログ信号 $x(t)$ を T［秒］ごとにサンプリングして得られる離散信号は時間変数 T［秒］間隔のとびとびの値であり，整数変数 k に対して $t=kT$［秒］における振幅値なので，

$$\cdots, x(-2T), x(-T), x(0), x(T), x(2T), \cdots \tag{2.18}$$

と表される（●で表記）．さらに，ディジタル信号は離散信号の振幅値をとびとびの値にすればよいので，量子化することを添字 Q で表せば，式（2.18）より，

$$\cdots, x_Q(-2T), x_Q(-T), x_Q(0), x_Q(T), x_Q(2T), \cdots \tag{2.19}$$

となる（○で表記）．なお，混同の恐れがない限り，本書では取り扱いの簡単な離散信号［式（2.18）］を便宜上"ディジタル信号"と称して説明を進める．

コラム 1 column

［サンプリング定理］

アナログ信号をディジタル信号に変換するとき，サンプリング間隔は広いほうが，また量子化は粗いほうが，信号を表すデータ量は少なくて済むので都合がいい．かといって，あまりにデータ量を減らしすぎると，信号のもつ重要な情報を失ってしまうことになって，元のアナログ信号を再現できなくなる．

それでは，図2-9(a)のディジタル信号（とびとびの信号値，●で表記）から，元のアナログ信号を推定してみてもらいたい．おそらく，滑らかにつないで，図2-9(b)のように描くのが普通である．中には，雑音みたいな信号をイメージして，とびとびの信号値（●）を通るようにすれば十分なわけだから，図2-9(c)の波形を描くというへそ曲がりもいたりする．

このように波形が大きく違ってしまう理由を推測すると，どうも"滑らか"と"雑音"という言葉の響きにヒントがあるらしい．専門的に言うと，"滑らか"は周波数が低い，"雑音"のような上下に激しく変動する信号は

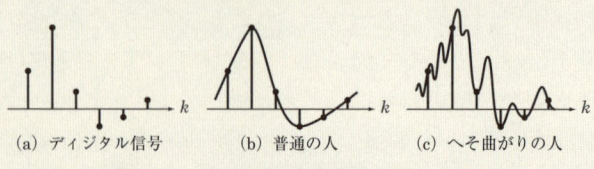

(a) ディジタル信号　　(b) 普通の人　　(c) へそ曲がりの人

図2-9　サンプリングを体感してみると…

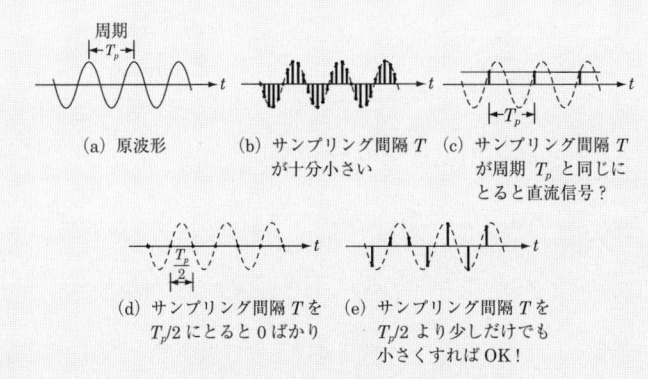

(a) 原波形
(b) サンプリング間隔 T が十分小さい
(c) サンプリング間隔 T が周期 T_p と同じにとると直流信号？
(d) サンプリング間隔 T を $T_p/2$ にとると 0 ばかり
(e) サンプリング間隔 T を $T_p/2$ より少しだけでも小さくすればOK！

図 2-10　正弦波のサンプリング

周波数が高い，となるわけだ．

だとすると，周波数の高低によって，信号のサンプリング間隔をどの程度に選べば適当なのかという疑問が湧いてくる．雑音だったら，おそらくサンプリング間隔を狭くして，ディジタル信号の個数を増やさないとダメで，元のアナログ信号を再現することは難しい．つまり，サンプリング間隔と信号に含まれる周波数の間には，何かしらの関係があるというわけだ．

図 2-10 を見てもらいたい．図 2-10(a)に示す周期 T_p [秒] の正弦波（アナログ信号）を，サンプリング間隔 T [秒] でサンプリングしてみよう．図 2-10(b) は，細かすぎるサンプリングであり，もう少し粗くしてもよいのではないかとわかる．図 2-10(c) は $T=T_p$ で，サンプリング間隔と正弦波の周期が同じときで，アナログ信号が正弦波なのに，直流のように見えている（不思議な感じがする）．図 2-10(d) は $T=T_p/2$ で，サンプリング間隔がちょうど正弦波の周期の1/2が同じときで，アナログ信号が正弦波なのに，ディジタル信号がすべて0で消えてしまう．

ところが，図 2-10(e)の $T<T_p/2$ だったら，何とか元の正弦波を再現できそうな感じがするではないか．実際，正弦波の周期 T_p の 1/2 よりも狭いサンプリング間隔 T を選べば，とびとびのディジタル信号値から元のアナログ信号を正確に再現できることが知られている．このことを周波数に置き換えて表現すると，単一周波数 W [Hz] のアナログ正弦波信号をディジタル化するためには，2倍の周波数 $2W$ [Hz] より大きい周波数で

サンプリングしなければならない，となる．この事実は，**サンプリング**（あるいは，**標本化**）**定理**として，次のようにまとめられている．

> アナログ信号の中に含まれている最も高い周波数が $W\,[\mathrm{Hz}]$ のとき，2倍の $f_N = 2W\,[\mathrm{Hz}]$（**ナイキスト周波数**という）より大きい周波数，すなわち $T_N = \dfrac{1}{2W}\,[秒]$ よりも狭い時間間隔でサンプリングする必要がある．ここで，T_N は**ナイキスト間隔**という．

ということは，正弦波の1周期でほぼ2回程度のサンプリング，すなわち1周期分の情報がほぼ2個の数値データだけで表せるわけだから，サンプリング定理の凄さがわかろうというものだ．このように，「サンプリング定理のおかげで，現代のディジタル情報化社会が実現されている」という過激なフレーズもあながち間違いではない．

では，単一周波数 $W\,[\mathrm{Hz}]$ のアナログ正弦波信号をナイキスト周波数より低い周波数（ナイキスト間隔 T_N より粗い時間間隔）でサンプリングすると，どんな現象が出てくるのかを考えてみよう（図2-11）．図2-11を見ると，本来はアナログ信号に含まれていないはずの低い周波数が，蜃気楼のように現れていることがわかる．このように，信号の中に含まれない波形が観測されてしまう現象は，**エイリアシング**（aliasing）と呼ばれる．この現象が起きると，ディジタル信号が本当の信号成分を表しているかどうかの判別ができなくなって始末が悪い．エイリアシングはサンプリングしてディジタル化した後で取り除くことは不可能で，これを避けるため

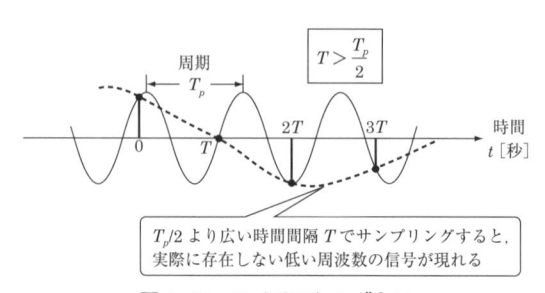

図2-11 エイリアシングとは

には，元のアナログ信号のときに不要な高い周波数成分をあらかじめ取り除いておかなければならない．この不要な高い周波数成分を取り除くという役目をするものは，**アンチ・エイリアシング・フィルタ**と呼ばれ，ローパス（低域通過）フィルタで実現する．

2-3 いろいろな信号波形をシミュレーションで見てみよう！

それでは，アナログ＆ディジタル信号処理シミュレータを利用して，正弦波の周期信号，雑音などの波形を見てみよう．

まず最初に，シミュレーション・ソフトは，URLが，

https://www.micronet.jp/product/intersim/index.html

のマイクロネット(株)のホームページ（図2-12）を開いて，「**ハイブリッド・シミュレータ，InetrSim**（Interactive Simulator）**無料評価（プレビュー）版**」をダウンロードし，インストール後，実行してほしい．

開始画面は，図2-13のように『InterSim活用ガイド』が表示される．そこで，「使い方や機能の参照（目次はこちらです）」の下線部を左クリックすると，図2-14の目次が現れるので，①または②で示す「活用ガイドを開く」をクリックして，本

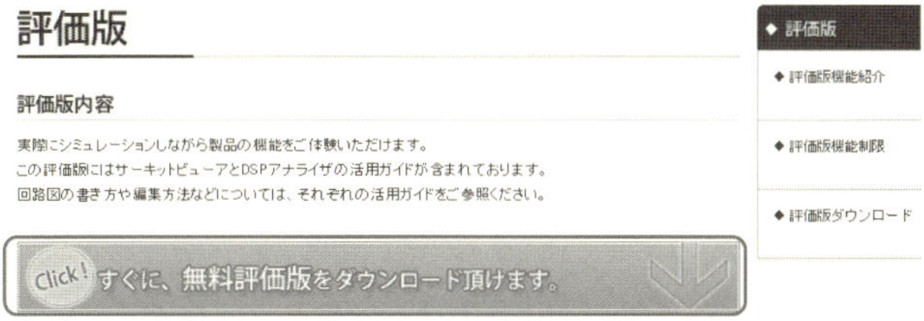

図2-12 InterSim評価版のダウンロード画面

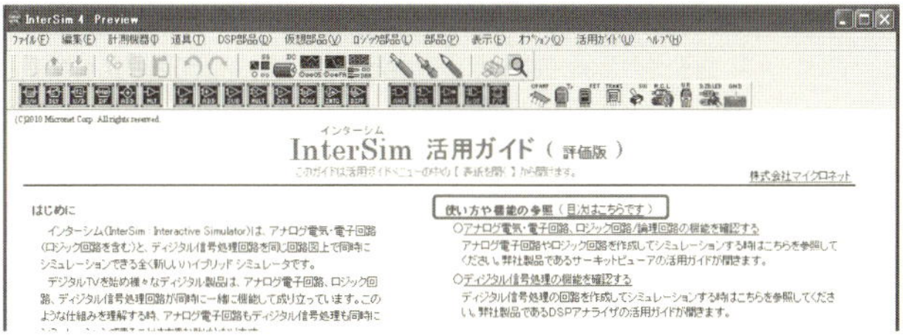

図2-13 InterSim（活用ガイド）

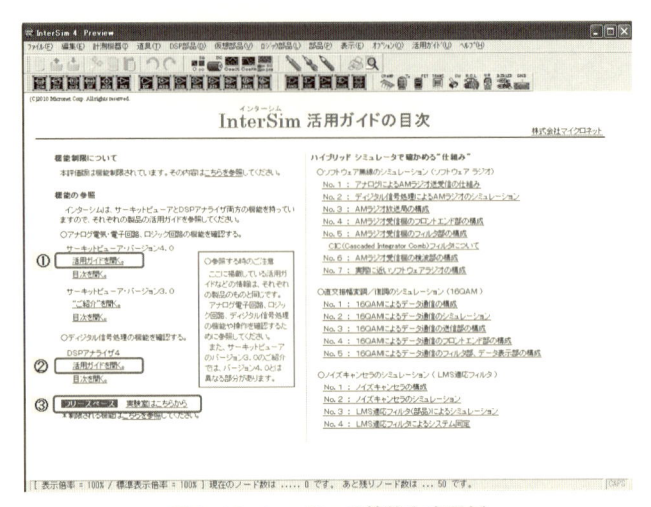

図 2-14　InterSim の機能と応用例

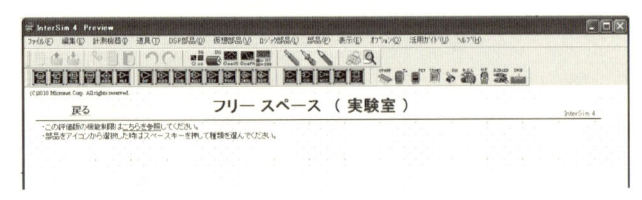

図 2-15　実験室（シミュレーション画面，一部表示）

シミュレータの利用方法や適用例の概要を知ることから始められたい．

本シミュレータ「InterSim」の使い方を一応マスターしたところで，図 2-14 の ③で示す「フリースペース（実験室はこちらから）」の下線部を左クリックすると，図 2-15 に示すブレッド・ボードが現れる．このボード上に回路素子（抵抗，コイル，コンデンサ，トランジスタなど）や演算素子（乗算器，加算器，遅延器など）を配置して，電気電子回路（アナログ・システム）やディジタル・フィルタ（ディジタル・システム）を構成するのである*．このように，多種多様な素子を配置し，リード線で接続・ハンダ付けして，あたかも実際に実験しているような雰囲気が味わえ

＊　アナログ＆ディジタル信号処理シミュレータ「InterSim」を使ってみたい人向けの
　　注…詳細は，拙著『今日から使えるラプラス変換・z 変換』（講談社刊，2011 年）の**第 7 章**に詳しいので，ご一読をお勧めしたい．なお，お勧めする書籍のアナログ＆ディジタル・システム解析（伝達関数，周波数特性）も参考にしていただきたい．

るし，システム完成後は，オシロスコープや周波数アナライザなどの測定器を用いて，システム動作時の入出力波形や特性をグラフ表示することができる．

・**回路作成**

手始めに，アナログ&ディジタル信号処理シミュレータを利用して，図 2-13 に示すブレッド・ボード上に，信号源のアイコン（ ）をクリックして正弦波発生器（ ），サンプリングと量子化の機能を有する A/D 変換器（ ）とアース（ ）を図 2-16 のように配置・接続して，いろいろな信号波形を発生する回路を作成してみよう．

・**信号波形表示**

図 2-16 の信号発生回路が完成したところで，オシロスコープ（ ）のアイコンを左クリックしてほしい．すると，図 2-17 の 4 チャネル・オシロスコープが画面上［図 2-15 の実験室］に現れて，左上に 4 チャネルのプローブが表示される（詳細は，「使い方や機能」を参照）．

続いて，オシロスコープのチャネル数の表示ボタン（ 4CH ）をクリックして 2 チャネル表示（ 2CH ）にして，図 2-17(a)のプローブの中から明るい緑色，明るいピンク色のものをそれぞれ図 2-18 のようにマウスカーソルを移動し選択して，ドラッグ & ドロップして接続すると，sin 波（周波数 1［kHz］）のアナログ信号と離

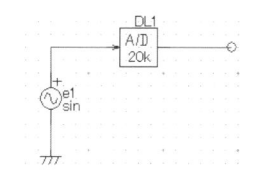

図 2-16 信号発生回路の構成例

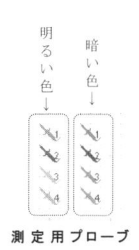

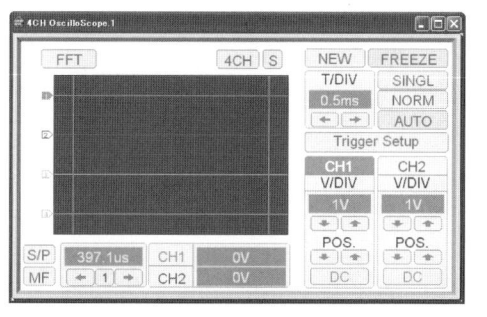

図 2-17 4 チャネル・オシロスコープ

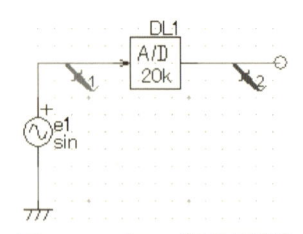

図 2-18 プローブの接続状態

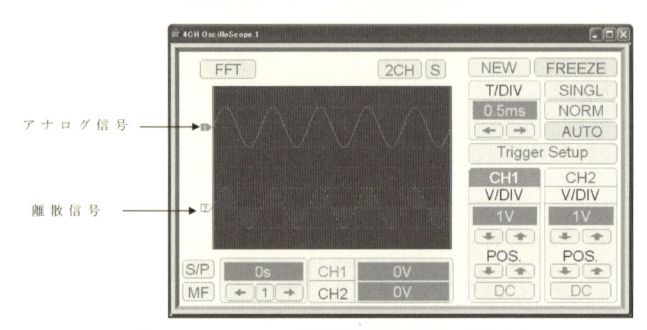

図 2-19 アナログ信号と離散信号の表示例

散信号（サンプリング周波数 20 [kHz]）が現れる（図 2-19）．

・離散信号の量子化

次に，A/D 変換器（ ）の真上にマウスカーソルを移動して左クリックすると，図 2-20 の A/D 変換器のパラメータ設定ウィンドウが現れる．まず，□□□の囲み枠内で，

☑ 浮動小数点を使う

図 2-20 A/D 変換器の量子化の設定

アナログ信号 ──▶

ディジタル信号 ──▶
（2ビット量子化）

+1
−1

+1
+0.5
0
−0.5
−1

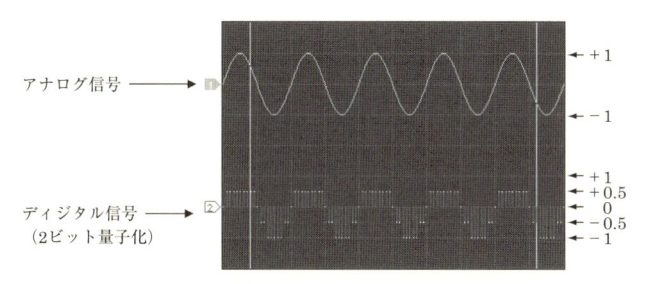

図 2-21　量子化で得られるディジタル信号

のチェック（✓）を外した後，量子化ビット数を，例えば2ビットに設定して OK ボタンを左クリックすると，ディジタル信号が表示される（**図 2-21**）．このとき，アナログ正弦波波形の振幅が±1の範囲であれば，2ビット量子化（負数は2の補数表示）なので，4レベル（−1, −0.5, 0, 0.5）表示となる．そのため，階段状に変化するディジタル信号が得られるが，とてもアナログ信号が正弦波であることは想像できないだろう．そこで，量子化ビット数を大きくしてレベル数を増やすことにより，細かい振幅変化が表示できるようになるので，徐々に正弦波であることが見えてくる．

2-4　「ベクトル」のノルムと内積が，信号処理の出発点！

2-2 では，アナログ信号 $x(t)$ が，時間を適当にサンプリングすることによってディジタル信号 $\{x_k = x(kT)\}_{k=-\infty}^{k=\infty}$ に変換されることを学んだ．

いま，時間範囲 $[t_{\min}, t_{\min}]$ を T [秒] 間隔で N 等分してサンプリングしたディジタル信号 x を，N 個のサンプル値の系列として，

$$x = (x_0, x_1, \cdots, x_{N-1}) \quad ; \quad x_k = x(kT) \tag{2.20}$$

と書こう．x は順序づけられた数値の並びであり，**N 次元ベクトル**と呼ばれる．ベクトル x が表すディジタル信号のアナログ信号 $x(t)$ に対する近似の良さは，サンプル数 N を増やせば，どんどん良くなっていく（**図 2-22**）．これを極限にまで増やすと，つまり N を無限大にしたとき，アナログ信号 $x(t)$ に一致するはずである．ということは，解析対象となる信号が時間連続（アナログ信号）であったとしても，特別な信号でない限り，N 個のサンプル値の時間離散系列（ディジタル信号）を

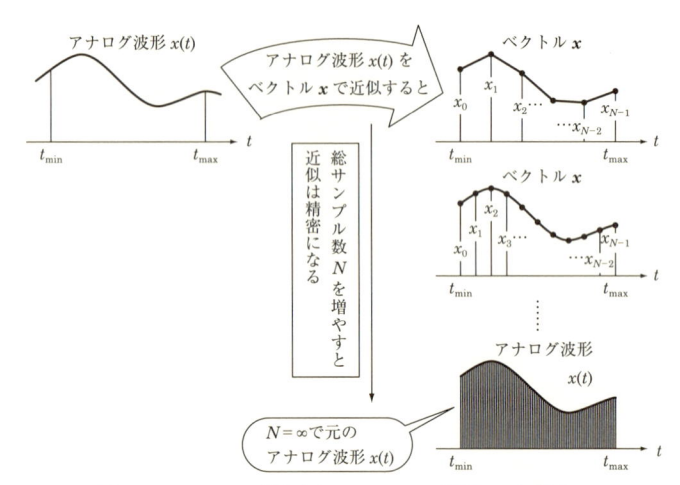

図2-22 アナログ波形をベクトルで近似して表現する

要素とするベクトル x を $x(t)$ の代わりに解析しても，本質的には同じはずである．

ところで，信号処理の話をするのに「ベクトル」の話が登場することに対し，多少なりとも違和感をもたれるかもしれない．実は，信号処理の重要なテーマである相関計算やフーリエ解析（フーリエ変換，フーリエ級数，DFT，FFT[*1]，DCT[*2]など）が，ベクトルの距離とか内積とかの性質を巧みに利用したものだから，ベクトルを避けては通れないのである．信号処理を学ぼうとする人にとっては，何だか狐につままれたような感じではあろうが，徐々にその謎が解き明かされてくるので，乞うご期待といったところか．

そんなわけで，まずは高校数学の「2次元ベクトル」で学んださまざまな性質を振り返り，それから「N次元ベクトル（ディジタル信号）」，さらには「連続関数（アナログ信号）」へと話を発展させていくことにしよう．

◆ 2次元ベクトルの距離

ある二つの信号 $x(t)$ と $y(t)$ をサンプリングして，それぞれ二つの値 $\{x_0, x_1\}$, $\{y_0, y_1\}$ を得たとする（図2-23）．これらの値から，二つの信号 $x(t)$ と $y(t)$ の関係の強さ（相

[*1] Fast Fourier Transform（高速フーリエ変換），DFTの高速算法
[*2] Discrete Cosine Transform（離散コサイン変換，DFTの実数成分に相当）

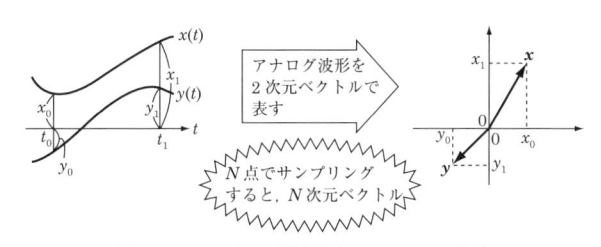

図 2-23　アナログ波形をベクトルで表す

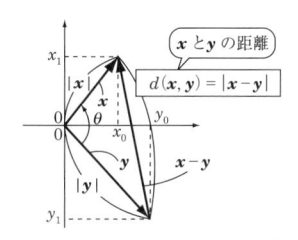

図 2-24　2次元ベクトルの距離

関）を知りたいとしたら，どうするだろうか？　喩えが多少こじつけとなることを覚悟して，男女関係に置き換えて考えてみると，X男とY子が仲良しであれば「べったりと身体を寄せ合っている（X男とY子の隔たりが0メートル）」，不仲であれば「遠く離れている（隔たりが10メートル）」という感じだろう．つまりは，X男とY子と距離（隔たり）という物差しの大小で，二人の近しさを測れることになろうか．

そうすると，二つの信号の関係の強さを調べるということは，信号ベクトル間の距離（隔たり）を調べることにほかならない．もっとも，たった二つの信号値しかサンプリングしていないとしたら，元のアナログ信号に対する近似度は良くないかもしれない．しかし，先に説明したようにサンプリング数を増やすことによって，この種の問題は解決されるわけだから，とりあえずは2個のサンプリングで説明開始としよう．

いま，二つの信号の2次元ベクトルを，

$$\boldsymbol{x} = (x_0, x_1), \quad \boldsymbol{y} = (y_0, y_1) \tag{2.21}$$

と表すとき，二つの信号の関係を「**二つのベクトル間の距離**」として表すことを考えよう（図 2-24）．$\boldsymbol{x}$ と $\boldsymbol{y}$ の距離を $d(\boldsymbol{x}, \boldsymbol{y})$ とするとき，この値が小さいほど $\boldsymbol{x}$ と $\boldsymbol{y}$ は近い，すなわち関係が深い，あるいは類似性が高い（よく似ている）と言える．

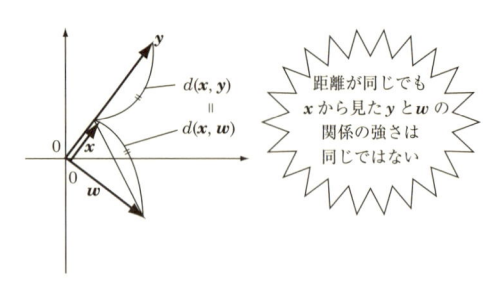

図 2-25　二つの信号ベクトルのなす角度も重要

最初に高校数学の「ベクトル」の知識を借りて，ベクトル x の大きさ（絶対値）を $|x|$ と記すと，x の要素 (x_0, x_1) を使って，

$$|x| = \sqrt{x_0^2 + x_1^2} \tag{2.22}$$

と表せる．この $|x|$ はベクトル x の**ノルム**と呼ばれ，このノルムは原点から (x_0, x_1) までの距離に相当する．ここで，図 2-25 から明らかなように，x と y の距離 $d(x, y)$ はベクトル $x - y$ のノルムである．このことに着目するとベクトルの要素を用いて x と y との距離は，

$$d(x, y) = |x - y| \tag{2.23}$$

$$= \sqrt{(x_0 - x_1)^2 + (y_0 - y_1)^2} \tag{2.24}$$

と表されることになる．

ところで，図 2-25 を見てもらいたい．この図では，ベクトル x から見て，y（x と同じ向き）も w も等距離にあり，x を何倍かすれば y を作ることができるが，x を何倍しても w を作ることはできない．x から見ると同じ距離にある y と w であるが，w よりは y との関係はずっと強いと考えるのが妥当であろう．どうやら，距離という物差しだけではベクトル間の関係を表すのに不十分で，距離以外のパラメータとして「**二つのベクトルのなす角度**」も重要な物差しであることを示唆している．

◆ 2次元ベクトルの内積

また，高校数学「ベクトル」を思い出してもらえれば，ベクトルの角度計算には内積が利用できる．x と y の内積 $\langle x, y \rangle$ は，ベクトルの成分を使って，

$$\langle x, y \rangle = x_0 y_0 + x_1 y_1 \tag{2.25}$$

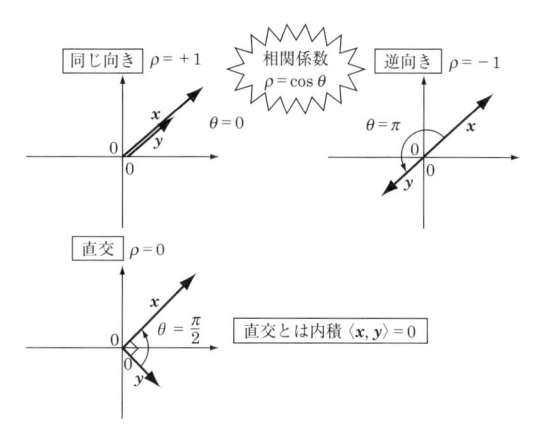

図 2-26　二つの信号ベクトルのなす角度と相関係数 ρ

で定義される．

一方，ベクトルのなす角度を θ で表して，x と y の内積（**相関**といい，変数 R で表す）が，

$$R = \langle x, y \rangle = |x||y|\cos\theta \tag{2.26}$$

で与えられる関係も成り立つことが知られている．よって，

$$\cos\theta = \frac{\langle x, y \rangle}{|x||y|} = \frac{R}{|x||y|}$$

であり，これを変数 ρ として，

$$\rho = \frac{\langle x, y \rangle}{|x||y|} \tag{2.27}$$

とおき，この ρ を**相関係数**と名付けておく．このとき，$-1 \leq \cos\theta \leq 1$ を考慮すれば，当然のことながら $-1 \leq \rho \leq 1$ である（図 2-26）．図 2-26 より，

ⓐ x と y が同じ向き　　：$\theta = 0$ で，ρ は最大値 1 を採り，角度 $\theta(>0)$ が大きくなるにつれて減少する

ⓑ x と y が直角の向き　：$\theta = \dfrac{\pi}{2}[\mathrm{rad}] = \pm 90$ 度で，ρ は 0

ⓒ x と y が逆向き　　　：$\theta = \pm\pi[\mathrm{rad}] = \pm 180$ 度で，ρ は最小値 (-1)

となることが見てわかる．言い換えれば，相関係数 ρ の値が大きいほど x と y は近い，すなわち関係が強い，あるいは類似性が高い（よく似ている）となる．この類似性を利用する場面は，人物の特定，音声認識，フーリエ解析，……と枚挙にい

とまがないほどに，信号処理では欠かせない概念の一つである．なお，ⓑの「x と y が直角の向きで相関係数が0」になることを，「x と y は直交する」ともいう．

さらに，信号ベクトル x とそれ自身の内積 $\langle x, x \rangle$ は，式（2.22）と式（2.25）より，

$$\langle x, x \rangle = x_0{}^2 + x_1{}^2 = |x|^2 \tag{2.28}$$

であり，

$$|x| = \sqrt{\langle x, x \rangle} = \sqrt{x_0{}^2 + x_1{}^2} \tag{2.29}$$

となるので，内積とノルムの関係が明確になる．

このことを利用すれば，式（2.27）の相関係数 ρ は，ベクトル x と y の要素 (x_0, x_1)，(y_0, y_1) を用いて，

$$\rho = \frac{x_0 y_0 + x_1 y_1}{\sqrt{x_0{}^2 + x_1{}^2}\sqrt{y_0{}^2 + y_1{}^2}} \tag{2.30}$$

と表すことができる．

2-5 「直交」と「相関」がわかれば，信号処理はわかったも同然！

今度は，サンプル数 $N=2$ に対応する2次元ベクトルのノルムと内積が，サンプル数 N の増大に対して，一般にどのような式で表されるのかを考えてみよう．

◆ ノルム（平均電力）

例えば，$N=3$ の3次元ベクトル $x = (x_0, x_1, x_2)$ に対して，そのノルム（大きさ）は原点からの距離に等しく，式（2.22）の次元を単純に拡張することにより，

$$|x| = \sqrt{x_0{}^2 + x_1{}^2 + x_2{}^2} \tag{2.31}$$

と表される．このことから推測できるように，N 次元ベクトル $x = (x_0, x_1, \cdots, x_{N-1})$ のノルムは，2次元→3次元→…→N 次元の自然な拡張として，

$$|x| = \sqrt{x_0{}^2 + x_1{}^2 + \cdots + x_{N-1}{}^2} = \sqrt{\sum_{k=0}^{N-1} x_k{}^2} \tag{2.32}$$

のように定義するとよさそうである．ただ，この式では時間範囲が長くなってサンプル数が増えると大きな値になってしまうことから，ノルムの定義としてはサンプル数 N で規格化しておくほうが都合がよい．つまり，本書では1サンプル当たりのノルムを，

$$|\boldsymbol{x}| = \sqrt{\frac{1}{N}\sum_{k=0}^{N-1} x_k^2} \tag{2.33}$$

で与えることにしよう．

一方，サンプル数 N を無限大にしたときのアナログ信号 $x(t)$ に対しては，どのようになるのだろうか？ これについては，周期波形（周期 T_p [秒]）に対するものとして，1周期当たりのノルムを，

$$|\boldsymbol{x}| = \sqrt{\frac{1}{T_p}\int_0^{T_p} x^2(t)dt} \tag{2.34}$$

で定義でき，2乗平均値（**実効値**，**平均電力**）と呼ばれる（**コラム❷**を参照）．例えば，私たちが利用する 50 [Hz] の家庭用電源 100 [V] は実効値で表された電圧値であり，瞬間的には最大約 140 [V] の電圧がかかっている．

◆ 内積（相関，直交）

次に，式 (2.25) の内積を N 次元ベクトルに拡張してみよう．例えば，$N=3$ の3次元ベクトル $\boldsymbol{x}=(x_0, x_1, x_2)$ と $\boldsymbol{y}=(y_0, y_1, y_2)$ に対して，その内積は式 (2.25) の次元を単純に拡張することにより，

$$\langle \boldsymbol{x}, \boldsymbol{y}\rangle = x_0 y_0 + x_1 y_1 + x_2 y_2 \tag{2.35}$$

と表される．先ほどと似た流儀で，N 次元ベクトル $\boldsymbol{x}=(x_0, x_1, \cdots, x_{N-1})$ と $\boldsymbol{y}=(y_0, y_1, \cdots, y_{N-1})$ の内積は 2 次元→3 次元→…→N 次元の自然な拡張として，

$$\langle \boldsymbol{x}, \boldsymbol{y}\rangle = x_0 y_0 + x_1 y_1 + \cdots + x_{N-1}y_{N-1} = \sum_{k=0}^{N-1} x_k y_k \tag{2.36}$$

のように定義するとよさそうである．ただ，時間範囲が長くなってサンプル数が増えると大きな値になってしまうことから，ノルムの場合と同様に，内積の定義もサンプル数 N で規格化しておくほうが都合がよい．つまり，本書では，式 (2.33) で定義した1サンプル当たりのノルムと同じように，1サンプル当たりの内積を，

$$\langle \boldsymbol{x}, \boldsymbol{y} \rangle = \frac{1}{N} \sum_{k=0}^{N-1} x_k y_k \tag{2.37}$$

で与えることにする．したがって，サンプル数 N を無限大にしたときのアナログ信号 $x(t)$ と $y(t)$ に対しては，周期波形（周期 T_p [秒]）に対するものとして，1周期当たりの内積を，

$$\langle \boldsymbol{x}, \boldsymbol{y} \rangle = \frac{1}{T_p} \int_0^{T_p} x(t)y(t)dt \tag{2.38}$$

で定義するとよさそうである（**コラム❷を参照**）．このとき，内積が0，すなわち $\langle \boldsymbol{x}, \boldsymbol{y} \rangle = 0$ のとき，「**二つの信号 x と y が直交する**」という．

コラム 2 column [N次元ベクトルからアナログ信号へ]

周期 T_p [秒] を有するアナログ信号 $x(t)$ の1周期分が，時間間隔 T [秒] でサンプリングしたディジタル信号 $\boldsymbol{x} = (x_0, x_1, \cdots, x_{N-1})$ として N 次元ベクトルで表されるとしよう（図2-27）．

このとき，「式 (2.33) から式 (2.34) へ，式 (2.37) から式 (2.38) へ」というように，ディジタル信号（N次元ベクトル）から N を無限大にしたときのアナログ信号（連続関数）に拡張するには，どう考えたらいいのだろうか．図2-27より，周期波形のもつ周期 T_p とサンプリング間隔 T の間には，

$$T_p = NT \tag{2.39}$$

で表される関係がある．よって，ディジタル信号のノルム [式 (2.33)] の右辺の総和計算 (Σ) に $\frac{T}{T}$ を掛けてみると，

$$\sqrt{\frac{1}{N} \sum_{k=0}^{N-1} x_k^2} = \sqrt{\frac{T}{NT} \sum_{k=0}^{N-1} x_k^2} = \sqrt{\frac{1}{NT} \sum_{k=0}^{N-1} x_k^2 T} = \sqrt{\frac{1}{T_p} \sum_{k=0}^{N-1} x_k^2 T} \tag{2.40}$$

と変形できる．ここで，x_k はアナログ信号 $x(t)$ の $t = kT$ [秒] における値

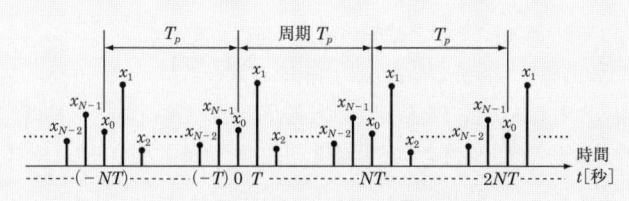

図 2-27 信号ベクトルの次元を拡張すると…

$x(kT)$ に等しいので,式 (2.40) は,

$$\sqrt{\frac{1}{T_p}\sum_{k=0}^{N-1}x^2(kT)T} \tag{2.41}$$

と表される.

　一方,高校数学での"積分"の定義(区分求積法)から,サンプリング間隔を限りなく小さくしたときの総和が積分になること(リーマン和)が知られている.したがって,$T \to 0$ の極限を採れば,式 (2.41) は,

$$\sqrt{\frac{1}{T_p}\sum_{k=0}^{N-1}x^2(kT)T} \to \sqrt{\frac{1}{T_p}\int_0^{T_p}x^2(t)dt} \tag{2.42}$$

と表され,式 (2.34) のアナログ信号のノルム表現が得られる.

　次に,内積も同じ要領で求められるから.ディジタル信号の内積[式 (2.37)]は,式 (2.42) の導出と同様にして,

$$\frac{1}{N}\sum_{k=0}^{N-1}x_k y_k = \frac{T}{NT}\sum_{k=0}^{N-1}x_k y_k = \frac{1}{NT}\sum_{k=0}^{N-1}x_k y_k T = \frac{1}{T_p}\sum_{k=0}^{N-1}x(kT)y(kT)T$$

となる.最終的に,$T \to 0$ の極限を採れば,

$$\frac{1}{T_p}\sum_{k=0}^{N-1}x(kT)y(kT)T \to \frac{1}{T_p}\int_0^{T_p}x(t)y(t)dt \tag{2.43}$$

で,式 (2.38) のアナログ信号に対する表現が導き出せる.

　以上をまとめると,

「ノルムは,信号の平均電力を表す」

「**内積は，相関（2つの信号の関係の強さ）を表す**」
「**二つの信号が直交するとき，内積は0になる**」

となる．これら三つのことは絶対に忘れないでほしい．特に，「**相関**」と「**直交**」の二つの用語については，**序-2** をもう一度読み直しておかれることをお勧めする．

これまでの説明は実数信号の場合であるが，複素信号に対する「**相関 R**」は，

$$R = \langle \boldsymbol{x}, \boldsymbol{y} \rangle = \frac{1}{N} \sum_{k=0}^{N-1} x_k \overline{y_k} \quad \text{(ディジタル信号)} \tag{2.44}$$

$$R = \langle \boldsymbol{x}, \boldsymbol{y} \rangle = \frac{1}{T_p} \int_0^{T_p} x(t)\overline{y(t)} dt \quad \text{(アナログ信号)} \tag{2.45}$$

のように，**複素共役**（ ‾ で表記）を採る形式で定義されることに注意が必要である．

また，複素信号に対する「**ノルム**」も同様で，

$$|\boldsymbol{x}| = \sqrt{\frac{1}{N} \sum_{k=0}^{N-1} x_k \overline{x_k}} = \sqrt{\frac{1}{N} \sum_{k=0}^{N-1} |x_k|^2} \quad \text{(ディジタル信号)} \tag{2.46}$$

$$|\boldsymbol{x}| = \sqrt{\frac{1}{T_p} \int_0^{T_p} x(t)\overline{x(t)} dt} = \sqrt{\frac{1}{T_p} \int_0^{T_p} |x(t)|^2 dt} \quad \text{(アナログ信号)} \tag{2.47}$$

と表される．

よって，式（2.27）の「**相関係数 ρ**」は，
（ディジタル信号）

$$\rho = \frac{R}{|\boldsymbol{x}||\boldsymbol{y}|} = \frac{\langle \boldsymbol{x}, \boldsymbol{y} \rangle}{|\boldsymbol{x}||\boldsymbol{y}|} = \frac{\dfrac{1}{N}\sum_{k=0}^{N-1} x_k \overline{y_k}}{\sqrt{\dfrac{1}{N}\sum_{k=0}^{N-1}|x_k|^2}\sqrt{\dfrac{1}{N}\sum_{k=0}^{N-1}|y_k|^2}}$$

$$= \frac{\sum_{k=0}^{N-1} x_k \overline{y_k}}{\sqrt{\sum_{k=0}^{N-1}|x_k|^2}\sqrt{\sum_{k=0}^{N-1}|y_k|^2}} \tag{2.48}$$

(アナログ信号)

$$\rho = \frac{R}{|x||y|} = \frac{\langle x, y \rangle}{|x||y|} = \frac{\dfrac{1}{T_p}\int_0^{T_p} x(t)\overline{y(t)}dt}{\sqrt{\dfrac{1}{T_p}\int_0^{T_p}|x(t)|^2 dt}\sqrt{\dfrac{1}{T_p}\int_0^{T_p}|y(t)|^2 dt}}$$

$$= \frac{\int_0^{T_p} x(t)\overline{y(t)}dt}{\sqrt{\int_0^{T_p}|x(t)|^2 dt}\sqrt{\int_0^{T_p}|y(t)|^2 dt}} \quad (2.49)$$

で与えられる．

第3章 アナログ信号の操作：ラプラス変換とフーリエ級数

　一般に，アナログ信号処理システムの動作は微積分方程式で表されることが知られている．このとき，微積分方程式の解を求めたいことがあるが，一筋縄ではうまく行かない．また，さまざまな信号処理の応用においては，アナログ信号に含まれる周波数成分を分析することが前処理として不可欠であり，その必要性も非常に高い．

　本章では，変換表を利用するだけで微積分方程式の解が求まるという"ラプラス変換"，および周波数分析手法としての"フーリエ級数"を取り上げ，その物理的意味にフォーカスして説明するので，じっくりと読み進めていただきたい．

3-1 アナログ信号全体を表す"ラプラス変換"

　いま，$t \geq 0$ で定義されるアナログ信号が $x(t)$ で与えられているとする．ここで登場するのが，この $x(t)$ と指数関数 e^{-st}（$s = \sigma + j\omega$ で複素数，$\sigma > 0$）との積 $x(t)e^{-st}$ である．右肩の実数部が負の数になっている指数関数は，t が大きくなるとともに非常に急激に減衰するので，積 $x(t)e^{-st}$ も減衰すると都合がよいと考えたのだろう．これは，フランスの物理学者・数学者ラプラス（Pierre-Simon Laplace，1749年生～1827年没）の素晴らしい思いつきに端を発する．

　そこで，積 $x(t)e^{-st}$ を被積分関数として，変数 t に関して 0 から ∞ まで積分することを考えると，$x(t)e^{-st}$ が適当に減衰してくれるなら，t が増えても積分が発散せずに済んで，ある積分値が求まるだろう．この積分値は変数 s の関数になるので，これを $X(s)$ と表記し，**ラプラス変換**と呼ぶ．すなわち，$x(t)$ のラプラス変換 $\mathcal{L}[x(t)]$ は，

$$\mathcal{L}[x(t)] = X(s) = \int_0^\infty x(t)e^{-st}dt \tag{3.1}$$

と定義される．

　ところで，式（2.45）より，$y(t) = e^{-\sigma t} \times e^{j\omega t}$，$T_p \to \infty$ として1周期分を採れば，

$$\int_0^\infty x(t)\left\{\overline{e^{-\sigma t} \times e^{j\omega t}}\right\}dt = \int_0^\infty x(t)e^{-(\sigma+j\omega)t}dt = \int_0^\infty x(t)e^{-st}dt$$

(a) 原波形 g(t)

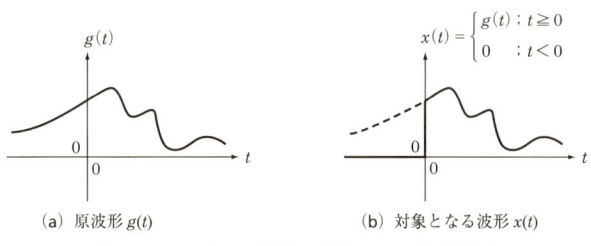

(b) 対象となる波形 x(t)

図 3-1　ラプラス変換の対象となる信号波形

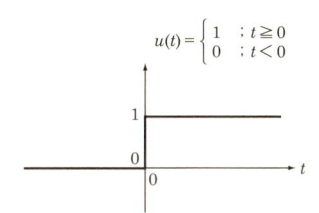

図 3-2　単位ステップ関数 $u(t)$

であり，式（3.1）に一致する．つまり，ラプラス変換を言い換えると，アナログ信号 $x(t)$ と指数関数 e^{-st} の「**相関**」を採ったものである．このラプラス変換が，アナログ信号全体を表し，アナログ信号の解析＆処理ツールとして有効な手段の一つになる．

逆に，ラプラス変換 $X(s)$ からアナログ信号 $x(t)$ を求めるための処理は，**ラプラス逆変換**と呼ばれ，変数 s に関する複素積分として，

$$x(t) = \mathcal{L}^{-1}[X(s)] = \frac{1}{2\pi j}\int_{\sigma-j\infty}^{\sigma+j\infty} X(s)e^{st}ds \tag{3.2}$$

で表される（ここで，$t > 0$）．

なお，**図 3-1**(a)に示す「$t < 0$ において 0 ではない波形 $g(t)$」をラプラス変換の対象とするためには，$t < 0$ では恒等的に 0 となるように，**図 3-1**(b)のような関数として考えなければならない．このことを数式で明確に表す方法として，**図 3-2** に示す単位ステップ関数 $u(t)$ を用いる．

$$u(t) = \begin{cases} 1 & ; t \geq 0 \\ 0 & ; t < 0 \end{cases} \tag{3.3}$$

これは，式（3.3）を見ても明らかなように，時刻 $t = 0$ より以前は 0 で，時刻 $t = 0$ 以後は 1 になる関数だ．$u(t)$ を使って，

表 3-1 ラプラス変換表

アナログ信号（関数）		⇔	ラプラス変換
定義	$x(t)u(t) = \begin{cases} x(t) & ; t \geqq 0 \\ 0 & ; t < 0 \end{cases}$	⇔	$X(s)$
微分	$\dfrac{dx(t)}{dt}$	⇔	$sX(s) - x(0)$
単位ステップ関数	$u(t) = \begin{cases} 1 & ; t \geqq 0 \\ 0 & ; t < 0 \end{cases}$	⇔	$\dfrac{1}{s}$
指数関数	$e^{\lambda t}u(t) = \begin{cases} e^{\lambda t} & ; t \geqq 0 \\ 0 & ; t < 0 \end{cases}$	⇔	$\dfrac{1}{s - \lambda}$
sin 波形	$(\sin \omega_0 t)u(t) = \begin{cases} \sin(\omega_0 t) & ; t \geqq 0 \\ 0 & ; t < 0 \end{cases}$	⇔	$\dfrac{\omega_0}{s^2 + \omega_0^2}$
cos 波形	$(\cos \omega_0 t)u(t) = \begin{cases} \cos(\omega_0 t) & ; t \geqq 0 \\ 0 & ; t < 0 \end{cases}$	⇔	$\dfrac{s}{s^2 + \omega_0^2}$
時間推移（時間ずらし）	$x(t-t_0)u(t-t_0) = \begin{cases} x(t-t_0) & ; t \geqq t_0 \\ 0 & ; t < t_0 \end{cases}$	⇔	$e^{-st_0}X(s)$

$$x(t) = g(t)u(t) = \begin{cases} g(t) & ; t \geqq 0 \\ 0 & ; t < 0 \end{cases} \tag{3.4}$$

と表せば，$t < 0$ では恒等的に 0 となり，都合がよい．このような $u(t)$ が**単位ステップ関数**と呼ばれる．

ところで，初めてラプラス変換を目にする読者は，式（3.1）や式（3.2）の積分計算は複雑で，大変そうに思われるかもしれない．でも，安心していただきたい．何にも心配することはないのである．なぜなら，式（3.1）と式（3.2）との関係から容易に想像できるように，$x(t)$ と $X(s)$ が 1 対 1 に対応しているからだ．

比較的よく使われるラプラス変換を**表 3-1** に示しておく．**表 3-1** のラプラス変換表をうまく利用する術を理解してさえいれば，「繁雑な積分計算を行わずして積分計算を行ったことになる」のである．これなら，簡単で便利だ．

ナットクの例題 ❸-1

次の微分方程式を満たす解 $x(t)$ を求めよ．ただし，$x(0)=0$ とする．

$$0.5\frac{dx(t)}{dt}+x(t)=\begin{cases}1 & ;0\leq t\leq 3\\ 0 & ;t<0,t>3\end{cases} \tag{3.5}$$

[解答]

まず，式（3.5）の右辺は，**図3-3**に示すように2つの単位ステップ関数 $u(t)$ と $-u(t-3)$ を加算したものに等しいので，**表3-1**の変換表より，

$$0.5\frac{dx(t)}{dt}+x(t)=u(t)-u(t-3)$$
$$\Updownarrow \quad \Updownarrow \quad \Updownarrow \quad \Updownarrow$$
$$0.5sX(s)+X(s)=\frac{1}{s}-\frac{1}{s}e^{-3s} \tag{3.6}$$

と，式（3.5）の微分方程式のラプラス変換が容易に求められる．

したがって，式（3.6）を $X(s)$ について解くと，

$$X(s)=\frac{2}{s(s+2)}-\frac{2}{s(s+2)}e^{-3s}$$

となり，$\dfrac{2}{s(s+2)}=\dfrac{1}{s}-\dfrac{1}{s+2}$ と部分分数に展開して，

$$X(s)=\frac{1}{s}-\frac{1}{s+2}-\frac{1}{s}e^{-3s}+\frac{1}{s+2}e^{-3s} \tag{3.7}$$

の関係が得られ，微分方程式の解をラプラス変換したものに相当する．

この結果を受けて，**表3-1**の変換表を利用してラプラス逆変換すれば，微分方程式の解 $x(t)$ が求まるのである．すなわち，式（3.7）は，

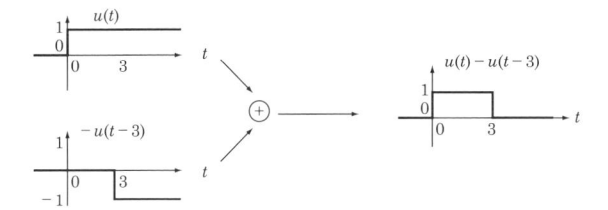

図3-3 ［ナットクの例題3-1］

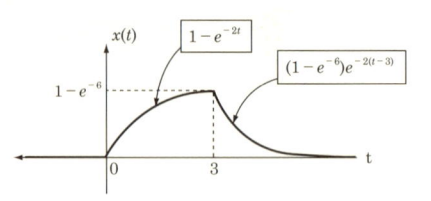

図 3-4　微分方程式 [式 (3.5)] の解

$$X(s) = \frac{1}{s} - \frac{1}{s+2} \quad -\frac{1}{s}e^{-3s} + \frac{1}{s+2}e^{-3s}$$
$$\Updownarrow \quad \Updownarrow \quad \Updownarrow \quad \Updownarrow$$
$$x(t) = u(t) - e^{-2t}u(t) - u(t-3) + e^{-2(t-3)}u(t-3)$$

と対応付けられる．ここで，$u(t) = \begin{cases} 1 & ; t \geq 0 \\ 0 & ; t < 0 \end{cases}$, $u(t-3) = \begin{cases} 1 & ; t \geq 3 \\ 0 & ; t < 3 \end{cases}$ の関係に基づき，場合分けして，

$$x(t) = \begin{cases} -e^{-2t} + e^{-2(t-3)} = (1-e^{-6})e^{-2(t-3)} & ; t \geq 3 \\ 1 - e^{-2t} & ; 0 \leq t < 3 \\ 0 & ; t < 0 \end{cases} \quad (3.8)$$

と表せる．得られた結果 $x(t)$ を図示すると，**図 3-4** に示す波形となる．このように，式 (3.5) の少々難解な微分方程式が案外簡単に計算できることに驚かれるであろうし，ラプラス変換の威力を実感できる．なお，式 (3.8) の解 $x(t)$ が正しいどうかが心配であれば，式 (3.5) の微分方程式に直接代入して確認していただきたい．

3-2　アナログ信号の周波数操作は "s" にあり！

いま，アナログ信号 $x(t)$ が入力されたときに，時間微分した値として，

$$y(t) = \frac{dx(t)}{dt} \quad (3.9)$$

で表されるアナログ信号 $y(t)$ が出力される処理を考えてみよう．一例として，入力

$x(t)$ が周波数 ω [rad/秒] の複素正弦波 $e^{j\omega t}$ ($=\cos\omega t + j\sin\omega t$) である場合に，これに対する応答がどのようになるのかを調べてみる．ここで，j は虚数単位 ($j=\sqrt{-1}$) である．この場合の出力 $y(t)$ は，式 (3.9) より，

$$y(t) = \frac{d(e^{j\omega t})}{dt} = j\omega \times \underbrace{e^{j\omega t}}_{x(t)} = j\omega x(t)$$

と表されることに基づき，微分する操作は "$j\omega$" に相当することがわかる．別な見方をすれば，ラプラス変換での微分操作は "s" であるから，

$$s = j\omega \tag{3.10}$$

となり，ラプラス変換と周波数操作との対応関係が導かれる．

したがって，ラプラス変換 $X(s)$ で表されたアナログ信号の周波数スペクトルは，式 (3.10) の関係を代入すればよいので，$X(j\omega)$ で求められる．

ナットクの例題 ❸-2

次のアナログ信号 $x(t)$ の振幅スペクトル，位相スペクトルを求め，概略図を示せ．

$$x(t) = \begin{cases} 4\sin(\pi t - \pi) & ; t \geq 1 \\ 0 & ; t < 1 \end{cases}$$

解答

まず，$x(t) = \begin{cases} 4\sin\{\pi(t-1)\} & ; t \geq 1 \\ 0 & ; t < 1 \end{cases}$ と変形できるので，$\tilde{x}(t) = \begin{cases} 4\sin(\pi t) & ; t \geq 0 \\ 0 & ; t < 0 \end{cases}$

で表される信号を 1 [秒] だけ遅らせた（右に平行移動した）波形 [$x(t) = \tilde{x}(t-1)$] であることがわかる（図 3-5）．

そこで，表 3-1 より，$\omega_0 = \pi$，$t_0 = 1$ として，ラプラス変換 $X(s)$ は，

$$\tilde{X}(s) = 4 \times \frac{\pi}{s^2 + \pi^2} = \frac{4\pi}{s^2 + \pi^2}, \quad X(s) = e^{-s}\tilde{X}(s) = \frac{4\pi}{s^2 + \pi^2}e^{-s}$$

となり，式 (3.10) の関係 [$s = j\omega$] を代入すればよい．

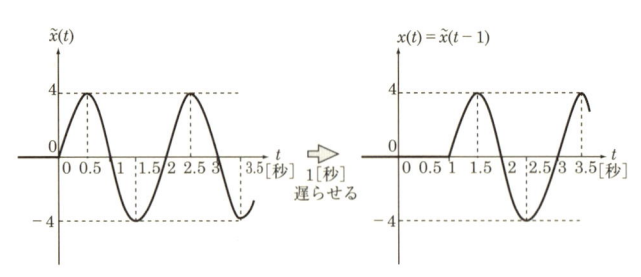

図3-5 ［ナットクの例題3-2］

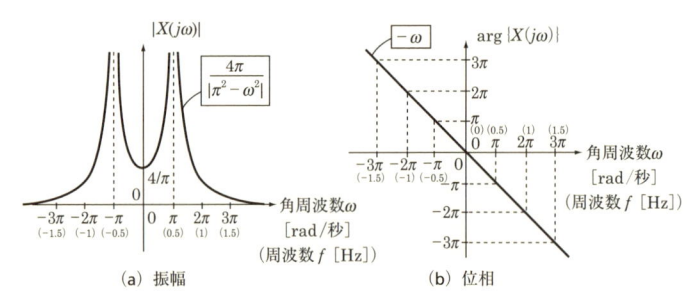

図3-6 周波数スペクトル
(a) 振幅
(b) 位相

$$X(j\omega) = \frac{4\pi}{(j\omega)^2 + \pi^2} e^{-j\omega} = \frac{4\pi}{\pi^2 - \omega^2} e^{j(-\omega)}$$

よって，振幅スペクトルは $X(j\omega)$ の絶対値 $|X(j\omega)|$，位相スペクトルは $X(j\omega)$ の偏角 $\arg\{X(j\omega)\}$ として算出できる（**図3-6**，複素数計算に不慣れな人は後述の**コラム❸**を参照）．

$$\begin{cases} 振幅 : |X(j\omega)| = \dfrac{4\pi}{|\pi^2 - \omega^2|} \\ 位相 : \arg\{X(j\omega)\} = -\omega \end{cases} \quad (3.11)$$

3-3 アナログ信号の周波数成分が見えてくる"フーリエ級数"

アナログ信号の周波数成分を知りたいとき，一般に無限時間にわたる信号を観測して解析することは不可能である．そのため，実際は観測できる有限時間，例えば $[0, T_p]$ の時間範囲の信号を対象とし，図3-7のような周期波形を無限時間にわたるアナログ信号と見なして，解析することになる．ここで登場するのが，フランスの物理学者フーリエ（Jean Baptiste Joseph Fourier, 1764年生〜1830年没）が提唱した「**フーリエ解析**」（任意の関数が三角関数（cos波，sin波）に展開されるという考え方）である．ここでは，周期性（周期 T_p [秒]）を有するアナログ信号の周波数分解の基本であるフーリエ級数の話に絞って解説する．

◆ 実フーリエ級数

いま，周期 T_p [秒] を有するアナログ信号 $x(t)$ の観測時間を0から T_p の1周期分の時間範囲とするとき，基本周波数 $f_1 = \dfrac{1}{T_p}$ [Hz] を用いて，

$$
\begin{aligned}
x(t) &= a_0 + a_1\cos(2\pi f_1 t) + a_2\cos(4\pi f_1 t) + a_3\sin(6\pi f_1 t) + \cdots + \\
&\quad + b_1\sin(2\pi f_1 t) + b_2\sin(4\pi f_1 t) + b_3\sin(6\pi f_1 t) + \cdots \\
&= a_0 + \sum_{\ell=1}^{\infty}\{a_\ell\cos(2\pi \ell f_1 t) + b_\ell\sin(2\pi \ell f_1 t)\}
\end{aligned}
\tag{3.12}
$$

の形式（**実フーリエ級数**）と表されるとして説明を進めることにしよう．ここで，$\{a_\ell\}_{\ell=0}^{\ell=\infty}$ と $\{b_\ell\}_{\ell=1}^{\ell=\infty}$ は実数値を採るので，**実フーリエ係数**という．

また，基本角周波数 $\omega_1 = 2\pi f_1 = \dfrac{2\pi}{T_p}$ [rad/秒] だから，式（3.12）は，

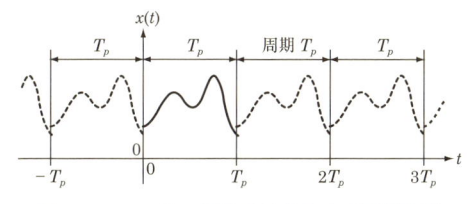

図3-7 フーリエ級数の対象とする周期波形

$$x(t) = a_0 + \sum_{\ell=1}^{\infty} \{a_\ell \cos(\ell\omega_1 t) + b_\ell \sin(\ell\omega_1 t)\} \tag{3.13}$$

$$\begin{cases} a_0 = \dfrac{1}{T_p} \int_0^{T_p} x(t) dt & (3.14) \\[2mm] a_\ell = \dfrac{2}{T_p} \int_0^{T_p} x(t) \cos(\ell\omega_1 t) dt \quad ; \ell = 1, 2, 3, \cdots & (3.15) \\[2mm] b_\ell = \dfrac{2}{T_p} \int_0^{T_p} x(t) \sin(\ell\omega_1 t) dt \quad ; \ell = 1, 2, 3, \cdots & (3.16) \end{cases}$$

となり，直流分 (a_0)，角周波数 $\omega_1, 2\omega_1, 3\omega_1, \cdots$ の cos 波と sin 波の ℓ 次高調波成分 (a_ℓ, b_ℓ) に分解されたと考えられる（**付録A**を参照）．なお，積分範囲は1周期ならどこを採ってもよい．

《実フーリエ級数のまとめ》

① a_0 は一定であるから，アナログ信号 $x(t)$ の直流分を意味する．

② アナログ信号 $x(t)$ に対して，実フーリエ係数 $\{a_\ell\}_{\ell=0}^{\ell=\infty}$ と $\{b_\ell\}_{\ell=1}^{\ell=\infty}$ は，それぞれ ℓ 次高調波成分（cos 波と sin 波の最大振幅）を表し，$\cos(\ell\omega_1 t)$ と $\sin(\ell\omega_1 t)$ との「**相関**」に当たる（**2-5**を参照）．ここに，ℓ 次高調波成分の変数 ℓ は，基本周波数 $\omega_1 = \dfrac{2\pi}{T_p}$ [rad/秒] の ℓ 倍の周波数であることを示す．

③ ℓ 次高調波成分の cos 波と sin 波との間には，**表2-1**の余角の公式より，

$$\sin(\ell\omega_1 t) = \cos\left(\ell\omega_1 t - \frac{\pi}{2}\right) \tag{3.17}$$

の関係があるから，位相が90度異なる cos 波と sin 波の成分（**直交成分**という）に分解されたことになる．cos 波を基準にすれば，式（3.17）より，「**sin 波 [$\sin(\ell\omega_1 t)$] は，cos 波 [$\cos(\ell\omega_1 t)$] より90度遅れている信号**」であることがわかる．

④ 実フーリエ級数は，アナログ信号 $x(t)$ が周期波形（周期 T_p）であることが前提となる．

⑤ 実フーリエ係数 $\{a_\ell\}_{\ell=0}^{\ell=\infty}$ と $\{b_\ell\}_{\ell=1}^{\ell=\infty}$ は，ℓ 次高調波成分に対して，**表2-1**の合成公式を適用すれば，

$$a_\ell \cos(\ell\omega_1 t) + b_\ell \sin(\ell\omega_1 t) = \sqrt{a_\ell^2 + b_\ell^2} \cos\{\ell\omega_1 t + \varphi_\ell\} ; \varphi_\ell = \arctan(a_\ell, -b_\ell) \tag{3.18}$$

と表される．ここで，式（3.18）は周波数成分の最大振幅$\sqrt{a_\ell^2+b_\ell^2}$と位相φ_ℓとを与えるから，**周波数スペクトル**（あるいは，**フーリエ・スペクトル**）とも呼ばれる．なお，2変数のarctanの定義については，**表2-1**を参照してほしい．

⑥ 周波数スペクトルは，②によって基本周波数ω_1のℓ倍（$\ell=1, 2, 3, \cdots$）の離散値しか採りえないので，とびとびの周波数に対する**線スペクトル**として表される．

◆ 複素フーリエ級数

実フーリエ係数$\{a_\ell\}_{\ell=1}^{\infty}$と$\{b_\ell\}_{\ell=1}^{\infty}$を複素数で表すわけだが，ポイントは式（3.17）が意味する「sin波は，cos波より90度遅れている信号」の中の「**90度遅れている**」ということを複素数でどのように表すのか，という一点にある．結論を言えば，「**90度遅れている**」と表現される性質を，虚数単位jと自然対数の底e（$=2.7818\cdots$，ネピア数という）を用いて，

$$-j = e^{-j\frac{\pi}{2}} \tag{3.19}$$

と表すのである．すなわち，jは90度（$=\frac{\pi}{2}$ [rad]），負記号（$-$）が遅れていると解釈して，物理的なイメージを持たせるのである（**コラム❸**を参照）．

まず，$\ell=1, 2, 3, \cdots$に対して式（3.15）の右辺を，

$$\frac{2}{T_p}\int_0^{T_p} x(t)\cos(\ell\omega_1 t)dt = \underbrace{\frac{1}{T_p}\int_0^{T_p} x(t)\cos(\ell\omega_1 t)dt}_{\frac{a_\ell}{2}} + \underbrace{\frac{1}{T_p}\int_0^{T_p} x(t)\cos(\ell\omega_1 t)dt}_{\frac{a_\ell}{2}} \tag{3.20}$$

と二つの成分に分けた後，$\cos(\ell\omega_1 t)=\cos(-\ell\omega_1 t)$の関係を考慮すれば$a_\ell=a_{-\ell}$なので，右辺における第2項は，

$$\frac{2}{T_p}\int_0^{T_p} x(t)\cos(\ell\omega_1 t)dt = \underbrace{\frac{1}{T_p}\int_0^{T_p} x(t)\cos(\ell\omega_1 t)dt}_{\frac{a_\ell}{2}} + \underbrace{\frac{1}{T_p}\int_0^{T_p} x(t)\cos(-\ell\omega_1 t)dt}_{\frac{a_{-\ell}}{2}} \tag{3.21}$$

と表される．同様に，式（3.16）の右辺を，

$$\frac{2}{T_p}\int_0^{T_p} x(t)\sin(\ell\omega_1 t)dt = \underbrace{\frac{1}{T_p}\int_0^{T_p} x(t)\sin(\ell\omega_1 t)dt}_{\frac{b_\ell}{2}} + \underbrace{\frac{1}{T_p}\int_0^{T_p} x(t)\sin(\ell\omega_1 t)dt}_{\frac{b_\ell}{2}} \tag{3.22}$$

と二つの成分に分けた後，$\sin(\ell\omega_1 t) = -\sin(-\ell\omega_1 t)$ の関係を考慮すれば $b_\ell = -b_{-\ell}$ なので，右辺における第 2 項は，

$$\frac{2}{T_p}\int_0^{T_p} x(t)\sin(\ell\omega_1 t)dt = \underbrace{\frac{1}{T_p}\int_0^{T_p} x(t)\sin(\ell\omega_1 t)dt}_{\frac{b_\ell}{2}} - \underbrace{\frac{1}{T_p}\int_0^{T_p} x(t)\sin(-\ell\omega_1 t)dt}_{\frac{b_{-\ell}}{2}} \quad (3.23)$$

となる．

以上の考察に基づき，式 (3.21) と式 (3.23) より，式 (3.13) の実係数フーリエ級数において，a_ℓ と b_ℓ をそれぞれ $\frac{a_\ell}{2} + \frac{a_{-\ell}}{2}$，$\frac{b_\ell}{2} - \frac{b_{-\ell}}{2}$ に置き換え，さらに $\cos(\ell\omega_1 t) = \cos(-\ell\omega_1 t)$ および $\sin(\ell\omega_1 t) = -\sin(-\ell\omega_1 t)$ の関係を考慮すれば，

$$\begin{aligned}
x(t) &= a_0 + \sum_{\ell=1}^{\infty}\left\{\left(\frac{a_\ell}{2} + \frac{a_{-\ell}}{2}\right)\cos(\ell\omega_1 t) + \left(\frac{b_\ell}{2} - \frac{b_{-\ell}}{2}\right)\sin(\ell\omega_1 t)\right\} \\
&= a_0 + \sum_{\ell=1}^{\infty}\left\{\frac{a_\ell}{2}\cos(\ell\omega_1 t) + \frac{b_\ell}{2}\sin(\ell\omega_1 t)\right\} + \sum_{\ell=1}^{\infty}\left\{\frac{a_{-\ell}}{2}\cos(\ell\omega_1 t) - \frac{b_{-\ell}}{2}\sin(\ell\omega_1 t)\right\} \\
&= a_0 + \sum_{\ell=1}^{\infty}\left\{\frac{a_\ell}{2}\cos(\ell\omega_1 t) + \frac{b_\ell}{2}\sin(\ell\omega_1 t)\right\} + \sum_{\ell=1}^{\infty}\left\{\frac{a_{-\ell}}{2}\cos(-\ell\omega_1 t) + \frac{b_{-\ell}}{2}\sin(-\ell\omega_1 t)\right\}
\end{aligned}$$
(3.24)

と変形できる．

ところで，式 (3.24) の右辺における第 2 項と第 3 項をそれぞれ，

$$\begin{cases} \dfrac{a_\ell}{2}\cos(\ell\omega_1 t) + \dfrac{b_\ell}{2}\sin(\ell\omega_1 t) & \Leftrightarrow \quad \left(\dfrac{a_\ell}{2} - j\dfrac{b_\ell}{2}\right)e^{j\ell\omega_1 t} \\ \dfrac{a_{-\ell}}{2}\cos(-\ell\omega_1 t) + \dfrac{b_{-\ell}}{2}\sin(-\ell\omega_1 t) & \Leftrightarrow \quad \left(\dfrac{a_{-\ell}}{2} - j\dfrac{b_{-\ell}}{2}\right)e^{j(-\ell)\omega_1 t} \end{cases}$$

と複素表示すること（**コラム❹**を参照）によって，式 (3.24) は，

$$x(t) = a_0 + \sum_{\ell=1}^{\infty}\left(\frac{a_\ell}{2} - j\frac{b_\ell}{2}\right)e^{j\ell\omega_1 t} + \sum_{\ell=1}^{\infty}\left(\frac{a_{-\ell}}{2} - j\frac{b_{-\ell}}{2}\right)e^{j(-\ell)\omega_1 t} \quad (3.25)$$

と書き換えられる．つまり，式 (3.21) と式 (3.23) の右辺の第 2 項から読み取れるように，$(-\ell)$ で表される負（マイナス）の周波数を導入するのである．ところが，この負の周波数がくせ者で，なかなか想像しづらいのではなかろうか．10 [Hz] なら「1 秒間に 10 回変動する波」として想像できるわけだが，(-10) [Hz] と言われると「1 秒間に (-10) 回変動する波」ということになってしまい，ややこしい．結論を言わせてもらえば，「マイナスの周波数に物理的な意味はなく，数学的な計

算を簡単に表現したいから」なのである．

例えば，吸気／排気兼用の換気扇を頭に思い描いてもらいたい．吸気と排気は羽根の回転方向が時計回り／反時計回りの回転方向の違いにある．このとき，反時計回りの回転を"正"と決めて，時計回りの回転が逆回りになるのでマイナス記号を付けて"負"として表すことにしたという意味と理解してよい．

以上より，$\ell = 1, 2, 3, \cdots$に対して，

$$X_\ell = \frac{a_\ell}{2} - j\frac{b_\ell}{2} \text{ (正の周波数)}, \quad X_{-\ell} = \frac{a_{-\ell}}{2} - j\frac{b_{-\ell}}{2} \text{ (負の周波数)} \tag{3.26}$$

と置けば，式 (3.25) は，

$$x(t) = X_0 + \sum_{\ell=1}^{\infty} X_\ell e^{j\ell\omega_1 t} + \sum_{\ell=1}^{\infty} X_{-\ell} e^{j(-\ell)\omega_1 t} \quad ; X_0 = a_0 \tag{3.27}$$

と表される．なお，$a_\ell = a_{-\ell}$ および $b_\ell = -b_{-\ell}$ の関係より，

$$X_{-\ell} = \frac{a_\ell}{2} + j\frac{b_\ell}{2} = \overline{X_\ell} \tag{3.28}$$

となり，正と負の周波数で複素共役の関係にあることがわかる．

ところで，正の周波数に対する $\{X_\ell\}_{\ell=1}^{\ell=\infty}$ は，式 (3.21)，式 (3.23)，式 (3.26) より，

$$X_\ell = \frac{a_\ell}{2} - j\frac{b_\ell}{2} = \underbrace{\frac{1}{T_p}\int_0^{T_p} x(t)\cos(\ell\omega_1 t)dt}_{x(t) \text{ と cos 波の「相関」}} - j\underbrace{\frac{1}{T_p}\int_0^{T_p} x(t)\sin(\ell\omega_1 t)dt}_{x(t) \text{ と sin 波の「相関」}} \tag{3.29}$$

$$= \frac{1}{T_p}\int_0^{T_p} x(t)\{\cos(\ell\omega_1 t) - j\sin(\ell\omega_1 t)\}dt = \underbrace{\frac{1}{T_p}\int_0^{T_p} x(t)e^{-j\ell\omega_1 t}dt}_{x(t) \text{ と複素正弦波} \\ e^{j\ell\omega_1 t} \text{ の「相関」}} \tag{3.30}$$

で算出される．また，負の周波数に対する $\{X_{-\ell}\}_{\ell=1}^{\ell=\infty}$ は，式 (3.21)，式 (3.23)，式 (3.28) より，

$$X_{-\ell} = \frac{a_\ell}{2} + j\frac{b_\ell}{2} = \underbrace{\frac{1}{T_p}\int_0^{T_p} x(t)\cos(\ell\omega_1 t)dt}_{x(t) \text{ と cos 波の「相関」}} + j\underbrace{\frac{1}{T_p}\int_0^{T_p} x(t)\sin(\ell\omega_1 t)dt}_{x(t) \text{ と sin 波の「相関」}} \tag{3.31}$$

$$= \frac{1}{T_p}\int_0^{T_p} x(t)\{\cos(\ell\omega_1 t) + j\sin(\ell\omega_1 t)\}dt = \underbrace{\frac{1}{T_p}\int_0^{T_p} x(t)e^{j\ell\omega_1 t}dt}_{x(t) \text{ と複素正弦波} \\ e^{j(-\ell)\omega_1 t} \text{ の「相関」}} \tag{3.32}$$

と表される．よって，$(-\ell)$ を ℓ に置き換えた $\ell = -1, -2, -3, \cdots$ に対して，式 (3.32) は，

$$X_\ell = \frac{1}{T_p} \int_0^{T_p} x(t) e^{-j\ell\omega_1 t} dt \tag{3.33}$$

で与えられる．そして $\ell = 0$ では，式 (3.14) と式 (3.27) より，

$$X_0 = a_0 = \frac{1}{T_p} \int_0^{T_p} x(t) dt \tag{3.34}$$

となり，直流成分を与える．

このように，$-\infty < \ell < \infty$ の範囲の周波数に対する $\{X_\ell\}_{\ell=-\infty}^{\ell=\infty}$ は，$\{a_\ell\}_{\ell=0}^{\ell=\infty}$ と $\{b_\ell\}_{\ell=1}^{\ell=\infty}$ をフーリエ係数とする実フーリエ級数を複素化したものと考えられる．この $\{X_\ell\}_{\ell=-\infty}^{\ell=\infty}$ は**複素フーリエ係数**と呼ばれる．

さらに，周波数の正負を統一すると，式 (3.27) が，

$$x(t) = X_0 + \sum_{\ell=1}^{\infty} X_\ell e^{j\ell\omega_1 t} + \sum_{\ell=-\infty}^{-1} X_\ell e^{j\ell\omega_1 t} \tag{3.35}$$

と変形できることに基づき，式 (3.26)〜式 (3.35) をまとめる形で，

$$\begin{cases} x(t) = \sum_{\ell=-\infty}^{\infty} X_\ell e^{j\ell\omega_1 t} \\ X_\ell = \frac{1}{T_p} \int_0^{T_p} x(t) e^{-j\ell\omega_1 t} dt \end{cases} \tag{3.36}$$
$$\tag{3.37}$$

と表現され，**複素フーリエ級数**と呼ばれる．

《複素フーリエ級数のまとめ》

① X_0 は一定であるから，アナログ信号 $x(t)$ の直流分を意味する．
② アナログ信号 $x(t)$ に対して，複素フーリエ係数 $\{X_\ell\}_{\ell=-\infty}^{\ell=\infty}$ は ℓ 次高調波成分を表し，$x(t)$ と複素正弦波 $e^{j\ell\omega_1 t}[= \cos(\ell\omega_1 t) + j\sin(\ell\omega_1 t)]$ との「**相関**」に相当する [式 (3.37)]．式 (2.45) によれば，複素正弦波 $y(t) = e^{j\ell\omega_1 t}$ の複素共役を採る必要があり，「**相関**」は，

$$\frac{1}{T_p} \int_0^{T_p} x(t) \overline{e^{j\ell\omega_1 t}} dt = \frac{1}{T_p} \int_0^{T_p} x(t) e^{-j\ell\omega_1 t} dt \tag{3.38}$$

で求められる．
③ 周波数成分は $\{X_\ell\}_{\ell=-\infty}^{\ell=\infty}$ によって規定されるから，周波数の正（プラス）と負（マイナス）の領域に対称（実数部は線対称，虚数部は点対称）に現れ，複素共役の関係にある（図 3-8）．

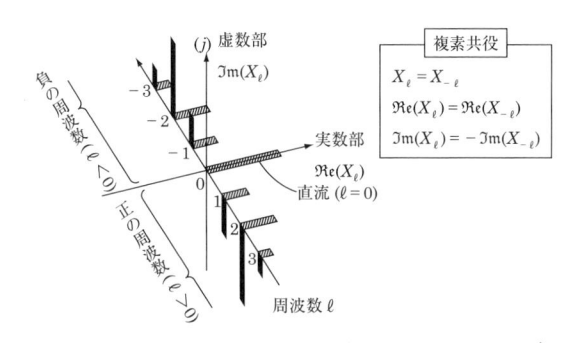

図 3-8　周波数スペクトルの実数部と虚数部のイメージ

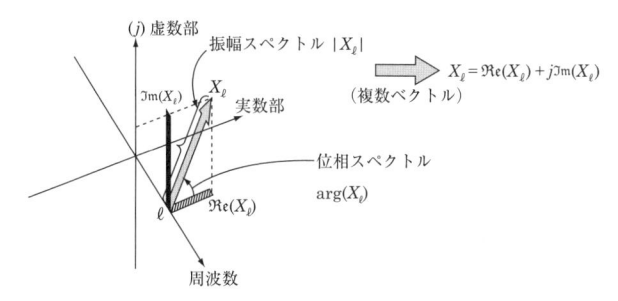

図 3-9　複素フーリエ級数と振幅・位相スペクトルのイメージ

④ 複素フーリエ級数は，アナログ信号 $x(t)$ が周期波形（周期 T_p）であることが前提となる．

⑤ 複素フーリエ係数 $\{X_\ell\}_{\ell=-\infty}^{\ell=\infty}$ は複素数であるから，その絶対値（最大振幅に相当）および偏角（位相に相当）は，式（3.28）を考慮して，

$$|X_\ell| = \sqrt{\{\Re e(X_\ell)\}^2 + \{\Im m(X_\ell)\}^2} = \begin{cases} a_\ell & ; \ell = 0 \\ \dfrac{\sqrt{a_\ell^2 + b_\ell^2}}{2} & ; \ell \neq 0 \end{cases} \quad (3.39)$$

$$\arg(X_\ell) = \arctan(\Re e(X_\ell), \Im m(X_\ell)) = \begin{cases} \arctan(a_\ell, -b_\ell) & ; \ell > 0 \\ 0 & ; \ell = 0 \\ \arctan(a_\ell, b_\ell) & ; \ell < 0 \end{cases} \quad (3.40)$$

ただし，$\Re e(\ )$ は実数部，$\Im m(\ )$ は虚数部となる（図 3-9）．

以上より，複素フーリエ係数の $\ell\ (\neq 0)$ 次高調波成分の最大振幅 $|X_\ell|$ は，実フーリエ係数 ［式（3.18）］の最大振幅 $\sqrt{a_\ell^2 + b_\ell^2}$ の 1/2（半分）であり，正と負の周波

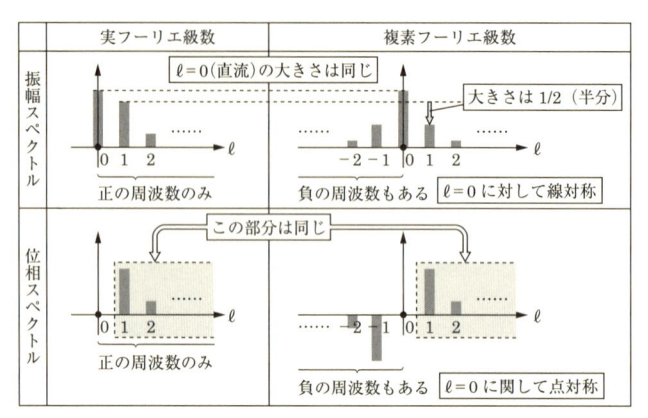

図 3-10　複素フーリエ級数と実フーリエ級数の展開計係

数に 2 分割されること，位相 $\arg(X_\ell)$ は正負の周波数で符号が反転し，正の周波数（$\ell>0$）に対する位相が実フーリエ係数［式（3.18）］の位相 $\arctan(a_\ell, -b_\ell)$ に一致することがわかる（**図 3-10**）．

コラム 3　[複素数とオイラーの公式]

実フーリエ級数を複素表示する際に登場する，三角関数と複素表示の関係について説明する．一般に複素数 w は，複素平面上で，

$$w = a + jb \tag{3.41}$$

と表され，**直交形式**と呼ばれる［図 3-11(a)］．ここで，a は実数部で $\mathfrak{Re}(w)$，b は虚数部で $\mathfrak{Im}(w)$ と表記し，j は虚数単位（$j=\sqrt{-1}$）である．この "j" なる奇妙な単位が信号表現の世界に登場すると，信号処理の分野がグーンと広がってくる．つまり，数学の "虚の世界" と電気信号の "実の世界" とが，この "j" を介して深く結び付けられるのである．

また，複素数 w を，複素平面上で，

$$w = re^{j\theta} \tag{3.42}$$

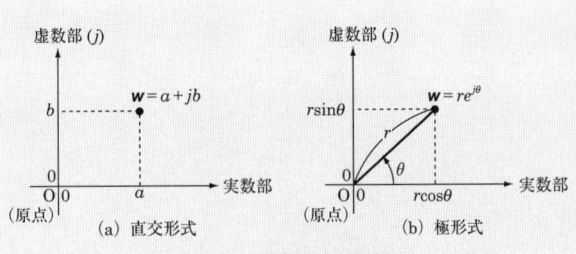

図 3-11 複素数の表現法

(a) 直交形式
(b) 極形式

のように，原点 O からの距離 r と実数軸からの角度 θ の 2 つのパラメータで表すことも多い [図 3-11(b)]．式 (3.42) の複素表示は**極形式**と呼ばれ，r と θ は順に，数学でいう**絶対値**と**偏角**に相当する．さらに，絶対値 r から信号の**最大振幅**（大きさ），偏角 θ から**位相**（時間のずれを角度に換算した値）を直接読み取ることができるので重宝する．

なお，図 3-11 に基づき，直交形式と極形式との相互変換は，次式で与えられる．

・**直交形式から極形式への変換**

$$r = \sqrt{a^2 + b^2}, \quad \theta = \arctan(a, b) \tag{3.43}$$

・**極形式から直交形式への変換**

$$a = r\cos\theta, \quad b = r\sin\theta \tag{3.44}$$

ところで，高校数学「複素数」で学ぶ"**ド・モアブルの定理**"，すなわち，整数 n に対して，

$$(\cos\theta + j\sin\theta)^n = \cos(n\theta) + j\sin(n\theta) \tag{3.45}$$

を思い起こしてもらいたい．特に，$n = \pm 1$ に対しては，

$$\begin{cases} e^{j\theta} = \cos\theta + j\sin\theta & (3.46) \\ e^{-j\theta} = \cos\theta - j\sin\theta & (3.47) \end{cases}$$

で，**オイラーの公式**と呼ばれる関係が得られ，正弦波交流信号の複素表現に深い関わりをもつ．ここで，式 (3.46) より，

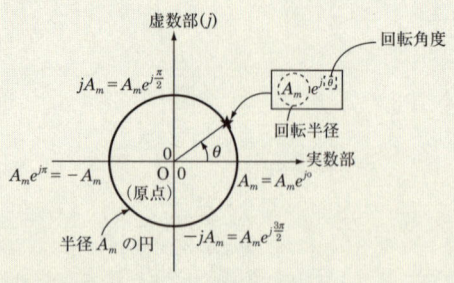

図 3-12　$A_m e^{j\theta}$（極形式）のイメージ

$$\begin{cases} \cos\theta = \mathfrak{Re}(e^{j\theta}) & (3.48) \\ \sin\theta = \mathfrak{Im}(e^{j\theta}) & (3.49) \end{cases}$$

で表され，cos 関数が実数部，sin 関数が虚数部に対応付けられる．

実は，

「$A_m e^{j\theta}$ という表現が，半径 A_m の円周上を θ[rad] だけ回転する」という意味を有する（図 3-12）．図 3-12 は，どこかで見たような正弦波交流の図 2-3（水車が回転する様子）を複素表示したものに一致するんだな，と気づくだろう（**2-1** 参照）．そこで，e^j という表記に回転するという意味を持たせて，その指数の虚数単位の後ろが回転角を表すと考えればよい．

特に $\theta = \dfrac{\pi}{2}$ （90 度）の回転の場合には，式（3.46）と式（3.47）より，$\cos\left(\dfrac{\pi}{2}\right) = 0$，$\sin\left(\dfrac{\pi}{2}\right) = 1$ なので，

$e^{+j\frac{\pi}{2}} = j$ 　　　　　　　［正（反時計方向）に 90 度回転］　　(3.50)

$e^{-j\frac{\pi}{2}} = -j = \dfrac{1}{j}$ 　　　［負（時計方向）に 90 度回転］　　(3.51)

で表される関係が成立する（$j^2 = -1$ を考慮）．

● $\pm j$ は 90 度の回転が得意

図 3-13 を見てもらいたい．図 3-13 の A 点が示す 3 という複素数（1 本の線分 OA）に，j をかけると $3 \times j = j3$（B 点）に移動することになる．別な見方をすれば，原点 O を中心に線分 OA が 90 度 $\left(= \dfrac{\pi}{2}[\text{rad}]\right)$ だけ反

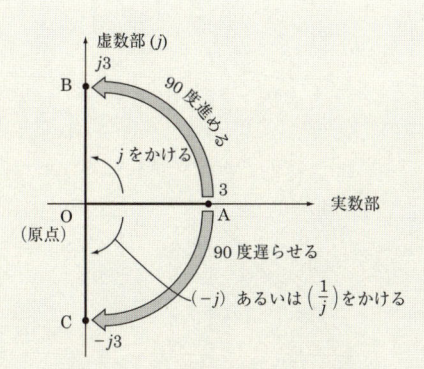

図3-13 j（虚数単位）と角度表示

時計方向に回転することに相当し，「**90度進める**」という．

また，$(-j)$をかけると$3 \times (-j) = -j3$（C点）に移動するわけで，原点Oを中心に線分OAを90度$\left(= \dfrac{\pi}{2}[\text{rad}]\right)$だけ時計方向に回転することに相当し，「**90度遅らせる**」という．

ナットクの例題 ❸-3

次の複素数（直交形式）を，極形式で表せ．

① $-3-j3$ 　　② $-2+j2\sqrt{3}$

解答

基本的には，複素平面上の位置をイメージして，式（3.43）を利用すればよい．ただ，偏角（主値として，$[-\pi, +\pi]$）の計算（逆正接関数，arctan）に細心の注意が必要である．例えば，$-3-j3$の絶対値rは原点Oからの距離に等しく，**図3-14**の①より，

$$r = \sqrt{(-3)^2 + (-3)^2} = \sqrt{18} = 3\sqrt{2}$$

となる．また，偏角θは，**図3-14**より複素平面の第3象限なので，

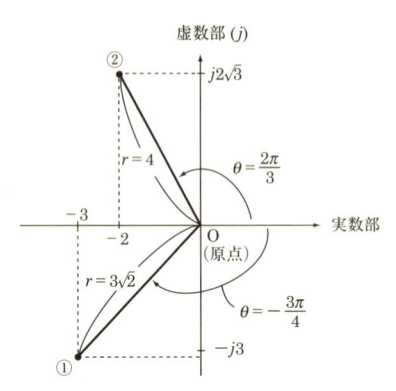

図3-14　[ナットクの例題3-3]

$$\theta = \arctan(-3, -3) = -\frac{3\pi}{4}$$

が得られる．同様に，図3-14の②より，$-2+j2\sqrt{3}$ の絶対値は4，偏角は $\frac{2\pi}{3}$ となる．

コラム 4 column

［正弦波交流の複素表示］

一般に，最大振幅 A で初期位相 φ，角周波数 ω の cos 波 $x(t)$ は，

$$x(t) = A\cos(\omega t + \varphi)$$

で与えられるが，オイラーの公式より，

$$x(t) = \mathfrak{Re}(Ae^{j(\omega t + \varphi)}) \tag{3.52}$$

と書いて，$Ae^{j(\omega t + \varphi)}$ の実数部を採ることを考えてみよう．このとき，実数部を表す $\mathfrak{Re}(\ )$ を外して，

$$A\cos(\omega t + \varphi) \quad \Leftrightarrow \quad Ae^{j(\omega t + \varphi)} \tag{3.53}$$

と表し，$Ae^{j(\omega t+\varphi)}$ という表現を cos 波交流 $A\cos(\omega t+\varphi)$ の複素表示と定義する．

つまり，

「$Ae^{j(\omega t+\varphi)}$ **という複素表示を，信号の最大振幅は** A **で，初期位相は** φ[rad] **で角周波数** ω **の** cos [rad/秒] **波交流**」

として理解するわけだ．

よって，表 2-1 の余角の公式 $\left[\sin\theta=\cos\left(\theta-\dfrac{\pi}{2}\right)\right]$ を適用すれば，sin 波交流 $A\sin(\omega t+\varphi)$ は，

$$A\sin(\omega t+\varphi)=A\cos\left(\omega t+\varphi-\dfrac{\pi}{2}\right) \tag{3.54}$$

と表せることから，$A\sin(\omega t+\varphi)$ の複素表示は，

$$A\sin(\omega t+\varphi) \Leftrightarrow -jAe^{j(\omega t+\varphi)} \tag{3.55}$$

となる（**ナットクの例題 3-4**）．特に，初期位相 $\varphi=0$ の場合は，

$$\begin{cases} A\cos(\omega t)= \Leftrightarrow Ae^{j\omega t} \\ A\sin(\omega t)= \Leftrightarrow -jAe^{j\omega t} \end{cases} \tag{3.56} \tag{3.57}$$

で表される．

ナットクの例題 ③-4

式（3.55）の導出プロセスを示せ．

[解答]

式（3.54）の右辺の cos 波に，式（3.53）を適用して複素表示すると，

$$A\cos\left(\omega t+\varphi-\dfrac{\pi}{2}\right) \Leftrightarrow Ae^{j\left(\omega t+\varphi-\frac{\pi}{2}\right)} \tag{3.58}$$

である．ここで，$e^{-j\frac{\pi}{2}}=-j$ を考慮すれば，

$$Ae^{j\left(\omega t+\varphi-\frac{\pi}{2}\right)} = Ae^{j(\omega t+\varphi)} \times \underbrace{e^{-j\frac{\pi}{2}}}_{-j} = -jAe^{j(\omega t+\varphi)}$$

となり，式（3.55）が導かれる．

ナットクの例題 ❸-5

$\cos\theta$ と $\sin\theta$ を，指数関数を用いて表せ．

解答

式（3.46）と式（3.47）を，$\cos\theta$ と $\sin\theta$ を未知数とする連立方程式と見なして解を算出すればよい．以下に，結果のみを示すので，検証されたい．

$$\begin{cases} \cos\theta = \dfrac{e^{j\theta}+e^{-j\theta}}{2} = \dfrac{1}{2}e^{j\theta} + \dfrac{1}{2}e^{-j\theta} & (3.59) \\ \sin\theta = \dfrac{e^{j\theta}-e^{-j\theta}}{2j} = \dfrac{1}{2j}e^{j\theta} - \dfrac{1}{2j}e^{-j\theta} = -j\dfrac{1}{2}e^{j\theta} + j\dfrac{1}{2}e^{-j\theta} & (3.60) \end{cases}$$

よって，角周波数 ω [rad/秒] の回転角度は $\theta=\omega t$ [rad] であるから，$\cos$ 波と $\sin$ 波は，

$$\begin{cases} \cos(\omega t) = \dfrac{1}{2}e^{j\omega t} + \dfrac{1}{2}e^{-j\omega t} = \dfrac{1}{2}e^{j\omega t} + \dfrac{1}{2}e^{j(-\omega)t} & (3.61) \\ \sin(\omega t) = \dfrac{1}{2j}e^{j\omega t} - \dfrac{1}{2j}e^{-j\omega t} = \dfrac{1}{2j}e^{j\omega t} - \dfrac{1}{2j}e^{j(-\omega)t} \\ \qquad\quad = -j\dfrac{1}{2}e^{j\omega t} + j\dfrac{1}{2}e^{j(-\omega)t} & (3.62) \end{cases}$$

と表される．このように，$\cos$ 波と $\sin$ 波は正と負の周波数の合成波形であり，複素平面上の 2 つのベクトル和の 1/2 に等しい．

ナットクの例題 ❸-6

図 3-15 の矩形波 $x(t)$（周期 $T_p=\pi$ [秒]）をフーリエ級数で表したときの実フーリエ係数，複素フーリエ係数を求めよ．さらに，周波数を横軸に

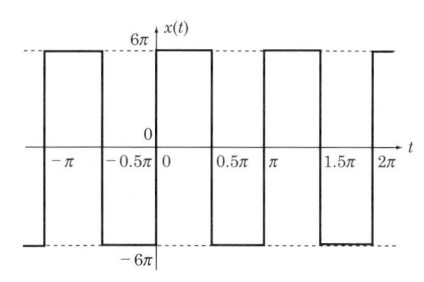

図 3-15 [ナットクの例題 3-6]

採って各フーリエ係数のグラフを示せ.

解答

実フーリエ係数は式 (3.14) ～式 (3.16),複素フーリエ係数は式 (3.37) に基づき,積分計算すればよい.ただし,基本角周波数 $\omega_1 = \dfrac{2\pi}{T_p} = \dfrac{2\pi}{\pi} = 2\,[\mathrm{rad}/秒]$ であり,積分範囲は 1 周期であればどこを採ってもよいので $\left[-\dfrac{T_p}{2},\,\dfrac{T_p}{2}\right]$,すなわち $[-0.5\pi, 0.5\pi]$ とした.

・実フーリエ級数の場合

$$\begin{cases}
a_0 = \dfrac{1}{\pi}\left\{\int_{-0.5\pi}^{0}(-6\pi)dt + \int_{0}^{0.5\pi}6\pi dt\right\} = \dfrac{1}{\pi}(-3\pi^2 + 3\pi^2) = 0 \\
a_\ell = \dfrac{2}{\pi}\left\{\int_{-0.5\pi}^{0}(-6\pi)\cos(2\ell t)dt + \int_{0}^{0.5\pi}6\pi\cos(2\ell t)dt\right\} \\
\quad = -12\int_{-0.5\pi}^{0}\cos(2\ell t)dt + 12\int_{0}^{0.5\pi}\cos(2\ell t)dt \\
\quad = -\dfrac{6}{\ell}\{\sin(0)-\sin(-\ell\pi)\} + \dfrac{6}{\ell}\{\sin(\ell\pi)-\sin(0)\} = 0 \\
b_\ell = \dfrac{2}{\pi}\left\{\int_{-0.5\pi}^{0}(-6\pi)\sin(2\ell t)dt + \int_{0}^{0.5\pi}6\pi\sin(2\ell t)dt\right\} \\
\quad = -12\int_{-0.5\pi}^{0}\sin(2\ell t)dt + 12\int_{0}^{0.5\pi}\sin(2\ell t)dt \\
\quad = \dfrac{6}{\ell}\{\cos(0)-\cos(-\ell\pi)\} - \dfrac{6}{\ell}\{\cos(\ell\pi)-\cos(0)\} = \begin{cases}\dfrac{24}{\ell}\,;\ell \text{は正の奇数} \\ 0\quad\,;\ell \text{は正の偶数}\end{cases}
\end{cases}$$

よって,この波形の実フーリエ級数は,式 (3.13) より

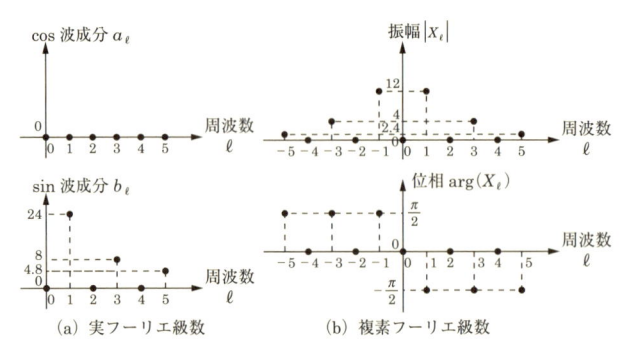

図 3-16　[ナットクの例題 3-6] の周波数スペクトル

$$x(t) = 24 \times \left\{ \sin(\omega_1 t) + \frac{1}{3}\sin(3\omega_1 t) + \frac{1}{5}\sin(5\omega_1 t) + \cdots \right\} \quad (3.63)$$

と表される [図 3-16(a)].

・複素フーリエ級数の場合

$$\begin{cases} X_0 = \dfrac{1}{\pi}\displaystyle\int_{-0.5\pi}^{0}(-6\pi)dt + \dfrac{1}{\pi}\int_{0}^{0.5\pi}6\pi dt = \dfrac{1}{\pi}(-3\pi^2 + 3\pi^2) = 0 \\ X_\ell = \dfrac{1}{\pi}\displaystyle\int_{-0.5\pi}^{0}(-6\pi)e^{-j2\ell t}dt + \dfrac{1}{\pi}\int_{0}^{0.5\pi}6\pi e^{-j2\ell t}dt \\ \quad = -6\displaystyle\int_{-0.5\pi}^{0}e^{-j2\ell t}dt + 6\int_{0}^{0.5\pi}e^{-j2\ell t}dt \\ \quad = -j\dfrac{3}{\ell}\{1 - e^{-j\ell\pi}\} + j\dfrac{3}{\ell}\{e^{-j\ell\pi} - 1\} = \begin{cases} -j\dfrac{12}{\ell} & ;\ell\text{ は奇数} \\ 0 & ;\ell\text{ は偶数}, \ell \neq 0 \end{cases} \end{cases}$$

したがって，この波形の複素フーリエ級数は，式（3.36）より，

$$x(t) = 12 \times \left\{ \begin{array}{l} \cdots + j\dfrac{1}{5}e^{-j5\omega_1 t} + j\dfrac{1}{3}e^{-j3\omega_1 t} + je^{-j\omega_1 t} - je^{j\omega_1 t} \\ - j\dfrac{1}{3}e^{j3\omega_1 t} - j\dfrac{1}{5}e^{j5\omega_1 t} + \cdots \end{array} \right\} \quad (3.64)$$

と表される [図 3-16(b)]．念のため，オイラーの公式 $\sin\theta = -j\dfrac{1}{2}e^{j\theta} + j\dfrac{1}{2}e^{-j\theta}$ を式（3.63）に適用したものに合致することを検証していただきたい．つまり，実フーリエ級数と複素フーリエ級数とが本質的に同じであることが実感できる．

第4章 ディジタル信号の操作：z変換と離散フーリエ変換（DFT）

本章では，ディジタル信号（順序づけられた数値の並び）を関数表現するための"z変換"，および周波数分析手法としての"DFT（離散的フーリエ変換）"を取り上げて，その物理的意味を中心に解説する．

4-1 ディジタル信号全体を表す"z変換"

ここでは，アナログ信号 $x(t)$ のサンプル値系列の集合として，

$$\{x_k = x(kT)\}_{k=-\infty}^{k=\infty} \; ; \; T\,[秒]\,はサンプリング間隔 \tag{4.1}$$

で表されるディジタル信号の関数表現を考えてみよう．ここで，サンプリング間隔 T[秒] の逆数を採った値，すなわち，

$$f_T = \frac{1}{T} \; [\text{Hz}] \tag{4.2}$$

は**サンプリング周波数**と呼ばれる．サンプリング周波数 f_T は，1秒間当たりのディジタル信号の総個数と考えるとわかりやすい．

さて，ディジタル信号の数値集合 $\{x_k\}_{k=-\infty}^{k=\infty}$ は並び順があるだけで時間関数として表現しにくい．そのため，サンプリング間隔 T[秒]（以後，1サンプル時間と記述）をどのような形で数式表現するのかが見所で，1サンプル時間 T[秒] の遅れを1つの変数に対応させるのが一番手っ取り早い．そこで，T[秒] の時間遅れを z^{-1} と置き換えて，変数 z^k の指数 k がマイナス（負）は「遅れ（右にずらす）」，プラス（正）は「進み（左にずらす）」に対応させることにする．すると，多項式の形式で表すことにより，

$$\begin{cases} z^{-2} = (z^{-1})^2 & \to \quad 2T\,[秒]\,の遅れ \\ z^{-3} = (z^{-1})^3 & \to \quad 3T\,[秒]\,の遅れ \\ \quad \vdots & \qquad\qquad \vdots \\ z^{-k} = (z^{-1})^k & \to \quad kT\,[秒]\,の遅れ \end{cases}$$

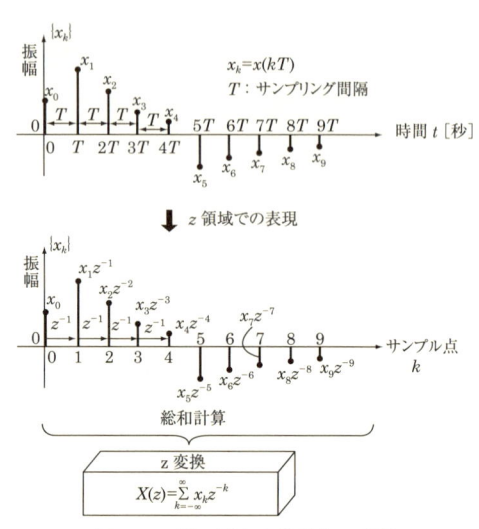

図 4-1 ディジタル信号と z 変換

となる．言い換えれば，べき乗の指数を利用して時間遅れの意味付けを行えるわけだ．一般に，$t = kT$ [秒] における信号値 x_k は，

$$x_k z^{-k} \tag{4.3}$$

と表せる．

したがって，式 (4.1) のディジタル信号全体 $\{x_k\}_{k=-\infty}^{k=\infty}$ は，

$$\cdots + x_{-2} z^2 + x_{-1} z^1 + x_0 + x_1 z^{-1} + x_2 z^{-2} + \cdots + x_k z^{-k} + \cdots = \sum_{k=-\infty}^{\infty} x_k z^{-k}$$

と表すことができる．これは変数 z に関する多項式である．得られた多項式を $X(z)$ と置けば，

$$X(z) = \sum_{k=-\infty}^{\infty} x_k z^{-k} \tag{4.4}$$

であり，"**z 変換**" と呼ばれる（図 4-1）．この z 変換が，ディジタル信号全体を表し，ディジタル信号の解析＆処理ツールとして，絶大なる威力を持つことになるのである．なお，比較的よく使われる z 変換を，上の**表 4-1** に示しておく．

表 4-1　z 変換表

	ディジタル信号（関数）	⇔	z 変換
定義	$x_k u_k = \begin{cases} x_k & ; k \geqq 0 \\ 0 & ; k < 0 \end{cases}$	⇔	$X(z)$
単位ステップ関数	$u_k = \begin{cases} 1 & ; k \geqq 0 \\ 0 & ; k < 0 \end{cases}$	⇔	$\dfrac{1}{1 - z^{-1}}$
指数関数 1	$e^{k\lambda T} u_k = \begin{cases} e^{k\lambda T} & ; k \geqq 0 \\ 0 & ; k < 0 \end{cases}$	⇔	$\dfrac{1}{1 - e^{\lambda T} z^{-1}}$
指数関数 2	$\beta^k u_k = \begin{cases} \beta^k & ; k \geqq 0 \\ 0 & ; k < 0 \end{cases}$	⇔	$\dfrac{1}{1 - \beta z^{-1}}$
sin 波形	$\sin(k\omega T) u_k = \begin{cases} \sin(k\omega T) & ; k \geqq 0 \\ 0 & ; k < 0 \end{cases}$	⇔	$\dfrac{z^{-1} \sin \omega T}{1 - 2z^{-1} \cos \omega T + z^{-2}}$
cos 波形	$\cos(k\omega T) u_k = \begin{cases} \cos(k\omega T) & ; k \geqq 0 \\ 0 & ; k < 0 \end{cases}$	⇔	$\dfrac{1 - z^{-1} \cos \omega T}{1 - 2z^{-1} \cos \omega T + z^{-2}}$
時間推移（時間ずらし）	$x_{k-m} u_{k-m} = \begin{cases} x_{k-m} & ; k \geqq m \\ 0 & ; k < m \end{cases}$	⇔	$z^{-m} X(z)$

ナットクの例題 ❹-1

図 4-2 のディジタル信号 $\{x_k\}_{k=-\infty}^{k=\infty}$ の z 変換 $X(z)$ を求めよ．

①

②

図 4-2　[ナットクの例題 4-1]

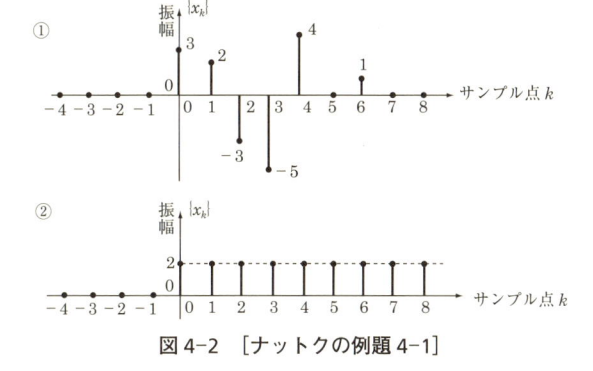

解答

① $x_0 = 3$, $x_1 = 2$, $x_2 = -3$, $x_3 = -5$, $x_4 = 4$, $x_5 = 0$, $x_6 = 1$, $x_k = 0 \, (k < 0$,

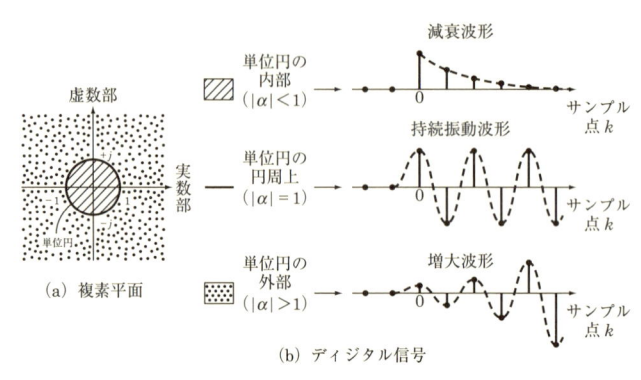

図 4-3 指数関数波形の分類

$k > 6$) であることから,式 (4.4) より,次式の z 変換が得られる.

$$X(z) = 3 + 2z^{-1} - 3z^{-2} - 5z^{-3} + 4z^{-4} + z^{-6}$$

② 式 (4.4) を適用して,

$$X(z) = 2 + 2z^{-1} + 2z^{-2} + 2z^{-3} + \cdots$$
$$= 2 \times (1 + z^{-1} + z^{-2} + z^{-3} + \cdots) = \frac{2}{1 - z^{-1}}$$

と計算される.上式は,無限等比級数の総和を求める公式として,

$$1 + \alpha^1 + \alpha^2 + \alpha^3 + \alpha^4 + \cdots = \frac{1}{1 - \alpha} \tag{4.5}$$

を利用し,$\alpha = z^{-1}$ と置くことにより簡単に導かれる.ここで,α の値(複素数も含む)によってディジタル信号 $\{x_k\}_{k=-\infty}^{k=\infty}$ は以下のような性質を有する(図 4-3).

$$\begin{cases} |\alpha| < 1 ; 収束する系列(減衰信号に対応) \\ |\alpha| = 1 ; 周期系列(周期信号に対応) \\ |\alpha| > 1 ; 発散する系列(不安定な信号に対応) \end{cases}$$

ナットクの例題 ❹-2

次の z 変換 $X(z)$ を有するディジタル信号 $\{x_k\}_{k=-\infty}^{k=\infty}$ を求め，波形グラフを示せ．ただし，サンプリング間隔は 0.1 [秒] とする．

$$X(z) = \frac{16}{1-0.5z^{-1}}$$

【解答】

式（4.4）の多項式の表現形式に変形することが必要であり，以下のように多項式の除算を行う．

$$\begin{array}{r}
16+8z^{-1}+4z^{-2}+2z^{-3}+\cdots \\
1-0.5z^{-1} \overline{)16 } \\
\underline{16-8z^{-1}} \\
8z^{-1} \\
\underline{8z^{-1}-4z^{-2}} \\
4z^{-2} \\
\underline{4z^{-2}-2z^{-3}} \\
2z^{-3} \\
\cdots\cdots\cdots
\end{array}$$

よって，$X(z) = 16 + 8z^{-1} + 4z^{-2} + 2z^{-3} + \cdots$ が得られ，式 (4.4) と対応させることで，$x_k = 0 (k<0)$，$x_0 = 16$，$x_1 = 8$，$x_2 = 4$，$x_3 = 2$，$\cdots$，$x_k = 16 \times (0.5)^k$ から図 4-4 のディジタル信号が求められる．もちろん，$X(z) = 16 \times \dfrac{1}{1-0.5z^{-1}}$ と変形して，表 4-1 の z 変換表を直接利用すれば，$\beta = 0.5$ を代入して，簡単に算出できる．

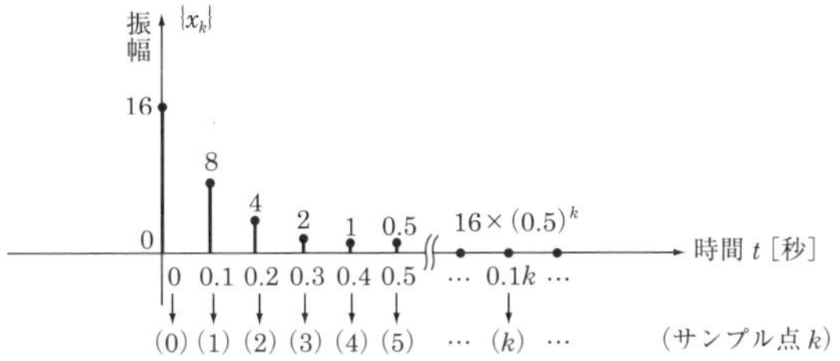

図 4-4 ［ナットクの例題 4-2］

4-2 ディジタル信号の周波数操作は "z^{-1}" にあり！

z 変換における "z^{-1}" は，サンプリング間隔 T[秒] の時間遅れを表すものであるが，ディジタル信号 $\{x_k = x(kT)\}_{k=-\infty}^{k=\infty}$ が入力されたときに，

$$y_k = x_{k-1} \tag{4.6}$$

となるディジタル信号 $\{y_k = y(kT)\}_{k=-\infty}^{k=\infty}$ が出力される処理を考えてみよう．式 (4.6) は，入力を 1 サンプル時間 T[秒] だけ遅らせて順に出力する信号操作であり，

$$\begin{cases} \cdots\cdots \\ k=0 \text{ のとき，入力 } x_0 \text{ に対して 1 サンプル前の入力 } x_{-1} \text{ が出力される} \\ k=1 \text{ のとき，入力 } x_1 \text{ に対して 1 サンプル前の入力 } x_0 \text{ が出力される} \\ k=2 \text{ のとき，入力 } x_2 \text{ に対して 1 サンプル前の入力 } x_1 \text{ が出力される} \\ k=3 \text{ のとき，入力 } x_3 \text{ に対して 1 サンプル前の入力 } x_2 \text{ が出力される} \\ \cdots\cdots \end{cases}$$

というものである．

いま，入力 $\{x_k = x(kT)\}_{k=-\infty}^{k=\infty}$ として角周波数 ω[rad/秒] の複素正弦波 $e^{j\omega t}$ を T[秒] 間隔でサンプリング（$t=kT$ を代入）して得られるディジタル信号，すなわち，

$$x_k = e^{jk\omega T} \tag{4.7}$$

に対する応答がどのようになるのかを調べてみる．このときの出力 $\{y_k = y(kT)\}_{k=-\infty}^{k=\infty}$ は，式 (4.6) より，

$$\begin{aligned} y_k &= e^{j(k-1)\omega T} = e^{-j\omega T + jk\omega T} \\ &= e^{-j\omega T} \times \underbrace{e^{jk\omega T}}_{x_k} = e^{-j\omega T} x_k \end{aligned} \tag{4.8}$$

と表されることに基づき，1 サンプル時間 T[秒] だけ遅らせる操作は "$e^{-j\omega T}$" に相当することがわかる．別の見方をすれば，z 変換での 1 サンプル時間 T[秒] だけ遅らせる操作は "z^{-1}" であるから，

$$z^{-1} = e^{-j\omega T}, \quad \text{あるいは } z = e^{j\omega T} \tag{4.9}$$

となり，z 変換と周波数操作との対応関係が導かれる（図 4-5）．

入力 x_k → z^{-1} → 出力 $y_k = x_{k-1}$

入力を T [秒] 遅らせて出力する

⟹ 周波数領域における働き
$e^{-j\omega T} = \cos(\omega T) - j\sin(\omega T)$

図4-5 ディジタル信号の周波数の素

ナットクの例題 ❹-3

次のディジタル信号 $\{x_k\}_{k=-\infty}^{k=\infty}$ の振幅スペクトル，位相スペクトルを求め，概略図を示せ．ただし，サンプリング間隔 T は 0.1 [秒] とする．

$$x_k = \begin{cases} 0.5 & ; k = 0, 1 \\ 0 & ; k < 0, k > 1 \end{cases}$$

[解答]

波形は**図4-6**であり，z変換の定義［式 (4.4)］より，z変換 $X(z)$ は，

$$X(z) = 0.5 + 0.5z^{-1}$$

となるので，$T = 0.1$［秒］として，式 (4.9) の関係［$z = e^{j\omega T}$］を代入し，オイラーの公式［式 (3.46)，式 (3.47)］を適用した後，極形式で表せば簡単だ．

$$\begin{aligned}
X(e^{j0.1\omega}) &= 0.5 + 0.5e^{-j0.1\omega} \\
&= (0.5e^{j0.05\omega} + 0.5e^{-j0.05\omega})e^{-j0.05\omega} \\
&= [0.5 \times \{\cos(0.05\omega) + j\sin(0.05\omega)\} \\
&\quad + 0.5 \times \{\cos(0.05\omega) - j\sin(0.05\omega)\}]e^{-j0.05\omega} \\
&= \cos(0.05\omega) \times e^{-j0.05\omega}
\end{aligned}$$

よって，振幅スペクトルは $X(e^{j0.1\omega})$ の絶対値 $|X(e^{j0.1\omega})|$，位相スペクト

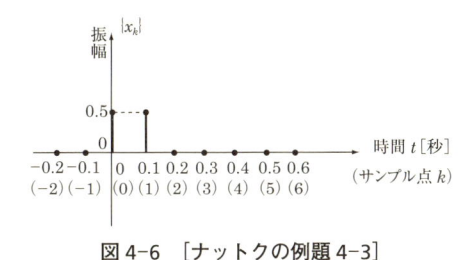

図4-6 ［ナットクの例題 4-3］

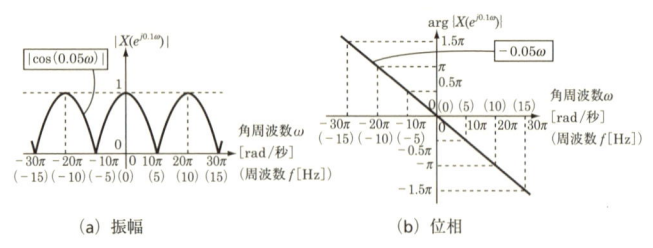

図 4-7 周波数スペクトル（サンプリング周波数 $f_T = 10\,[\text{Hz}]$）

ルは $X(e^{j0.1\omega})$ の偏角 $\arg\{X(e^{j0.1\omega})\}$ として算出できる（図 4-7）．

$$\begin{cases} 振幅：\left|X(e^{j0.1\omega})\right| = \left|\cos(0.05\omega)\right| \\ 位相：\arg\{X(e^{j0.1\omega})\} = -0.05\omega \end{cases} \quad (4.10)$$

4-3 ディジタル信号の周波数成分が見えてくる"離散フーリエ変換（DFT）"

DFT はディジタル信号のフーリエ変換であり，その基本的な考え方はアナログ信号に対する複素フーリエ級数［式 (3.36)，式 (3.37)］にある．

いま，$0 \sim T_p\,[秒]$ におけるアナログ信号 $x(t)$ を，$T = \dfrac{T_p}{N}\,[秒]$ ごとにサンプリングして得られる1周期分に相当する $N\,[個]$ のディジタル信号 $\{x_k = x(kT)\}_{k=0}^{k=N-1}$ を考える（図 2-27 を参照）．

まず，式 (3.37) の積分において，式 (2.43) の導出プロセスを逆に辿ることにより，アナログ信号（連続関数）の積分計算を $N\,[個]$ のディジタル信号（N 次元ベクトル）に書き換える．その結果，x を超えない最大整数を表すガウス記号 $[x]$ を用いれば，$\ell = \left[-\dfrac{N-2}{2}\right], \cdots, -2, -1, 0, 1, 2, \cdots, \left[\dfrac{N}{2}\right]$ に対して，

$$X_\ell = \frac{1}{T_p}\int_0^{T_p} x(t)e^{-j\ell\omega_1 t}dt \rightarrow X_\ell = \frac{1}{T_p}\sum_{k=0}^{N-1} x(kT)e^{-jk\ell\omega_1 T}T$$
$$= \frac{1}{NT}\sum_{k=0}^{N-1} x(kT)e^{-jk\ell\omega_1 T}T = \frac{1}{N}\sum_{k=0}^{N-1} x_k e^{-jk\ell\omega_1 T} \quad (4.11)$$

となる関係より，DFT の定義式が導かれる．つまり，アナログ信号に対する複素フーリエ級数を有限項で打ち切ったものが DFT であり，

$$\omega_1 = \frac{2\pi}{T_p} = \frac{2\pi}{NT} \quad (基本角周波数，単位は [\text{rad}/秒]) \tag{4.12}$$

で表されるパラメータ ω_1 は周波数分解能を与える．

また，$\omega_1 = 2\pi f_1$ と表すと，式 (4.2) のサンプリング周波数 f_T [Hz] との間には，

$$f_1 = \frac{f_T}{N} \quad (基本周波数，単位は [\text{Hz}]) \tag{4.13}$$

の関係が成立する．当たり前のことではあるが，ディジタル信号の総個数 N が大きいほど周波数分解能 f_1 [Hz] は小さくできて，きめ細かい周波数分析が可能となる．

一方，式 (3.36) において，$\ell = \left[-\frac{N-2}{2}\right], \cdots, -2, -1, 0, 1, 2, \cdots, \left[\frac{N}{2}\right]$ の範囲で打ち切ると，

$$x(t) = \sum_{\ell=\left[-\frac{N-2}{2}\right]}^{\left[\frac{N}{2}\right]} X_\ell e^{j\ell\omega_1 t} \tag{4.14}$$

であり，$t = kT$ ($k = 0, 1, 2, \cdots, N-1$) でサンプリングすると，

$$x_k = x(kT) = \sum_{\ell=\left[-\frac{N-2}{2}\right]}^{\left[\frac{N}{2}\right]} X_\ell e^{jk\ell\omega_1 T} \tag{4.15}$$

のディジタル信号 $\{x_k = x(kT)\}_{k=0}^{k=N-1}$ の表現が得られる．これが IDFT (Inverse Discrete Fourier Transform，DFT の逆変換) の定義式である．

また，式 (4.12) より，

$$\omega_1 T = \frac{2\pi}{N} \tag{4.16}$$

という関係が得られるので，オイラーの公式を適用して，

$$W_N = e^{-j\omega_1 T} = e^{-j\frac{2\pi}{N}} = \cos\left(\frac{2\pi}{N}\right) - j\sin\left(\frac{2\pi}{N}\right) \tag{4.17}$$

で表される W_N を用いれば，DFT [式 (4.11)] と IDFT [式 (4.15)] は見やすい形式で，

DFT $\quad X_\ell = \dfrac{1}{N}\displaystyle\sum_{k=0}^{N-1} x_k W_N{}^{k\ell}\ ;\ \ell = \left[-\dfrac{N-2}{2}\right], -2, -1, 0, 1, 2, \cdots, \left[\dfrac{N}{2}\right]$ (4.18)

IDFT $\quad x_k = \displaystyle\sum_{\ell=\left[-\frac{N-2}{2}\right]}^{\left[\frac{N}{2}\right]} X_\ell W_N{}^{-k\ell}\ ;\ k = 0, 1, 2, \cdots, N-1$ (4.19)

と簡略表示される．ただし，以下では W_N を添字なしで W と表すことにする．

　さっそく手始めに，DFT と IDFT を体験しながら，その変換された数値がもつ物理的意味を知ってもらおう．

　最初は，周波数スペクトルの分析を体感してもらうために，4 つのサンプル値 （$N=4$ に相当）からなるディジタル信号 $\{x_0, x_1, x_2, x_3\}$ を考え，式（4.11）に基づく DFT 値 $\{X_{-1}, X_0, X_1, X_2\}$ の具体的な表現式を導く．

　まず，式（4.18）および式（4.19）を $N=4$ について書き下すと，次式が導かれる．

DFT $\quad\begin{cases} X_{-1} = \dfrac{1}{4}(x_0 + x_1 W^{-1} + x_2 W^{-2} + x_3 W^{-3}) \\ X_0 = \dfrac{1}{4}(x_0 + x_1 + x_2 + x_3) \\ X_1 = \dfrac{1}{4}(x_0 + x_1 W^1 + x_2 W^2 + x_3 W^3) \\ X_2 = \dfrac{1}{4}(x_0 + x_1 W^2 + x_2 W^4 + x_3 W^6) \end{cases}$ (4.20)

IDFT $\quad\begin{cases} x_0 = X_{-1} + X_0 + X_1 + X_2 \\ x_1 = X_{-1} W^1 + X_0 + X_1 W^{-1} + X_2 W^{-2} \\ x_2 = X_{-1} W^2 + X_0 + X_1 W^{-2} + X_2 W^{-4} \\ x_3 = X_{-1} W^3 + X_0 + X_1 W^{-3} + X_2 W^{-6} \end{cases}$ (4.21)

ここで，$N=4$ に対する W は，式（4.17）を適用して，

$$W = e^{-j\frac{2\pi}{4}} = e^{-j\frac{\pi}{2}} = \underbrace{\sin\left(\frac{\pi}{2}\right)}_{0} - j\underbrace{\sin\left(\frac{\pi}{2}\right)}_{1} = -j \tag{4.22}$$

であり，以下のように計算される．

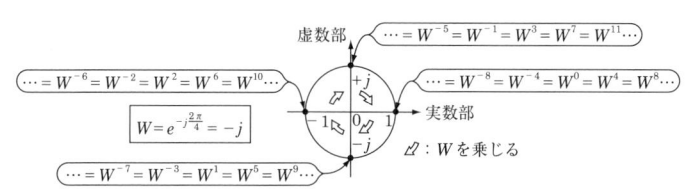

図 4-8　回転因子（$N=4$ の場合）

$$\begin{cases} W^0 = 1 \\ W^1 = -j \\ W^2 = W^1 \times W^1 = (-j) \times (-j) = -1 \\ W^3 = W^2 \times W^1 = (-1) \times (-j) = j \\ W^4 = W^2 \times W^2 = (-1) \times (-1) = 1 (= W^0) \\ W^5 = W^4 \times W^1 = W^1 = -j \\ W^{-1} = \overline{W^1} = j \\ W^{-2} = W^{-1} \times W^{-1} = j \times j = -1 (= \overline{W^2}) \\ W^{-3} = W^{-2} \times W^{-1} = (-1) \times j = -j (= \overline{W^3}) \\ W^{-4} = W^{-2} \times W^{-2} = (-1) \times (-1) = 1 (= \overline{W^4}) \\ W^{-5} = W^{-4} \times W^{-1} = 1 \times j = j (= \overline{W^5}) \\ \cdots\cdots \end{cases}$$

このように，W には周期性があり，

$$\begin{cases} \cdots = W^{-8} = W^{-4} = W^0 = W^4 = W^8 = \cdots = 1 \\ \cdots = W^{-7} = W^{-3} = W^1 = W^5 = W^9 = \cdots = -j \\ \cdots = W^{-6} = W^{-2} = W^2 = W^6 = W^{10} = \cdots = -1 \\ \cdots = W^{-5} = W^{-1} = W^3 = W^7 = W^{11} = \cdots = j \end{cases} \quad (4.23)$$

と表され，W は回転因子（rotation factor）と呼ばれる（**図 4-8**）．なお，

$$W^N = \left(e^{-j\frac{2\pi}{N}}\right)^N = e^{-j2\pi} = \underbrace{\cos(2\pi)}_{1} - j\underbrace{\sin(2\pi)}_{0} = 1$$

なので，一般的には次式が成立する．

$$W^{(k+pN)} = W^k \ ; p \text{ は整数} \quad (4.24)$$

最終的に，式（4.23）の値を式（4.20）および式（4.21）に代入して，$N=4$ に

対する DFT および IDFT の計算式が,

DFT
$$\begin{cases} X_{-1} = \dfrac{1}{4}(x_0 + jx_1 - x_2 - jx_3) \\ X_0 = \dfrac{1}{4}(x_0 + x_1 + x_2 + x_3) \\ X_1 = \dfrac{1}{4}(x_0 - jx_1 - x_2 + jx_3) \\ X_2 = \dfrac{1}{4}(x_0 - x_1 + x_2 - x_3) \end{cases} \quad (4.25)$$

IDFT
$$\begin{cases} x_0 = X_{-1} + X_0 + X_1 + X_2 \\ x_1 = -jX_{-1} + X_0 + jX_1 - X_2 \\ x_2 = -X_{-1} + X_0 - X_1 + X_2 \\ x_3 = jX_{-1} + X_0 - jX_1 - X_2 \end{cases} \quad (4.26)$$

と導かれる.このとき,式 (4.25) の DFT は,4 個の未知数 $\{x_0, x_1, x_2, x_3\}$ に関する 4 元 1 次連立方程式となっているので,$j^2 = -1$ の関係に注意しさえすれば中学数学程度の知識で解を算出できる(実際の運算は少々面倒かもしれないが).得られた結果は見事に式 (4.26) の IDFT に一致するので,この快感をぜひとも味わっていただきたいものである.逆に,式 (4.26) の IDFT を 4 個の $\{X_{-1}, X_0, X_1, X_2\}$ に関する 4 元 1 次連立方程式とみなして解を求めれば,式 (4.25) の DFT に一致することは言わずもがなであろう.

ナットクの例題 ❹-4

$N=5$ に対する DFT および IDFT の計算式を示せ.

解答

式 (4.17) 〜式 (4.19) において,$N=5$ として導出できる.ただし,回転因子 $W = e^{-j\frac{2\pi}{5}} = \cos\left(\dfrac{2\pi}{5}\right) - j\sin\left(\dfrac{2\pi}{5}\right)$,$\ell = -2, -1, 0, 1, 2$,および $k = 0, 1, 2, 3, 4$ である.

DFT
$$\begin{cases} X_{-2} = \frac{1}{5}(x_0 + x_1 W^{-2} + x_2 W^{-4} + x_3 W^{-6} + x_4 W^{-8}) \\ X_{-1} = \frac{1}{5}(x_0 + x_1 W^{-1} + x_2 W^{-2} + x_3 W^{-3} + x_4 W^{-4}) \\ X_0 = \frac{1}{5}(x_0 + x_1 + x_2 + x_3 + x_4) \\ X_1 = \frac{1}{5}(x_0 + x_1 W^1 + x_2 W^2 + x_3 W^3 + x_4 W^4) \\ X_2 = \frac{1}{5}(x_0 + x_1 W^2 + x_2 W^4 + x_3 W^6 + x_4 W^8) \end{cases} \quad (4.27)$$

IDFT
$$\begin{cases} x_0 = X_{-2} + X_{-1} + X_0 + X_1 + X_2 \\ x_1 = X_{-2} W^2 + X_{-1} W^1 + X_0 + X_1 W^{-1} + X_2 W^{-2} \\ x_2 = X_{-2} W^4 + X_{-1} W^2 + X_0 + X_1 W^{-2} + X_2 W^{-4} \\ x_3 = X_{-2} W^6 + X_{-1} W^3 + X_0 + X_1 W^{-3} + X_2 W^{-6} \\ x_4 = X_{-2} W^8 + X_{-1} W^4 + X_0 + X_1 W^{-4} + X_2 W^{-8} \end{cases} \quad (4.28)$$

いよいよ，いろいろな信号波形に対する周波数成分［式（4.25）］を計算して，DFT のもつ物理的意味を読み取ってみよう．

例1（図 4-9） $(x_0, x_1, x_2, x_3) = (2, 2, 2, 2)$

点線で示すアナログ信号をサンプリングしたディジタル信号は直流であり，式（4.25）を適用して周波数成分を計算すると，

$$\begin{cases} X_{-1} = \frac{1}{4}(2 + j2 - 2 - j2) = 0 \\ X_0 = \frac{1}{4}(2 + 2 + 2 + 2) = 2 \\ X_1 = \frac{1}{4}(2 - j2 - 2 + j2) = 0 \\ X_2 = \frac{1}{4}(2 - 2 + 2 - 2) = 0 \end{cases} \quad (4.29)$$

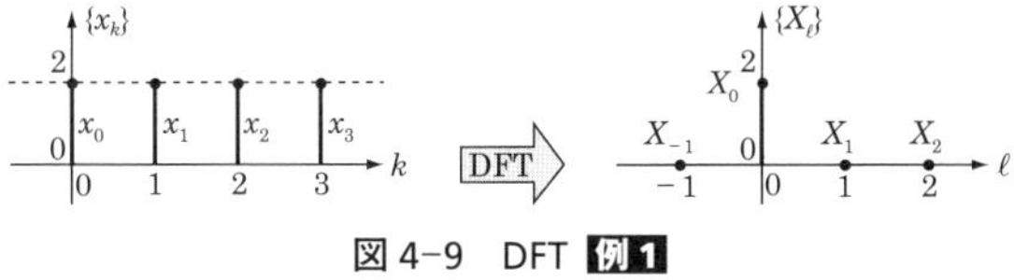

図 4-9　DFT 例1

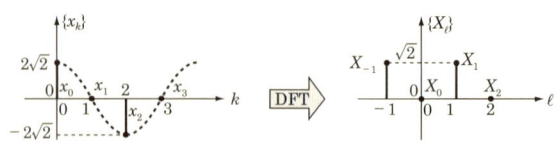

図 4-10　DFT **例2**

が得られ，X_0 が直流成分の振幅を表すことがわかる．

例2（図 4-10）　$(x_0, x_1, x_2, x_3) = (2\sqrt{2}, 0, -2\sqrt{2}, 0)$

山と谷が 1 つずつのディジタル信号であり，周波数成分は，

$$\begin{cases} X_{-1} = \dfrac{1}{4}\{2\sqrt{2} + j0 - (-2\sqrt{2}) - j0\} = \sqrt{2} \\ X_0 = \dfrac{1}{4}\{2\sqrt{2} + 0 + (-2\sqrt{2}) + 0\} = 0 \\ X_1 = \dfrac{1}{4}\{2\sqrt{2} - j0 - (-2\sqrt{2}) + j0\} = \sqrt{2} \\ X_2 = \dfrac{1}{4}\{2\sqrt{2} - 0 + (-2\sqrt{2}) - 0\} = 0 \end{cases} \quad (4.30)$$

となり，cos 波形の最大振幅 $(2\sqrt{2})$ の半分が X_{-1} と X_1 に現れ，複素共役の関係にあることがわかる．また，$X_1 = \sqrt{2}$ より，$2X_1 = 2\sqrt{2}$ となるので，三角関数の複素表示（**コラム❹**を参照）に基づき，

$$2\sqrt{2} \Leftrightarrow 2\sqrt{2}\cos\left(\dfrac{2\pi}{4}k\right) \quad (4.31)$$

と表される．

例3（図 4-11）　$(x_0, x_1, x_2, x_3) = (0, -2\sqrt{2}, 0, 2\sqrt{2})$

例2 の cos 波形の位相を $\pi/2$ を進めた（1/4 周期だけ左へ平行移動した）ディジタル信号であり，DFT 値は以下のように求められる．

$$\begin{cases} X_{-1} = \dfrac{1}{4}\{0 + j(-2\sqrt{2}) - 0 - j2\sqrt{2}\} = -j\sqrt{2} \\ X_0 = \dfrac{1}{4}\{0 + (-2\sqrt{2}) + 0 + 2\sqrt{2}\} = 0 \\ X_1 = \dfrac{1}{4}\{0 - j(-2\sqrt{2}) - 0 + j2\sqrt{2}\} = j\sqrt{2} \\ X_2 = \dfrac{1}{4}\{0 - (-2\sqrt{2}) + 0 - 2\sqrt{2}\} = 0 \end{cases} \quad (4.32)$$

よって，X_1 の絶対値 $|X_1|$ と偏角 $\arg(X_1)$ はそれぞれ，

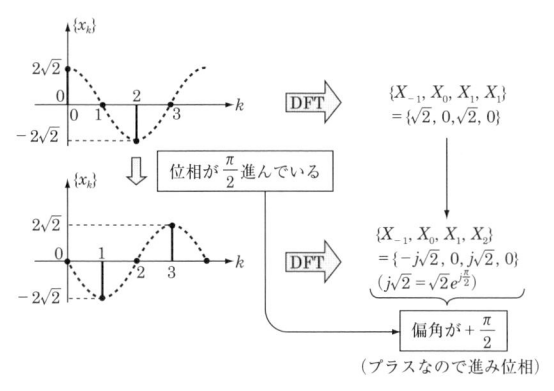

図 4-11　DFT 例3

$$\begin{cases} |X_1| = |j\sqrt{2}| = \sqrt{0^2 + (\sqrt{2})^2} = \sqrt{2} & (4.33) \\ \arg(X_1) = \arg(j\sqrt{2}) = \arctan(0, \sqrt{2}) = +\dfrac{\pi}{2} & (4.34) \end{cases}$$

となる．**例2**と同様に，山と谷が1つずつあるディジタル信号の周波数成分は X_1 と X_{-1} にのみに最大振幅 ($2\sqrt{2}$) の半分として現れることが理解される．すなわち，$|X_1|$ を2倍すると最大振幅値を知ることができ，$\arg(X_1)$ の値から $\dfrac{\pi}{2}$ [rad] だけ位相が進んでいる［符号がプラス(+)であることに基づく］ことから，

$$2\sqrt{2}\cos\left(\frac{2\pi}{4}k + \frac{\pi}{2}\right) \tag{4.35}$$

と表されるディジタル信号が導かれる．このとき，正負の周波数に対する成分 X_1 と X_{-1} は複素共役になることもわかる．

また，$X_1 = j\sqrt{2}$ より，$2X_1 = j2\sqrt{2}$ となるので，三角関数の複素表示に基づき，式 (3.57) より，

$$j2\sqrt{2} \quad \Leftrightarrow \quad -2\sqrt{2}\sin\left(\frac{2\pi}{4}k\right) \tag{4.36}$$

と表される．なお，式 (4.35) に**表 2-1** の余角の公式を適用すれば，

$$2\sqrt{2}\cos\left(\frac{2\pi}{4}k + \frac{\pi}{2}\right) = -2\sqrt{2}\sin\left(\frac{2\pi}{4}k\right)$$

であり，式 (4.36) と同じ結果が得られていることが検証される．

例4(図 4-12) $(x_0, x_1, x_2, x_3) = (2, 2, -2, -2)$

例2 の cos 波形の位相を $\pi/4$ 遅らせた（1/8 周期だけ右へ平行移動）ディジタル信号であり，DFT 値は以下のように求められる．

$$\begin{cases} X_{-1} = \dfrac{1}{4}\{2 + j2 - (-2) - j(-2)\} = 1 + j \\ X_0 = \dfrac{1}{4}\{2 + 2 + (-2) + (-2)\} = 0 \\ X_1 = \dfrac{1}{4}\{2 - j2 - (-2) + j(-2)\} = 1 - j \\ X_2 = \dfrac{1}{4}\{2 - 2 + (-2) - (-2)\} = 0 \end{cases} \tag{4.37}$$

ここで，X_1 の絶対値 $|X_1|$ と偏角 $\arg(X_1)$ を計算すると，

$$\begin{cases} |X_1| = |1 - j| = \sqrt{1^2 + (-1)^2} = \sqrt{2} \tag{4.38} \\ \arg(X_1) = \arg(1 - j) = \arctan(1, -1) = -\dfrac{\pi}{4} \tag{4.39} \end{cases}$$

となる．**例2**，**例3** と同様に，周波数成分は複素共役の X_1 と X_{-1} に最大振幅値 ($2\sqrt{2}$) の半分として現れるので，$|X_1|$ を 2 倍すると最大振幅値を知ることができる．また，$\arg(X_1)$ の値からは位相が $\pi/4$ [rad] 遅れている［符号がマイナス（-）であることに基づく］ことから，

$$2\sqrt{2}\cos\left(\dfrac{2\pi}{4}k - \dfrac{\pi}{4}\right) \tag{4.40}$$

で表されるディジタル信号が導かれる．

一方，$X_1 = 1 - j$ より，$2X_1 = 2 - j2$ となるので，三角関数の複素表示に基づき，

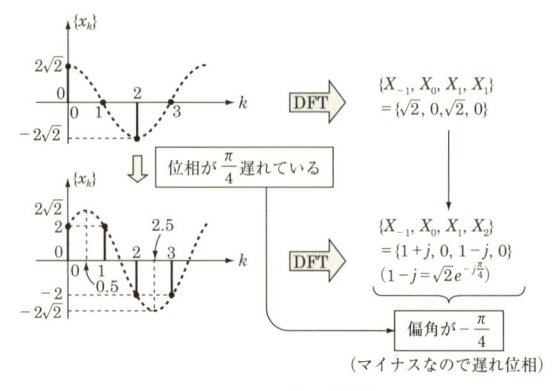

図 4-12　DFT **例4**

式 (3.56) と式 (3.57) より,

$$2-j2 \Leftrightarrow 2\cos\left(\frac{2\pi}{4}\right) + 2\sin\left(\frac{2\pi}{4}k\right) \tag{4.41}$$

と表される. さらに, 式 (4.41) に表 2-1 の合成公式を適用すれば,

$$2\cos\left(\frac{2\pi}{4}k\right) + 2\sin\left(\frac{2\pi}{4}k\right) = 2\sqrt{2}\cos\left(\frac{2\pi}{4}k - \frac{\pi}{4}\right)$$

であり, 式 (4.40) と同じ結果が得られていることがわかる.

例1 ～ **例4** を一般化すると, 式 (4.18) の DFT には, 次のような性質があることが知られている. これらはぜひ覚えておいてもらいたい.

《DFT のまとめ》

① X_ℓ の添字 $\ell = \left[-\frac{N-2}{2}\right], \cdots, -2, -1, 0, 1, 2, \cdots, \left[\frac{N}{2}\right]$ は, 山と谷の数を表し, 周波数に相当する.

② X_0 は $\ell = 0$ で, 直流成分の振幅値を表す.

③ 正負の周波数成分 X_ℓ と $X_{-\ell}$ は, 複素共役なので,

$$\begin{cases} |X_\ell| = |X_{-\ell}| & （絶対値は同じ値を採る）\\ \arg(X_\ell) = -\arg(X_{-\ell}) & （偏角は正負が反転する） \end{cases}$$

で表される関係がある.

④ 絶対値 $|X_\ell| = \sqrt{\{\Re e(X_\ell)\}^2 + \{\Im m(X_\ell)\}^2}$ $(\ell \neq 0)$ は, cos 波形の最大振幅の半分を表す.

⑤ 偏角 $\arg(X_\ell) = \arctan(\Re e(X_\ell), \Im m(X_\ell))$ $(\ell \neq 0)$ は, cos 波形を基準として波形の進みや遅れの位相を表す.

⑥ 周波数分解能 f_1 は, サンプリング周波数 f_T [Hz] の $\frac{1}{N}$ 倍に等しい [式 (4.13)].

⑦ 絶対値 $|X_\ell|$ と偏角 $\arg(X_\ell)$ $(\ell \neq 0)$ より,

$$x_k = 2|X_\ell|\cos\left\{\frac{2\pi\ell}{N}k + \arg(X_\ell)\right\} \; ; \; k = 0, 1, 2, \cdots, N-1 \tag{4.42}$$

で表されるディジタル信号 $\{x_k\}_{k=0}^{k=N-1}$ が導かれる. このディジタル信号は, アナログ信号 $x(t)$, すなわち,

$$x(t) = 2|X_\ell|\cos\{2\pi\ell f_1 t + \arg(X_\ell)\} \tag{4.43}$$

を時間間隔 T [秒] でサンプリングした値である. つまり, 式 (4.2) と式 (4.13)

より，

$$T = \frac{1}{Nf_1} \tag{4.44}$$

で表される関係が成立するので，式（4.43）に

$$t = kT = \frac{k}{Nf_1} \tag{4.45}$$

を代入して式（4.42）が導かれる．

逆に，式（4.42）のディジタル信号表現において，

「変数 k を $Nf_1 t$ で置き換える」 (4.46)

という処理によって，式（4.43）のアナログ信号表現が得られる．

⑧ $\ell > 0$ に対する $X_\ell = \mathfrak{Re}(X_\ell) + j\mathfrak{Im}(X_\ell)$ を2倍した値 $2X_\ell = 2\mathfrak{Re}(X_\ell) + j2\mathfrak{Im}(X_\ell)$ は，三角関数の複素表示に基づき，

$$2\mathfrak{Re}(X_\ell) + j2\mathfrak{Im}(X_\ell) \Leftrightarrow 2\mathfrak{Re}(X_\ell)\cos\left(\frac{2\pi\ell}{N}k\right) - 2\mathfrak{Im}(X_\ell)\sin\left(\frac{2\pi\ell}{N}k\right) \tag{4.47}$$

と表されるディジタル信号に相当する．なお，式（4.47）に**表2-1**の合成公式を適用すれば，式（4.42）と同じ結果が得られていることがわかる．

ナットクの例題 ❹-5

図4-13のディジタル信号の周波数成分を分析せよ．ただし，サンプリング間隔 T は 0.1 [秒] とする．

[解答]

これまでは，時間軸の値は気にせず計算してきたが，ディジタル信号のもつ実際の周波数との対応は気になるところである．この例では，サンプリング周波数 f_T は式（4.2）より，サンプリング間隔 $T = 0.1$ [秒] の逆数として 10 [Hz] である．したがって，式（4.13）の関係より周波数分解能は $\frac{10}{4} = 2.5$ [Hz] となるので，X_{-1} は (-2.5) [Hz]，X_0 は直流 0 [Hz]，X_1 は 2.5 [Hz]，X_2 は 5 [Hz] の周波数成分を表すことがわかる．

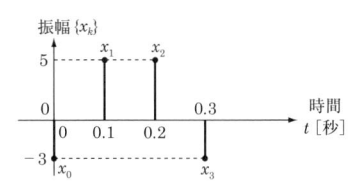

図 4-13　［ナットクの例題 4-5］

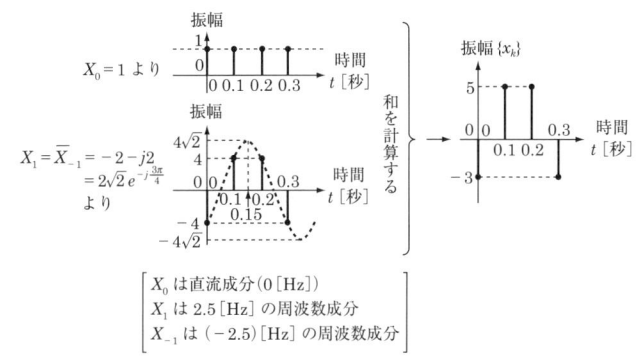

図 4-14　［ナットクの例題 4-5］の **解答**

以上を前提に，$(x_0, x_1, x_2, x_3) = (-3, 5, 5, -3)$ の DFT 値を式 (4.25) に基づいて計算すると，

$$\begin{cases} X_{-1} = \dfrac{1}{4}\{(-3) + j5 - 5 - j(-3)\} = -2 + j2 \\ X_0 = \dfrac{1}{4}\{(-3) + 5 + 5 + (-3)\} = 1 \\ X_1 = \dfrac{1}{4}\{(-3) - j5 - 5 + j(-3)\} = -2 - j2 \\ X_2 = \dfrac{1}{4}\{(-3) - 5 + 5 - (-3)\} = 0 \end{cases} \quad (4.48)$$

となる．したがって，$X_0 = 1$ より振幅 1 の直流成分を含むことがわかる．また，$X_1 = -2 - j2$ より絶対値と偏角を求めると，

$$\begin{cases} |X_1| = \sqrt{(-2)^2 + (-2)^2} = 2\sqrt{2} & (4.49) \\ \arg(X_1) = \arctan(-2, -2) = -\dfrac{3\pi}{4} & (4.50) \end{cases}$$

であり，最大振幅が $|X_1| \times 2 = 4\sqrt{2}$ で，位相が $3\pi/4$ 遅れた山と谷が1つずつある cos 波形 $4\sqrt{2}\cos\left(\dfrac{2\pi}{4}k - \dfrac{3\pi}{4}\right)$ を含むことも理解できる（**図 4-14**）．

このように DFT 計算が単純な四則演算を用いて処理できること，またディジタル信号の周波数成分を計算する手法であることの感触は，おおむね掴んでいただけたであろう．

次は，DFT の逆操作として，周波数成分の情報から元のディジタル信号を算出する IDFT 計算 [式（4.26）] の体験である．

例5（図 4-15） $(X_{-1}, X_0, X_1, X_2) = (0, 3, 0, 0)$

$X_0 = 3$ の周波数成分を有する信号は直流であり，式（4.26）を適用してディジタル信号を算出すると，

$$\begin{cases} x_0 = 0 + 3 + 0 + 0 = 3 \\ x_1 = -j0 + 3 + j0 - 0 = 3 \\ x_2 = -0 + 3 - 0 + 0 = 3 \\ x_3 = j0 + 3 - j0 - 0 = 3 \end{cases} \tag{4.51}$$

が得られる．$(x_0, x_1, x_2, x_3) = (3, 3, 3, 3)$ より，振幅が3の直流波形が再合成されるわけで，IDFT が DFT の逆処理に等価であることが理解できる．

得られた結果の別な見方として，たった1個の DFT 値 $X_0 = 3$ から4個のディジタル信号を肩代わりできているので，データ量を $\dfrac{1}{4}$ 倍に圧縮できる可能性が読み取れる（**5-4** の「②信号を直交変換する」を参照）．

例6（図 4-16） $(X_{-1}, X_0, X_1, X_2) = (3, 0, 3, 0)$

式（4.26）に代入して，IDFT 値を計算すると，

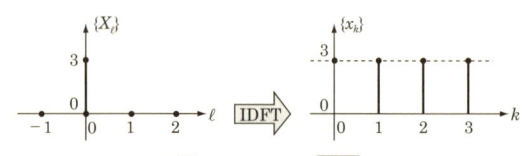

図 4-15 IDFT **例5**

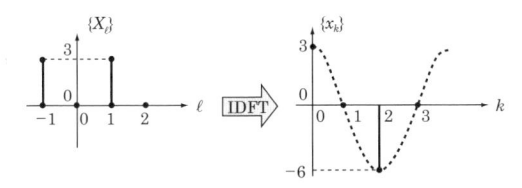

図 4-16　IDFT 例6

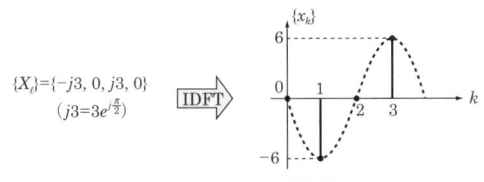

図 4-17　IDFT 例7

$$\begin{cases} x_0 = 3+0+3+0 = 6 \\ x_1 = -j3+0+j3-0 = 0 \\ x_2 = -3+0-3+0 = -6 \\ x_3 = j3+0-j3-0 = 0 \end{cases} \tag{4.52}$$

となり，$(x_0, x_1, x_2, x_3) = (6, 0, -6, 0)$ より，最大振幅値が 6 の cos 波形が再合成される．このとき，$X_1 = 3$ [極形式で $X_1 = 3e^{j0}$] より，絶対値 $|X_1|$ は 3 であることから cos 波形の最大振幅は $|X_1|$ の 2 倍で 6，位相 $\arg(X_1)$ は 0 で cos 波形と同相であり，$x_k = 6\cos\left(\dfrac{2\pi}{4}k\right)$ で表されるディジタル信号が得られる．このように IDFT 計算により求めた信号波形が，ちょうど DFT の物理的意味（周波数成分，最大振幅，位相）に合致していることから，式 (4.25)，式 (4.26) の DFT/IDFT の定義式の妥当性が確認される．

例7（図 4-17）　$(X_{-1}, X_0, X_1, X_2) = (-j3, 0, j3, 0)$

式 (4.26) を適用して，IDFT 値を算出すると，

$$\begin{cases} x_0 = -j3+0+j3+0 = 0 \\ x_1 = -j\times(-j3)+0+j\times(j3)-0 = -6 \\ x_2 = -(-j3)+0-j3+0 = 0 \\ x_3 = j\times(-j3)+0-j\times(j3)-0 = 6 \end{cases} \tag{4.53}$$

が得られる．よって，$X_1 = j3$ [極形式で $X_1 = 3e^{j\frac{\pi}{2}}$] より，絶対値 $|X_1|$ が 3 なのでディ

ジタル信号の最大振幅は $|X_1|$ の 2 倍で 6，位相 $\arg(X_1)$ は $+\dfrac{\pi}{2}$ で基準となる cos 波形 $6\cos\left(\dfrac{2\pi}{4}k\right)$ より $\dfrac{\pi}{2}$ だけ進んでいるので，$x_k = 6\cos\left(\dfrac{2\pi}{4}k + \dfrac{\pi}{2}\right)$ と表される．

ナットクの例題 ❹−6

図 4-18 の周波数成分 $\{X_\ell\}_{\ell=-1}^{\ell=2}$ を有するディジタル信号 $\{x_k\}_{k=0}^{k=3}$，およびアナログ信号 $x(t)$ を求めよ．ただし，サンプリング間隔は $\dfrac{1}{8}$ [秒] とする．

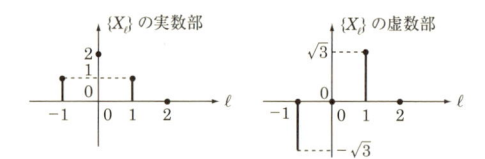

図 4-18 ［ナットクの例題 4-6］

解答

$(X_{-1},\ X_0,\ X_1,\ X_2) = (1 - j\sqrt{3},\ 2,\ 1 + j\sqrt{3},\ 0)$ の IDFT 値を，式（4.26）に基づいて計算すると，

$$\begin{cases} x_0 = (1 - j\sqrt{3}) + 2 + (1 + j\sqrt{3}) + 0 = 4 \\ x_1 = -j \times (1 - j\sqrt{3}) + 2 + j \times (1 + j\sqrt{3}) - 0 = 2 - 2\sqrt{3} \\ x_2 = -(1 - j\sqrt{3}) + 2 - (1 + j\sqrt{3}) + 0 = 0 \\ x_3 = j \times (1 - j\sqrt{3}) + 2 - j \times (1 + j\sqrt{3}) - 0 = 2 + 2\sqrt{3} \end{cases} \quad (4.54)$$

が得られる．ここで，$X_0 = 2$ より振幅 2 の直流波形，$X_1 = 1 + j\sqrt{3}$ より，

$$\begin{cases} |X_1| = \sqrt{1^2 + (\sqrt{3})^2} = 2 & (4.55) \\ \arg(X_1) = \arctan(1, \sqrt{3}) = +\dfrac{\pi}{3} & (4.56) \end{cases}$$

となる．山と谷が 1 個（ℓ に相当）し，絶対値 $|X_1|$ が 2 であることから最大振幅値は $|X_1|$ の 2 倍で 4，位相 $\arg(X_1)$ は $+\dfrac{\pi}{3}$ で cos 波形より $\dfrac{\pi}{3}$ [rad] だけ進んでいることがわかる（図 4-19）．

よって，ディジタル信号は振幅 2 の直流信号と 1 つずつの山と谷を有す

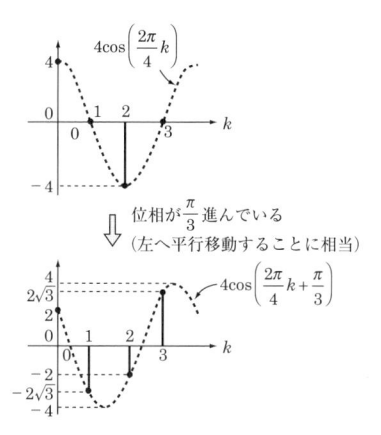

図 4-19 ［ナットクの例題 4-6］の **解答**（その 1）

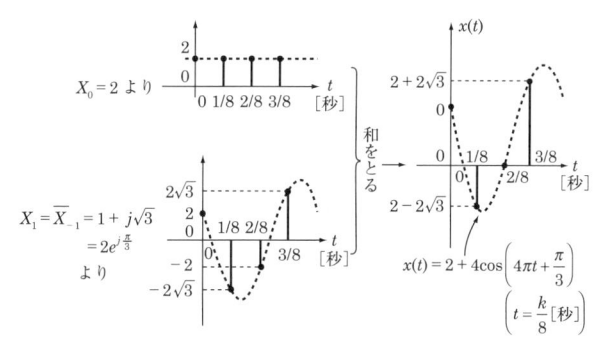

図 4-20 ［ナットクの例題 4-6］の **解答**（その 2）

る cos 波形 $4\cos\left(\dfrac{2\pi}{4}k+\dfrac{\pi}{3}\right)$ を合成したものに等しく，$x_k = 2+4\cos\left(\dfrac{2\pi}{4}k+\dfrac{\pi}{3}\right)$ と表される（**図 4-20**）．

題意より，サンプリング間隔 T が $\dfrac{1}{8}$［秒］でサンプリング周波数 $f_T = 8$［Hz］，サンプル数 $N = 4$ 個なので周波数分解能 $f_1 = 2$［Hz］である．よって，式 (4.46) に基づき，変数 k を $8t\,(=Nf_1 t)$ を置き換えればよい．

$$x(t) = 2 + 4\cos\left(4\pi t + \dfrac{\pi}{3}\right) \tag{4.57}$$

ナットクの例題 ❹-7

いま，10 [Hz] の周波数を有する 5 周期分の cos 波をサンプリングして，ディジタル信号 $\{x_k\}$ が得られたとするとき，DFT 値 $\{X_\ell\}$ のうち，10 [Hz] の成分を表すのはどれか．ただし，サンプリング周波数は 100 [Hz] とする．また，10 周期分としたらどうなるか．

解答

まず，ディジタル信号の総サンプル数 N [個] を知る必要がある．10 [Hz] の周波数を有する cos 波の 5 周期分なので，$\dfrac{1}{10\,[\mathrm{Hz}]} \times 5\,[\text{周期}] = 0.5\,[\text{秒}]$ の観測時間となり，$N = 100 \times 0.5 = 50$ [個] が得られる．よって，ディジタル信号 $\{x_k\}_{k=0}^{k=49}$ に対して得られる DFT 値 $\{X_\ell\}_{\ell=-24}^{\ell=25}$ のうち，どの X_ℓ が 10 [Hz] に該当するかを考えればよい．

つまり，式 (4.13) より周波数分解能 $f_1 = \dfrac{100\,[\mathrm{Hz}]}{50} = 2\,[\mathrm{Hz}]$ なので，2 [Hz] ごとの DFT 値が得られるわけだから，10 [Hz] は 5 番目の正負の DFT 値，すなわち X_5 と X_{-5} に対応することがわかる．なお，サンプリング周波数を，例えば 200, 500 [Hz] に変えたとしても周波数分解能 f_1 は 2 [Hz] で変わらないため，DFT 値 $\{X_\ell\}_{\ell=-99}^{\ell=100}$，$\{X_\ell\}_{\ell=-249}^{\ell=250}$ のうち，X_5 と X_{-5} が 10 [Hz] の DFT 値に対応する．

また，10 周期分の場合は同様の計算により，$\dfrac{1}{10\,[\mathrm{Hz}]} \times 10\,[\text{周期}] = 1\,[\text{秒}]$ の観測時間で，総サンプル数 $N = 100 \times 1 = 100$ [個] になることから，周波数分解能 $f_1 = \dfrac{100\,[\mathrm{Hz}]}{100} = 1\,[\mathrm{Hz}]$ なので，ディジタル信号 $\{x_k\}_{k=0}^{k=99}$ に対して得られる DFT 値 $\{X_\ell\}_{\ell=-49}^{\ell=50}$ のうち，10 [Hz] の DFT 値は X_{10} と X_{-10} に対応することがわかる．

第5章 信号処理応用のための基本テクニック

　信号処理応用における最大の目的は，私たちの身の周りに溢れる多種多様な信号（映像，音響，電圧・電流，血圧，気温・気圧，……）を利用し，豊かで魅力的な暮らしを実現することに尽きる．具体的には，デジカメ，インターネット通信，地上ディジタルTV放送，介護ロボット，病気診断，自動車のエンジン制御，天気予報，防犯カメラ，暗号，……が該当し，枚挙にいとまがない（図5-1）．このような応用例における基本的な信号処理の目的は，

　　1 信号から意味のある情報を取り出して利用できないか？
　　2 信号にはどんな情報が含まれているか？
　　3 未来の信号を予測できないか？
　　4 情報を表す信号が思い通りに作れないか？
　　5 情報を遠くまで送り届けられないか？

の五つに大別されよう．これら五つの目的に対応する信号処理技術の基本テクニックをまとめると，

　　1 信号・情報抽出，2 信号・情報解析，3 予測・推定，
　　4 変換・加工，5 通信

となる．

　例えば，音声信号に含まれる音韻性や個人情報などの特徴を抽出／解析（1, 2）

通信	・モデム（変復調） ・エコー・キャンセラ ・符号化	画像処理	・画像データ圧縮 　（JPEG, MPEG） ・画像認識 ・画像生成	自動車	・エンジン制御 ・カー・オーディオ ・ブレーキ・システム
音響信号処理	・音響信号データ 　圧縮（MP3） ・電子楽器 ・音場コントロール	計測システム	・振動解析 ・センサ信号処理 ・相関解析	医用システム	・心電図解析 ・X線写真の自動 　診断 ・脳波解析
音声信号処理	・音声合成 ・音声分析 ・音声認識	制御	・ロボット制御 ・モータ制御 ・アクティブ振動 　制御	天文学／地球探査	・電波望遠鏡 ・開口合成レーダ ・地震波解析

図5-1　信号処理の主な応用分野

して，言葉を認識したり（[3]），話者を特定すること（[3]）ができる．また，音声の特徴を利用して，音声を作り出すこと（[4]）も可能である．さらには，遠く離れた人と会話すること，そして写真を送ることだってお茶の子さいさい（[5]）．

本章では，主にディジタル信号に対する多彩な応用例を実現するために不可欠な信号処理技術を取り上げて，最低限必要と思われる"基本テクニック"として整理し，直観的な理解が得られるよう，腑に落ちるポイントを強く意識し，工夫して説明する．

5-1 信号を微分・積分する

「信号を微分する・積分する」という言葉からは，何となく難しそうな内容で嫌だな，やりたくないと思われるかもしれない．でも，そんなご心配は要らない！なぜなら，小学1年生の算数で最初に学ぶ"たし算(+)，ひき算(−)"を利用するだけで，微分・積分ができるのだから．専門的にはコンピュータによる数値微分，数値積分と称される大学レベルの数値計算アルゴリズムが，実は単なる"たし算，ひき算"に他ならないのだ．

◆ 微分は"ひき算"なり

まず，高校数学のおさらいからである．微分の定義を思い起こしてみよう．微分は，あるアナログ信号 $x(t)$ の $t=t_0$ における接線の傾き（微分値）なので，微小値 Δt に対して，

$$\left.\frac{dx(t)}{dt}\right|_{t=t_0} = \lim_{\Delta t \to 0}\frac{\Delta x}{\Delta t} = \lim_{\Delta t \to 0}\frac{x(t_0)-x(t_0-\Delta t)}{\Delta t} \tag{5.1}$$

で定義する（図5-2）．ここで，サンプリング間隔 T [秒] のディジタル信号 $\{x_k = x(kT)\}_{k=-\infty}^{k=\infty}$ を考えて，$t_0 = kT$，$\Delta t = T$ と置けば，式 (5.1) は，

$$\left.\frac{dx(t)}{dt}\right|_{t=kT} \cong \frac{x(kT)-x((k-1)T)}{T} = \frac{x_k - x_{k-1}}{T} \tag{5.2}$$

と表され，分子項の隣り合う信号間の"ひき算"が"微分"と密接に関係することがわかる．

よって，微分値 $\frac{dx(t)}{dt}$ を $y(t)$ で表せば，T [秒] ごとにサンプリングしたディジタル信号 $\{y_k = y(kT)\}_{k=-\infty}^{k=\infty}$ は，

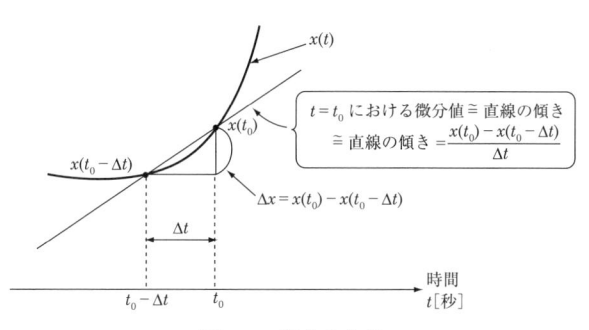

図5-2 微分の定義

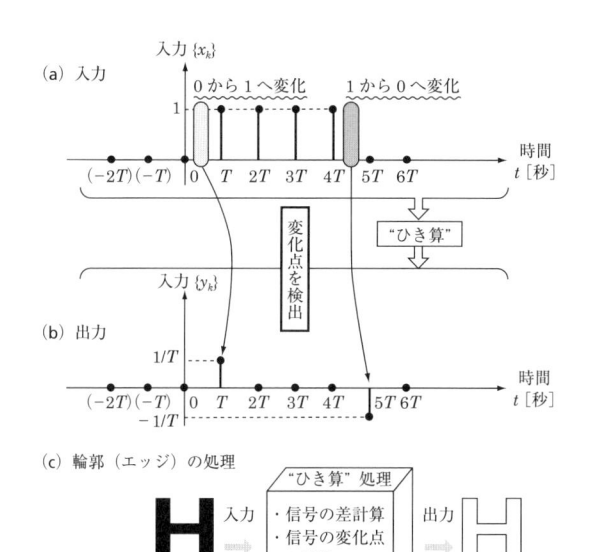

図5-3 微分は"ひき算"処理

$$y_k = \frac{x_k - x_{k-1}}{T} \tag{5.3}$$

と表され,隣接するディジタル信号の差が微分計算(数値微分)に相当するのである.こうした四則計算による信号処理は,コイルやコンデンサ,抵抗などを用いる**アナログ信号処理**に対して,**ディジタル信号処理**と呼ばれる.

例えば,$T=1$[秒]として,図5-3(a)の入力に対する式(5.3)の"ひき算"出力は図5-3(b)となり,0から1,および1から0に信号が変化する点が得られる.

また，文字画像（黒は 1，白は 0 とする）に"ひき算"処理を適用すれば，輪郭が取り出されることになる [図 5-3(c)]．

このように，信号変化点や画像の輪郭を取り出す微分処理が，小学 1 年生の"ひき算"で実現できるわけで，「ディジタル信号処理なんて，怖るるに足らず」である．

◆ 積分は"たし算"なり

関数 $x(t)$ の積分した値を $y(t)$ とすれば，

$$y(t) = \int_0^t x(\tau)d\tau$$

のサンプル値 $y_k = y(kT)$ は，

$$\begin{aligned}
y_k &= \int_0^{kT} x(\tau)d\tau = \int_0^T x(\tau)d\tau + \int_T^{2T} x(\tau)d\tau + \cdots + \int_{(k-1)T}^{kT} x(\tau)d\tau \\
&\cong Tx(T) + Tx(2T) + \cdots + Tx(kT) \\
&= T\{x_1 + x_2 + \cdots + x_k\}
\end{aligned} \tag{5.4}$$

となり，サンプリング間隔 T を横幅とする"たんざく"の面積の"たし算"，すなわち総和によって近似される（図 5-4）．この"たんざく"の面積の総和のことを，詳しく研究したドイツの数学者リーマン（Bernhard Riemann, 1826 年生〜1866 年没）の名にちなんで，リーマン和という．

また，式（5.4）で変数 k を $(k-1)$ に置き換えると，

$$y_{k-1} = T\{x_1 + x_2 + \cdots + x_{k-1}\}$$

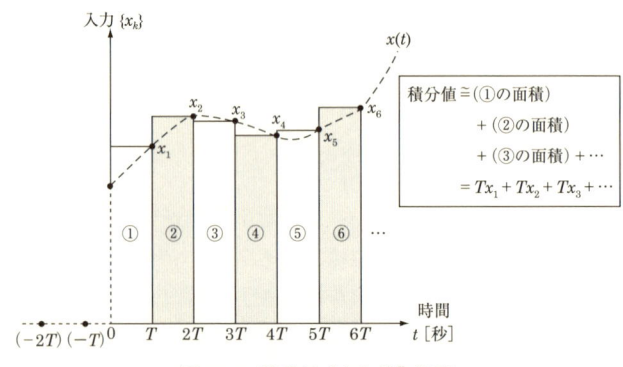

図 5-4　積分は"たし算"処理

であり，さらに式（5.4）との差を求めれば，

$$y_k - y_{k-1} = Tx_k$$

となり，最終的に，

$$y_k = y_{k-1} + Tx_k \tag{5.5}$$

のように表せる．式（5.4）では $(k-1)$ 回の加算が必要な積分値が，たった1回の加算の繰り返しで算出できるというアイデアが導き出せる．

5-2 雑音を小さくして取り除く

　雑音は，必要な信号（音，画像，データなど）に混入して，正常な受信または処理を妨げる好ましくない不要な信号のことをいう．コンサートホールの空調音，携帯電話のザーザーという背景音，テレビ画像の乱れなど，不要な信号は多岐にわたるが，極力小さくして取り除く必要がある．一般に，信号が雑音の混入によって歪んだときには，往々にして信号処理の技術に頼る傾向があることは否めない．できることなら，まずは雑音の発生，混入する原因の正体および出所を調べ，その除去に努める必要がある．例えば，ラジオを聞いているときにガリガリという雑音が入ってきているとすれば，近くに電磁波を発するものがないか，蛍光スタンドの安定器が壊れかかってないか，……などを点検し，電気的な知識を総動員して雑音の発生源を断つべきであろう．それでもうまくいかないときに初めて，信号処理の方法によるしかない，という手順を経て，雑音抑圧を行うようにすべきである．

　身近なところで，音声信号に含まれている微量の不規則（ランダム）雑音を取り除いたり，風速の時々刻々の細かな揺らぎ変動を小さくして大まかな風速の変化を見たいときには，信号波形の凸凹を滑らかにすればよい．二つの雑音除去手法を紹介しよう．

◆ 移動平均による雑音除去

　信号波形の「**平滑化**」処理で，「平均値を計算する」ことに等価である．風速の場合，一定の時間範囲における瞬間風速の平均値を求めればよいわけだから，滑らかなグラフが現れる．この操作は「**移動平均をとる**」といい，注目する時刻の前後

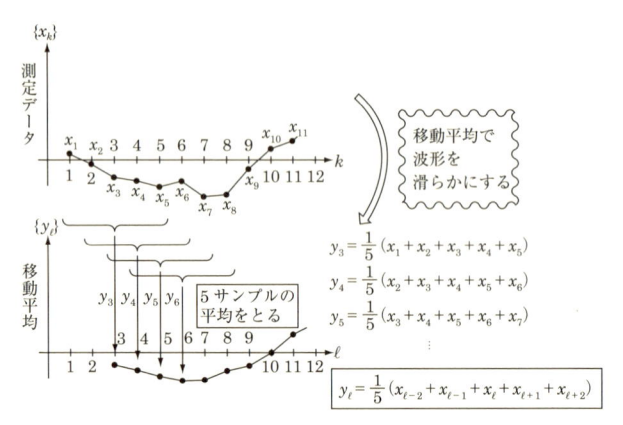

図 5-5 移動平均のとり方（$K=2$ の場合）

のある時間範囲の風速に対して，その平均値を次々と求めていくのである（図 5-5）.

この「移動平均をとる」処理の数式的な表現を示しておこう．いま，風速のディジタル信号が測定データ系列として，

$$\{\cdots, x_{-2}, x_{-1}, x_0, x_1, x_2, \cdots\} \tag{5.6}$$

で与えられるとする．このとき，注目するデータ点の位置を ℓ とし，その前後の K 個のデータ，すなわち，

$$\{\underbrace{x_{\ell-K}, x_{\ell-K+1}, \cdots, x_{\ell-1}}_{K 個}, x_\ell, \underbrace{x_{\ell+1}, \cdots, x_{\ell+K-1}, x_{\ell+K}}_{K 個}\} \tag{5.7}$$

$$\underbrace{\hspace{5cm}}_{2K+1 個}$$

として，全部で $(2K+1)$ 個のデータの平均値 $\{y_\ell\}_{\ell=-\infty}^{\ell=\infty}$ を，

$$y_\ell = \frac{1}{2K+1}(x_{\ell-K} + x_{\ell-K+1} + \cdots + x_{\ell-1} + x_\ell + x_{\ell+1} + \cdots + x_{\ell+K-1} + x_{\ell+K}) \tag{5.8}$$

で算出する．この式は，総和の記号を用いて，

$$y_\ell = \frac{1}{2K+1}\sum_{k=-K}^{K} x_{\ell+k} \tag{5.9}$$

と表される．

図 5-6 は，1 分ごとの平均風速を丸一日 24 時間分の変化のようすを表したグラフである．これに移動平均の処理をかけてみよう．考慮する点（時間）の範囲を与える K の値が大きくなるに従って，次第に風速の変化波形も滑らかになっていくことがわかる．K の値が小さすぎると平滑化の効果が弱くなり，大きくしすぎると

図 5-6　風速の移動平均による平滑化

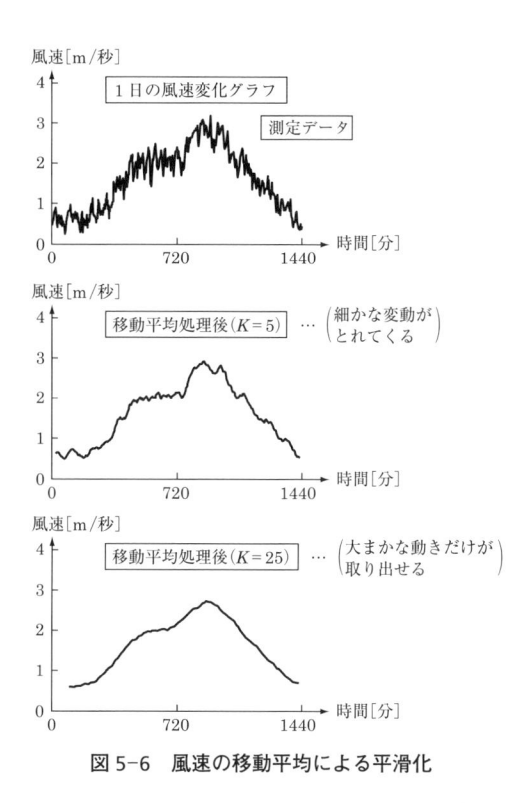

風速の変化を読み取りにくくなってしまう．このように「移動平均を計算する」処理は，観測データから激しく振動する（高い周波数）信号の成分を除去することを意味する．つまり，除去する周波数範囲が，K の値を変えることによってコントロールできるわけだ．

◆ 同期加算による雑音除去

　雑音成分が微量であれば，前述した平滑化処理で，ある程度の雑音を抑圧することは可能ではある．しかし，雑音成分が大きく，その周波数成分もあまり高くなくて，信号の周波数成分との切り分けが困難であるときなどは，平滑化処理はさほど有効な手段とはならない．
　こうした雑音に対しては，信号が周期的に何度も繰り返し得られるような場合の有効な雑音抑圧の方法として，「**同期加算**」と呼ばれる手法が知られている．

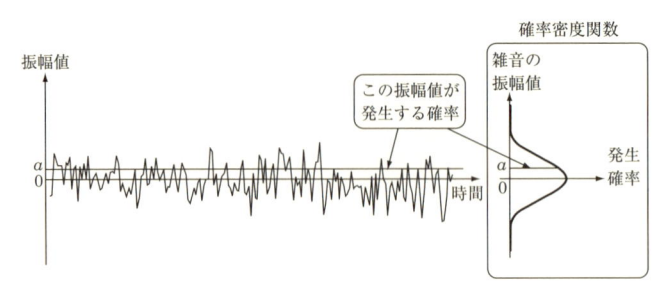

図 5-7　ガウス性雑音とは

いま，N 個のサンプル値から成るディジタル信号を $\{x_k\}_{k=0}^{k=N-1}$ としよう．信号の中には，本来の原信号 $\{s_k\}_{k=0}^{k=N-1}$ と雑音成分 $\{n_k\}_{k=0}^{k=N-1}$ が含まれ，

$$x_k = s_k + n_k \tag{5.10}$$

である．この周期信号に対して，周期ごとの開始位置を常に揃えられる，すなわち**「同期をとる」**ことができると仮定する．このとき，m 回目の同期がとれた信号を $\{x_k^{(m)}\}_{k=0}^{k=N-1}$ と表せば，混入する雑音成分も異なってくる．そこで，これを $\{n_k^{(m)}\}_{k=0}^{k=N-1}$ と書くことにしよう．すると，式 (5.10) は，

$$x_k^{(m)} = s_k + n_k^{(m)} \tag{5.11}$$

のように表される．

以上の準備を経て，いよいよ雑音の抑圧処理を実行するわけであるが，基本的な考え方は，

「**不規則雑音（ガウス性雑音）の平均値が 0 になる**」

という確率的な性質を利用することにある（図 5-7）．言い換えると，雑音の発生の仕方に相関がない．つまり，雑音の値には，前に現れた値とは無関係に次の値が現れて，その値は 0 を中心に分布するという性質がある．

具体的には，雑音を含んだ信号 $\{x_k^{(m)}\}_{k=0}^{k=N-1}$ の平均値を計算すると，"**雑音の平均値が 0 に近づく**" という性質を利用するのである．平均値は，N 個ずつの信号が M 回であるとき，$k = 0, 1, 2, \cdots, (N-1)$ に対して，

$$\frac{1}{M}\sum_{m=1}^{M} x_k^{(m)} = \frac{1}{M}\sum_{m=1}^{M} \{s_k + n_k^{(m)}\} \tag{5.12}$$

$$= \frac{1}{M}\sum_{m=1}^{M} s_k + \frac{1}{M}\sum_{m=1}^{M} n_k^{(m)} \tag{5.13}$$

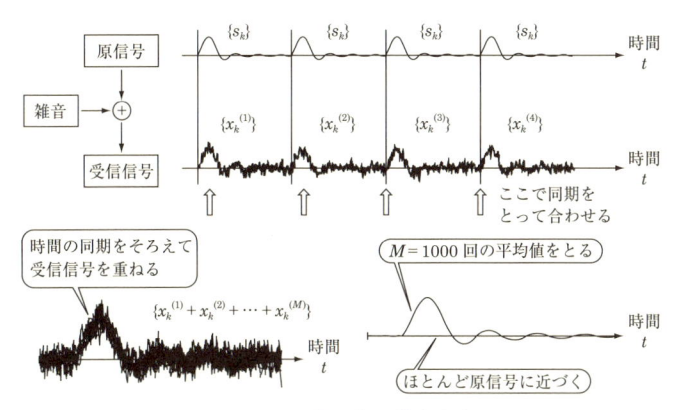

図 5-8 同期加算で雑音除去

を計算する．処理回数が増えるにつれて，不規則雑音の成分（ギザギザした波形）が減少していき，原信号が顕著に現れてくるようになる．その理由を以下に述べよう．

まず，式（5.13）の第 1 項は，$\sum_{m=1}^{M} s_k = M s_k$ なので，

$$\frac{1}{M}\sum_{m=1}^{M} s_k = s_k \tag{5.14}$$

となり，明らかに原信号 $\{s_k\}_{k=0}^{k=N-1}$ を与えることになる．

第 2 項はどうかといえば，不規則に発生する雑音の平均値は 0 に近づくわけだから，数式的には，

$$\frac{1}{M}\sum_{m=1}^{M} n_k^{(m)} \to 0 \quad (M \to \infty) \tag{5.15}$$

となって，雑音成分はすべての時刻 $k = 0, 1, 2, \cdots, (N-1)$ に対して 0 に近づいていくはずである．このように，雑音が混入しても原信号成分を含んだ信号 $\{x_k^{(m)}\}_{k=0}^{k=N-1}$ を，同期をとりつつ平均値を求める処理により，式（5.12）は，

$$\frac{1}{M}\sum_{m=1}^{M} x_k^{(m)} \to s_k \quad (M \to \infty) \tag{5.16}$$

と表される．その結果，雑音を抑圧して原信号 $\{s_k\}_{k=0}^{k=N-1}$ を抽出することが可能になるというわけだ（図 5-8）．

5-3 信号を周波数成分で分別する

　信号処理の対象とする信号の中に多種多様の信号成分が含まれていて，その中から必要な成分と不必要な成分とに分別したいときには，
　① どのような物理的な性質を持っているのか
　② どのような成分が含まれているのか
を知ることによって，必要な成分のみを抽出したり，不要な成分を除去したり，……という機能を実現できる．まずは，信号に含まれる周波数成分ごとに分別して処理する考え方を説明しよう．

◆ フィルタリング

　前述の「移動平均をとる」処理は，不規則雑音を除去する機能を有していた．つまり，平均値を求めるという簡単な信号計算で，アナログ信号処理の平滑化回路（図5-9）の機能がディジタル演算で実現できる．
　周波数の視点から見ると，「移動平均をとる」計算が**ローパス・フィルタ**（低域通過フィルタ）処理である（図5-10）．つまり，
　　i）原信号は比較的緩やかに時間変動し，低い周波数成分（スペクトル）を持っ

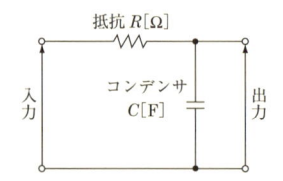

図5-9　平滑化回路（アナログ信号処理の例）

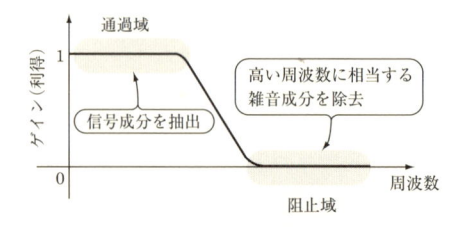

図5-10　移動平均処理の周波数領域における考え方

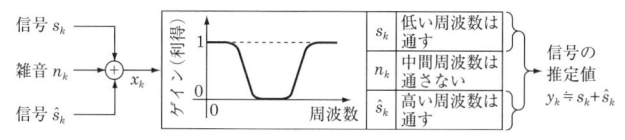

図 5-11　周波数成分の分別によるフィルタ処理

　ていること

ⅱ）雑音は不規則で，時間的に速く激しく変動する性質のものであり，原信号に比べて相対的に高い周波数成分を持っていること

の二つの性質に着目して，信号と雑音の周波数成分に切り分けた後，不要な周波数成分を取り除く処理に相当する．雑音の持つ高い周波数成分を除去し，低い周波数成分のみを取り出すことによって，原信号成分のみが取り出されるという図式である．このように，低い周波数成分のみを取り出す性質の信号処理を「ローパス・フィルタを通す」といい，平均値の計算式（5.9）あるいは同期加算の式（5.12）がローパス・フィルタを実現するディジタル信号処理であることが理解される．この処理は，紙フィルタを使ってコーヒー豆（高い周波数）を残し，香ばしいコーヒー（低い周波数）を抽出するようすをイメージすると理解しやすい．

　ローパス・フィルタのほかに，代表的な周波数成分の分別による代表的な信号処理を以下にまとめておく（**図 5-11**，**コラム❺**を参照）．

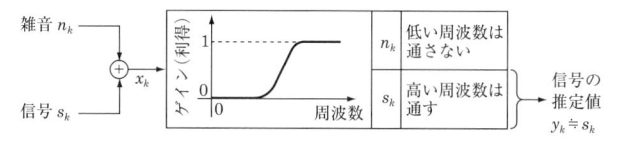

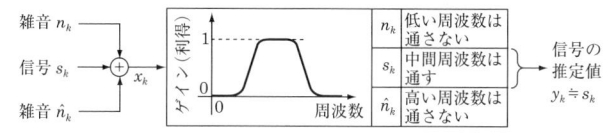

・ハイパス・フィルタ（高域通過フィルタ）

　高い周波数成分を抽出し，低い周波数成分を抑圧する機能があり，ゆっくりと変動するドリフト雑音を取り除く場合などに利用する．喩えていうと，遊園地のジェットコースタなどで安全のため，ある身長より小さい（低い周波数）ならば乗せてくれないが，大きい（高い周波数）ならば OK と，いうような分別処理である．

コラム5 [聖徳太子のエピソード「豊聡耳(とよさとみみ)」]

　聖徳太子には多くのエピソードが遺っているが，もっとも有名なのは，その耳にまつわる話だろう．ある時，聖徳太子が10人の請願を聞く機会があり，我先にと10人が一斉に話し始めたそうだ．しかし，聖徳太子は10人の話を一つも聞き漏らさず理解し，的確な答えを返したということである（図5-12，少しばかり非現実的な話と思われる）．一度に10人の話を聞き分けることができたことから，聖徳太子を「とよさとみみ」と呼ぶようになったという．

　こんな芸当ができたのは，想像するところ，聖徳太子は十人十色の声色（周波数成分の混じり方が異なる）を分別できたからではないかなあ．10人が同時にしゃべっても，各人の声色で個々の話を識別して，すべての内容を聞き取ることができたということらしい．例えば方言があったり，声の高さ（周波数の高低）が違っていたりすれば，私たちでも少しは分別して認識できる．だとすると，聖徳太子の耳には精密な周波数分析および音声認識など，最先端の信号処理技術に匹敵する身体的能力が備わっていたと考えるのが，妥当ではないだろうか？

図5-12　聖徳太子の聴覚≒最先端信号処理システム？？？

・バンドパス・フィルタ（帯域通過フィルタ）
　ある周波数範囲の信号成分のみを抽出して，範囲外の高い／低い周波数成分を取り除く機能を有する．ミカンなどを大きさで選別するとき，ある範囲に入ったものをMサイズとし，それより小さいSサイズと大きいLサイズを排除するような処理と考えればわかりやすい．

・バンド・エリミネーション・フィルタ（帯域阻止フィルタ）
　ある周波数範囲の信号成分のみを抑圧して，範囲外の高い／低い周波数成分を抽出する機能を有する．健康診断で，低血圧（低い周波数）および高血圧（高い周波数）の人だけを抽出して，正常な人（中間周波数）を排除するような処理に喩えられよう．

◆ 信号の変換処理

　信号波形の変換処理は，時間信号の形状を見ただけではわかりにくい信号の特徴や性質を浮き出させることができる．信号の変換法には多くの種類が知られており，**フーリエ変換**，**ウェーブレット変換**，ウォルシュ（Walsh）変換，KL（Karhunen-Loève，カルーネン-レーベ）変換などが代表的なものである．

　ここでは，是非とも知っておきたいフーリエ変換とウェーブレット変換を取り上げて，それぞれの特徴を概括する．

・**フーリエ変換**
　例えば，フーリエ変換では信号を複数の周波数の正弦波波形に分解して，信号に含まれる正弦波波形の大きさ（振幅），周波数や位相の情報を調べることができる．いわゆる信号の周波数スペクトル成分の分析処理が実行される．ちょうど，周波数ごとのバンドパス・フィルタを並べた構成（**フィルタ・バンク**という）であり，周波数に対応した信号波形が得られる（**図5-13**）．

　フーリエ変換以外の変換法は，一般に正弦波分解には対応しないが，ある種の信号の分解法として位置づけられる．その違いは，変換の際に用いられる基底（フーリエ変換では sin 関数，cos 関数）と呼ばれるものに起因しており，どのような信号なのか，またどのような性質を調べたいのかによって適切な変換法を選択する必要がある．

・**ウェーブレット変換**
　いま，演奏している楽器からの音をマイクで測定し，得られた音データから楽譜を作る例を取り上げてみよう．まず，マイクで集めた信号データには，音階（周波

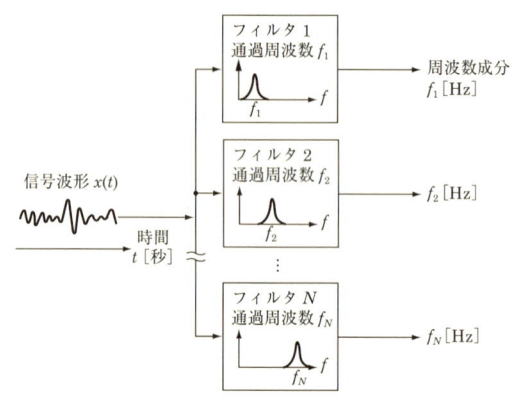

図 5-13　フィルタ・バンクによる周波数成分解析（フーリエ変換）

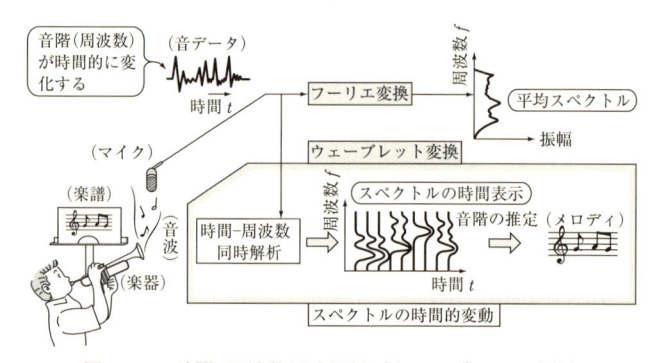

図 5-14　時間-周波数同時解析（ウェーブレット変換）

数）やテンポが変化して奏でるメロディ情報（音階の時間的な変動）が含まれているはずである．

そこで，この信号データ全体をまとめてフーリエ変換すれば，おそらく演奏された楽曲に含まれる平均的な音階を知ることはできるであろうが，その周波数が時間的に変化することによって生み出されるメロディを知ることはできない．

したがって，メロディをあぶり出すには，各時刻における信号データのスペクトルの変動を算出するための方法を編み出さなければならない（フーリエ変換では，時間軸方向の情報が失われてしまう）．こんなとき，図 5-14 のように時間-周波数解析した出力として，スペクトルが時間軸に対して展開された 2 次元的な表現が欲しくなる．

一例を挙げると，人の話し声から人物を特定するときに使われる声紋スペクトル

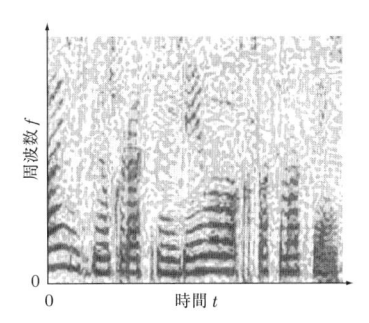

図 5-15　時間-周波数同時解析の例（声紋スペクトラム）

は，その代表例である（図 5-15）．このように，周波数スペクトルの時間的変動を調べる手法は，"**時間-周波数同時解析**" と呼ばれ，ウェーブレット変換が知られている．

　ウェーブレット変換は，かれこれ 4 半世紀近く経ったところで，その歴史はまだまだ浅い．ところが，である．歴史は浅いにもかかわらず，数学，物理学，情報（音響や画像など）を取り扱う工学など各分野から大きな関心が寄せられている．とくに，ウェーブレット変換がもつ "自己相似構造（フラクタル）" を積極的に利用する形で，ディジタル通信や放送などの分野では，データ圧縮アルゴリズムへの応用として一躍脚光を浴びる手法となっている．そんなこんなで，「いったいウェーブレット変換って，何者なんだ」という疑問も出てこようというものである．少々本筋からは脱線するが，そもそもウェーブレット変換は，人工地震波を用いた石油探索で最初に提案されたものであった．フーリエ変換では扱いにくい地下構造の不連続部分（例えば，石油と岩盤の境目）からの信号を解析することを目的としていた．

　それでは，図 5-16 のようなアナログ信号 $x(t)$ を考えてみたい．$x(t)$ は，周波数が 100 [Hz] から 20 [Hz] くらいまで，振幅も同時に変化している信号であり，通常のフーリエ変換による分析では，「どこに，どんな成分が，どれくらいあるのか」という情報は得られない（図 5-17）．

　ところで，ウェーブレットという語句は，

　　wave（波）+ let（小さな）

という語源をもち，「漣（さざ波）」と訳されることが多い．ここでは，ある周波数の近傍における成分のみを有する持続時間の短い波 $\Psi(t)$ のことである．その "さざ波" を図 5-18 のように拡大・縮小，時間シフトして波（基底）を用いて信号の

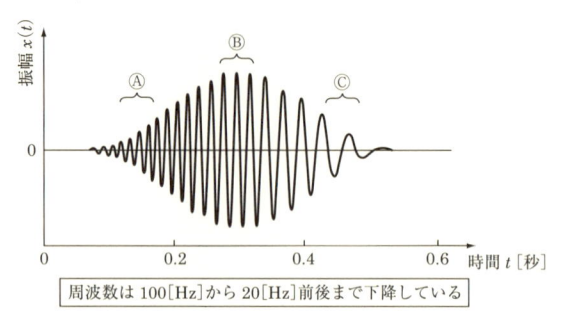

図 5-16 振幅と周波数が同時に時間変動する信号例

(グラフ内注記: 周波数は 100[Hz]から 20[Hz]前後まで下降している)

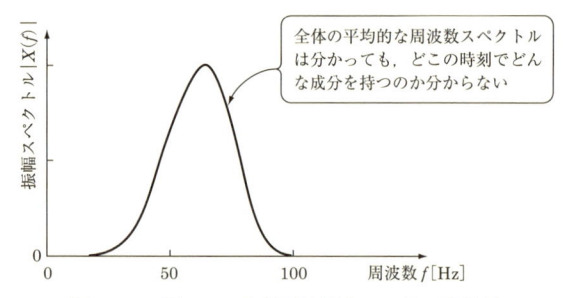

図 5-17 図 5-16 の信号波形のフーリエ変換値

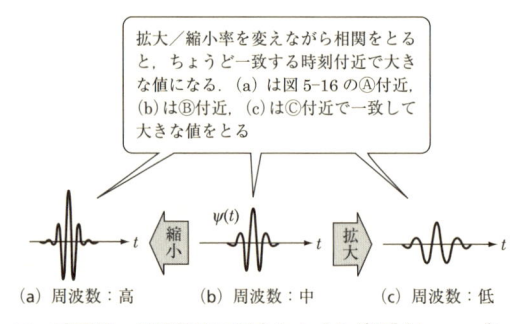

(吹き出し: 全体の平均的な周波数スペクトルは分かっても，どこの時刻でどんな成分を持つのか分からない)

(吹き出し: 拡大／縮小率を変えながら相関をとると，ちょうど一致する時刻付近で大きな値になる．(a) は図 5-16 のⒶ付近，(b)はⒷ付近，(c)はⒸ付近で一致して大きな値をとる)

(a) 周波数：高 　(b) 周波数：中 　(c) 周波数：低

図 5-18 時間的，周波数的に局在した"さざ波"(ウェーブレット)

性質を解き明かそうというのが，ウェーブレット変換である．ちょうど拡大・縮小，時間シフトした"さざ波"の振動が，信号とマッチングした時刻で大きな値になることは，直感的に理解していただけるだろう．

　図 5-19 に，**図 5-16** の信号をウェーブレット変換した結果を示しておく．**図 5-19** のウェーブレット変換値の変動のようすから，信号の振幅と周波数の時間的な

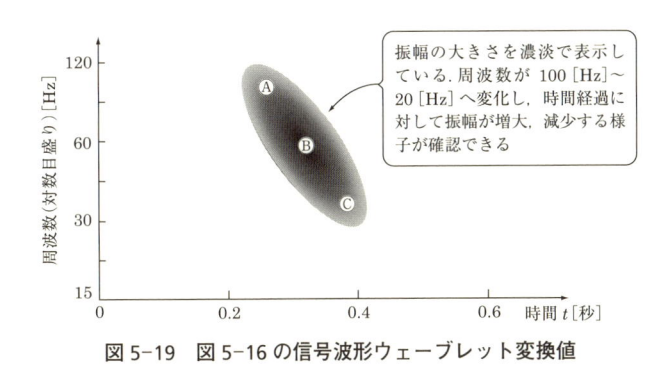

図5-19　図5-16の信号波形ウェーブレット変換値

変化が同時に捉えられていることが分かる．

5-4　信号のデータ量を少なくする

　音や画像などのディジタル信号のデータ量を少なくする処理は，一般に**データ圧縮**と呼ばれる．代表的な基本テクニックとして，
　① 信号を見る視点を変える
　② 信号を直交変換する
　③ 同じ値の信号が長く連なるようにする
　④ 信号の差分を計算する
　⑤ 信号を予測する
が挙げられるので，データ圧縮の直観的な理解が得られるように，それぞれの信号処理の考え方をわかりやすく説明する．

① 信号を見る視点を変える

　例えば，動物のライオンをディジタル信号，身体で感じる怖さの大きさをデータ量と考えれば，「どの方向から見るのか」という視点の変化に対する怖さの大きさが異なってくる．(図5-20)．ライオンをお尻のほうから見ればあまり怖くはないが，前から見るとドキッとするだろう．信号（ライオン）を見る視点を変えることで，データ量（怖さ）を少なくできるというイメージだ．数学的には，視点を変えることがディジタル信号表示の回転による座標変換に相当する．

② 信号を直交変換する

　今度は，直交変換としてフーリエ変換のディジタル版「DFT」計算を考えてみ

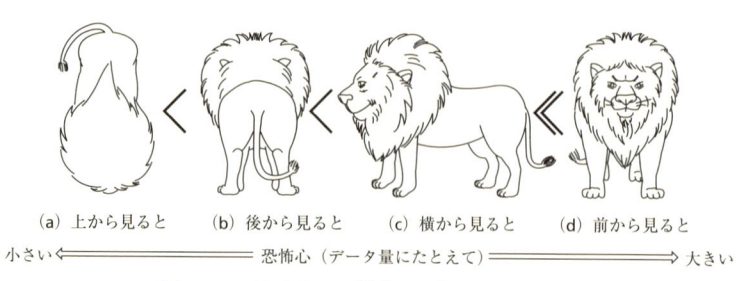

(a) 上から見ると　(b) 後から見ると　(c) 横から見ると　(d) 前から見ると

小さい ⟸＝＝＝＝＝＝ 恐怖心（データ量にたとえて）＝＝＝＝＝＝⟹ 大きい

図 5-20　ライオンに対する恐怖心と座標回転

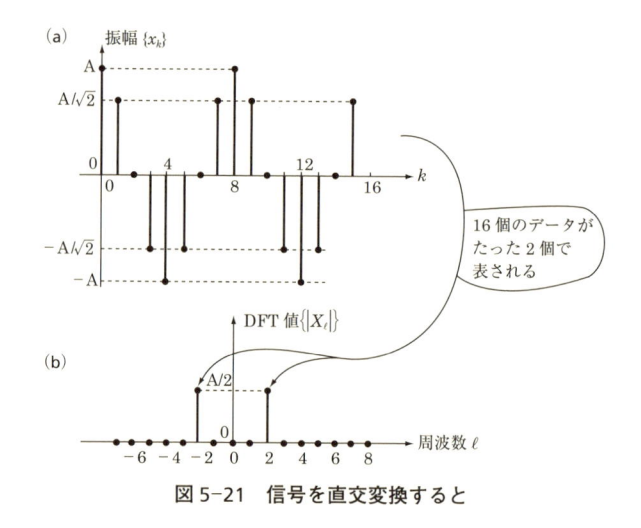

図 5-21　信号を直交変換すると

16個のデータがたった2個で表される

よう（**4-3**を参照）．図 5-21(a) では，cos 波形の 2 周期分の信号が 16 個の信号で表されている．

一方，図 5-21(b) の DFT 変換した値では，たったの 2 個の DFT 値だけで 16 個のディジタル信号が表せることになる．つまり，信号波形が cos 波形の情報（信号の大きさ，周波数，位相）を 16 個の信号値の相互関係としてもっているのに対して，その DFT 値では 2 個の独立な情報のみで 16 個の信号値の相互関係を表すことができるからである．つまり，時間波形では 16 個の信号値の相互に関係がある（「**各信号値間に相関がある**」という）わけだが，DFT 値では 2 個の独立した（**無相関な**）値で 16 個の信号値を肩代わりできるから，データ量を $\frac{1}{8}$ 倍に圧縮できるわけだ．

このような無相関化を可能とする直交変換「DFT」の特徴から，画像や音声などの情報を表現するのに必要なデータ量を低減させること（データ圧縮）が可能と

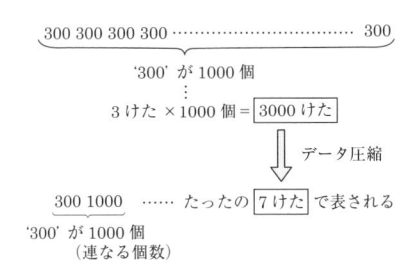

```
              300 300 300 300 …………………… 300
              ⎵
              '300' が 1000 個
                      ⋮
              3 けた × 1000 個 = 3000 けた
                                   ⇓ データ圧縮
              300 1000  …… たったの 7 けた で表される
              ⎵
              '300' が 1000 個
              （連なる個数）
```

図 5-22　同じ値の信号が長く連なると

```
                  4 けたの数値が 200 個
                  ⎴
    (a) {x_k}  1000 1011 1022 1033 …… 3178 3189 …… 4 けた × 200 個 = 800 けた
                    差分  差分  差分       差分
                    '11'  '11'  '11'       '11'
                                                          ⇓ データ圧縮
    (b)  差分 1000  11 11 11 …… 11  …………… 4 けた + 2 けた × 199 個 = 402 けた
         {Δx_k = x_k − x_{k−1}}  2 けたの数値 '11' が
                                 199 個
```

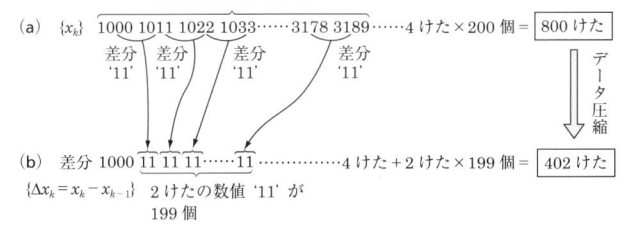

図 5-23　隣り合う信号の差分で表すと

なる．もちろん，DFT だけでなく，一般に直交変換と呼ばれる信号処理（例：ウェーブレット変換，ウォルシュ変換など）も同じような性質を有する．

③ 同じ値の信号値が長く連なるようにする

いま，すべて同じ値 300 で 1000 個連なっているディジタル信号を考えてみよう（図 5-22）．図 5-22 より，300 は 10 進数で「3 けた」，そして 1000 個連なっているので，全部で「3000 けた（= 3 けた × 1000）」のデータとなる．

そこで，300 が 1000 個だから，連なっている個数「1000 個」を用いて，「300 1000」と表すことにすれば，たった 7 けたの 10 進数で間に合うわけだ．恐るべし，「3000 けた」のディジタル信号が「7 けた」で済むわけだから，$\dfrac{7}{3000}$ 倍のデータ量に圧縮できる．ここで，同じ値が連なる長さは**ランレングス**（run-length）と呼ばれる．

④ 信号の差分を計算する

次に，$x_1 = 1000$，$x_2 = 1011$，$x_2 = 1022$，…，$x_{199} = 3178$，$x_{200} = 3189$ のように 11 ずつ増大する 200 個のディジタル信号を考えてみよう（図 5-23）．図 5-23(a) より，10 進数で「4 けた」の数字が 200 個続いているので，全部で「800 けた（= 4 けた × 200 個）」のデータとなる．

そこで，$k \geqq 2$ に対して隣り合う信号の差分 $\Delta x_k (= x_k − x_{k−1})$ を求め，図 5-23(b)

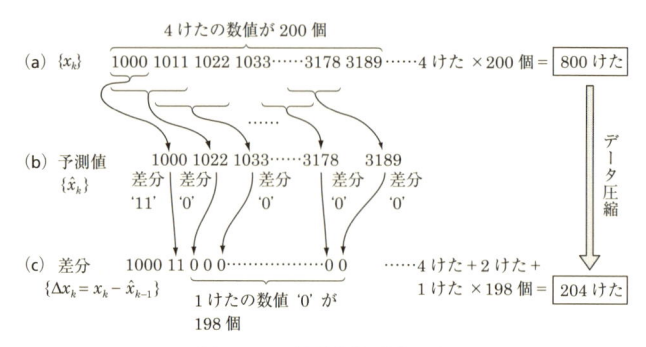

図 5-24　信号を予測すると

のように，

$$1000\underbrace{\Delta x_2 \Delta x_3 \Delta x_4 \cdots \Delta x_{199} \Delta x_{200}}_{199 \text{個}}$$
$$= 1000\underbrace{111111\cdots 111}_{398\text{けた}}$$

と表す．よって，全部で「402 けた（= 4 けた + 398 けた）」であり，「800 けた」のディジタル信号を表すには「402 けた」が必要なので，約 $\dfrac{402}{800} \fallingdotseq \dfrac{1}{2}$ 倍のデータ量に圧縮できる．

⑤ **信号を予測する**

「信号を予測する」とは，例えば図 5-24(a)に示すように，一つ前の信号 x_{k-1} と二つ前の信号 x_{k-2} より，$x_0 = x_1$ として，

$$\begin{aligned}\hat{x}_k &= x_{k-1} + (x_{k-1} - x_{k-2}) \quad ; \quad k \geqq 2 \\ &= 2x_{k-1} - x_{k-2}\end{aligned} \tag{5.17}$$

で計算することである．そして，予測した値 $\hat{x}_k$ と x_k との誤差 Δx_k，すなわち，

$$\Delta x_k = x_k - \hat{x}_k \tag{5.18}$$

を利用する信号表現である．④と同じ信号［図 5-23(a)］に対して，図 5-24(b)のように，

$$1000\underbrace{\Delta x_2 \Delta x_3 \Delta x_4 \cdots \Delta x_{199} \Delta x_{200}}_{199\text{個}}$$
$$= 1000\underbrace{11000\cdots 000}_{200\text{けた}}$$

が得られるので，約 $\frac{204}{800} \fallingdotseq \frac{1}{4}$ 倍のデータ量に圧縮できるわけだ．なお，算出した $\{\Delta x_k\}_{k=2}^{k=200}$ は**予測誤差**と呼ばれ，**隣り合う信号間の相関が高いほど，予測誤差は小さい値（0 の近傍）になる**．

なお，"④信号の差分を計算する"処理が，実は見方を変えれば，1 つ前の信号と同じ値だと予測して，

$$\hat{x}_k = x_{k-1} \quad ; \quad k \geqq 2 \tag{5.19}$$

で表される処理に等価であることもわかる．

このような処理は，画像や音声などのデータ量を圧縮するための土台になる考え方であり，現に JPEG[*1] や MPEG[*2] に代表される画像データ圧縮や，MP3[*3] の音楽データ圧縮などに，この原理が応用されている（しっかりと覚えておいてほしい，詳細は**第 8 章**を参照）．

5-5 信号の"似ている"度合いを知る

2-5 で説明した「信号どうしの相関」は，二つの信号の類似性（似ている度合い）を評価する関数であった．信号間に存在する類似度を与える相関処理（相関関数，相関係数）は，繰り返し信号の未知である周期を推定したり，システムの未知である特性パラメータ（"ずれ"量，類似度など）を求めたり，声色や顔画像から人物を特定するなどの問題解決に欠かせない基本的な信号処理テクニックの一つである．

そこで，"似ている"という性質を評価する相関処理の主要な活用例をまとめて図 5-25 に示す．図 5-25 によれば，一つの信号のどこが似ているかを解析するために用いられる**自己相関関数**と，二つ以上の信号の相互関係や類似性を把握するた

[*1] **JPEG**「ジェーペグ」と読む．Joint Photographic Coding Experts Group の略称で，静止画像データを圧縮，伸長させる機能を実現する標準規格．インターネット上の画像によく使われるデータ形式．

[*2] **MPEG**「エムペグ」と読む．Moving Picture Coding Experts Group の略称で，リアルタイム（実時間）で動画像と音声データを圧縮，伸長させる機能を実現する標準規格．ディジタル・テレビ放送での利用．

[*3] **MP3**「エムピースリー」と読む．MPEG Audio Layer-3 の略称で，音声データのディジタル圧縮技術．オーディオ音楽用．

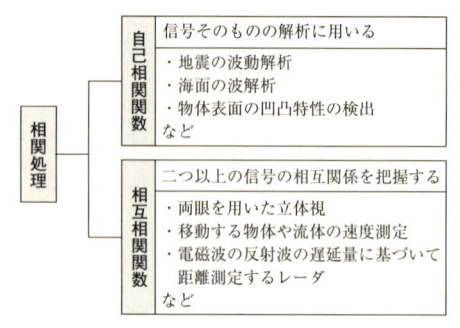

```
         ┌─ 自己相関関数 ─ 信号そのものの解析に用いる
         │                  ・地震の波動解析
         │                  ・海面の波解析
相関処理 ─┤                  ・物体表面の凹凸特性の検出
         │                  など
         │
         └─ 相互相関関数 ─ 二つ以上の信号の相互関係を把握する
                            ・両眼を用いた立体視
                            ・移動する物体や流体の速度測定
                            ・電磁波の反射波の遅延量に基づいて
                              距離測定するレーダ
                            など
```

図 5-25　相関処理の分類と適用例

めに用いる**相互相関関数**とに大別される.

いま, 周期 T_p [秒] を有する二つのアナログ信号（実数波形）を $x(t)$, $y(t)$ とするとき, $x(t)$ の自己相関関数 $R(\tau)$, および $x(t)$ と $y(t)$ の相互相関関数 $C(\tau)$ はそれぞれ, 式（2.49）に基づき, $y(t)$ を $x(t+\tau)$ あるいは $y(t+\tau)$ に置き換えて,

$$R(\tau) = \frac{\int_0^{T_p} x(t)x(t+\tau)dt}{\int_0^{T_p} x^2(t)dt} \tag{5.20}$$

$$C(\tau) = \frac{\int_0^{T_p} x(t)y(t+\tau)dt}{\sqrt{\int_0^{T_p} x^2(t)dt}\sqrt{\int_0^{T_p} y^2(t)dt}} \tag{5.21}$$

で定義される. ただし, τ はシフト量といい, 時間ずれや画像の移動量を表す. なお, 信号が時間の関数で表される音声のようなものではなくて, 位置（場所）の関数である画像信号に対しては, 画像の類似度を表す.

一般に, 自己相関関数 $R(\tau)$ は「一つの信号波形において, どのような繰り返し（周期）があるか（図 5-26）」, 相互相関関数 $C(\tau)$ は「異なる二つの信号波形が互いにどれくらい類似しているのか, ずれ（位相差）をもって関わっているのか（図 5-27）」などを調べる際に役立つ.

また, 相関関数は"波形の類似度"を調べるための尺度として知られており, しばしば"男女の仲（親密度）"という比喩で説明される（図 5-28）. 以下に例示してみよう.

① $R = +1$ の場合

「おまえがワインなら, 俺もワインだよ」なんて, お互い似た者どうしで, いつでもウマが合う. 仲のいい夫婦といったところ.

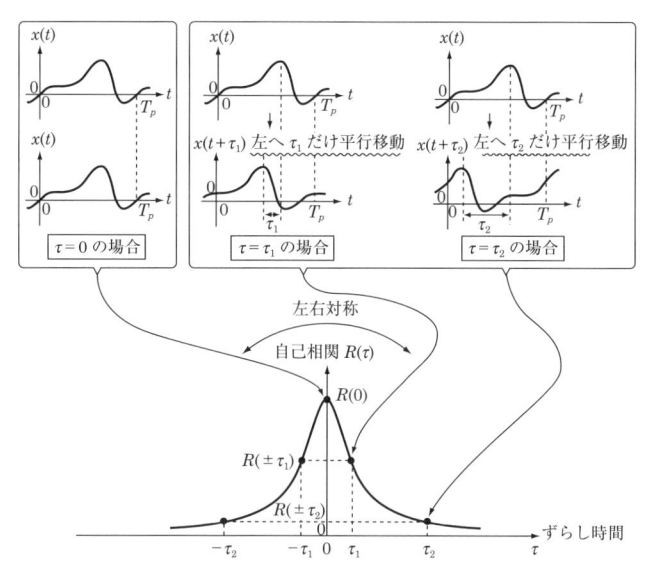

図 5-26　自己相関処理のしくみ（周期波形，$\tau_1>0$，$\tau_2>0$ の場合）

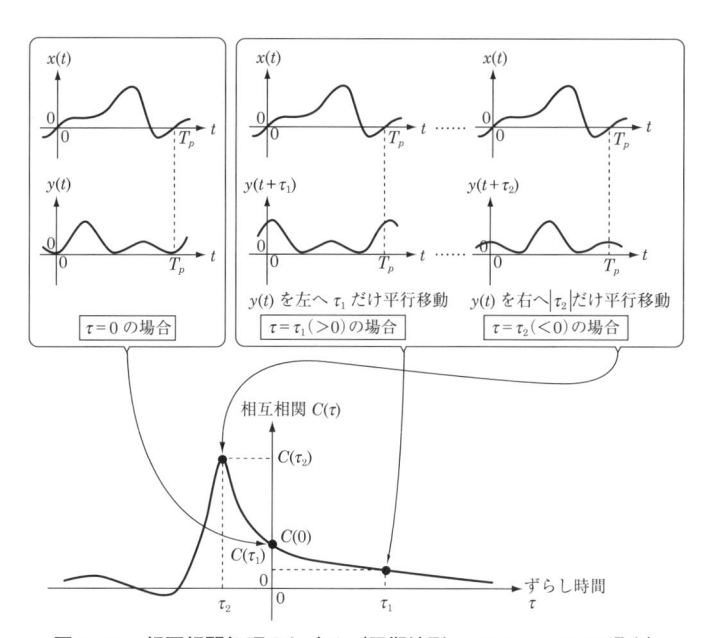

図 5-27　相互相関処理のしくみ（周期波形，$\tau_1>0$，$\tau_2<0$ の場合）

図 5-28　男女の仲に見る相互関係

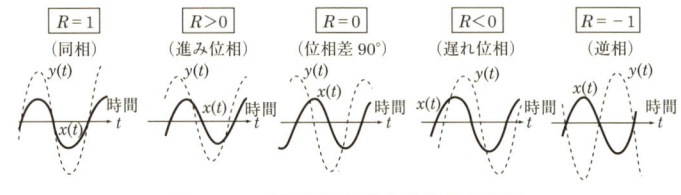

図 5-29　相互相関関数と位相との関係

② $R=0$ の場合

お互いすれ違いで，「おまえが何を飲もうと，俺の知ったことじゃあない，フン」というぐあいだ．即，離婚する夫婦かな？

③ $R=-1$ の場合

「おまえがワインなら，俺は日本酒飲むぞ」といった感じで，お互い正反対の性格．すわ離婚と思えば，うまくいくこともある．

ちなみに，筆者の場合は③のパターンで，相関関数 $R=-1$ である（私ごとで恐縮である）．

以上より，相関関数の性質を二つの信号の関係に置き換えると，

① $R=+1$　→　同相［位相のずれ（差）が 0］
② R が正（$R>0$）　→　進み位相［位相差が正］
③ $R=0$　→　位相差が $\pm\pi/2$ [rad]（±90 [度]）で，例えば sin 波形と cos 波形の関係
④ R が負（$R<0$）　→　遅れ位相［位相差が負］
⑤ $R=-1$　→　逆相［位相差が $\pm\pi$ [rad]（±180 [度]）］

となる（図 5-29）．

◆ 相互相関関数を体験してみよう

次に，二つのアナログ信号 $x(t)$, $y(t)$ の1周期分（周期 T_p [秒]，実数波形）を，時間間隔 T [秒] でサンプリングしたディジタル信号，すなわち N 次元ベクトル $\boldsymbol{x} = \{x_k\}_{k=0}^{k=N-1} = (x_0, x_1, \cdots, x_{N-1})$, $\boldsymbol{y} = \{y_k\}_{k=0}^{k=N-1} = (y_0, y_1, \cdots, y_{N-1})$ を考えてみよう．このとき，式（2.48）より，相互相関関数 $C(\tau)$ は，y_k を $y_{k+\tau}$ に置き換えて，

$$C(\tau) = \frac{\sum_{k=0}^{N-1} x_k y_{k+\tau}}{\sqrt{\sum_{k=0}^{N-1} x_k^2} \sqrt{\sum_{k=0}^{N-1} y_k^2}} \quad ; \; \tau = 0, \pm1, \pm2, \cdots, \pm(N-1) \tag{5.22}$$

で与えられる．ただし，τ はシフト量といい，時間ずれや画像の移動量を表す．

式（5.22）の分子は，信号 $\boldsymbol{x}$ の時間軸はそのままにして，信号 $\boldsymbol{y}$ のみを τ サンプルだけずらした信号 $\boldsymbol{y}^{(\tau)} = \{y_{k+\tau}\}_{k=0}^{k=N-1} = (y_{0+\tau}, y_{1+\tau}, \cdots, y_{N-1+\tau})$ との内積の総和を計算している．内積は二つの信号間の類似度を評価する尺度であり，ずれ τ サンプルを変数にもつ関数となる．なお，信号を τ サンプルだけ左へずらした（進めた）とき，右側に信号データの不足するところが生ずるが，周期性（周期：N サンプル）を考慮して，不足したところに左側からはみ出した信号データを巡回させて補完すればよい（図 5-30）．

また，式（5.22）で与えられる相互相関関数 $C(\tau)$ は，－1 から ＋1 までの値をもち，正規化された相関係数となる．必要とあれば，あらかじめ信号の平均値を差し

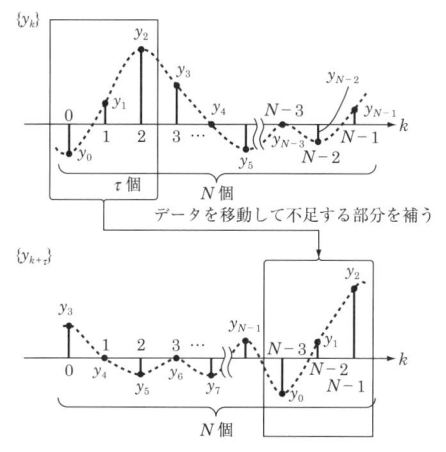

図 5-30　データの補完（ずれ $\tau = 3$ [サンプル] の場合）

引いて用いてもよい．つまり，$\boldsymbol{x} = \{x_k\}_{k=0}^{k=N-1}$, $\boldsymbol{y} = \{y_k\}_{k=0}^{k=N-1}$ の平均値をそれぞれ x_{av}, y_{av} と表すとき，あらかじめ，

$$x_{av} = \frac{1}{N}\sum_{k=0}^{N-1} x_k, \; y_{av} = \frac{1}{N}\sum_{k=0}^{N-1} y_k \tag{5.23}$$

を求めておき，これを信号値から差し引いた値として，

$$\begin{aligned}\hat{\boldsymbol{x}} &= (x_0 - x_{av},\quad x_1 - x_{av},\quad \cdots,\quad x_{N-1} - x_{av})\\ \hat{\boldsymbol{y}} &= (y_0 - y_{av},\quad y_1 - y_{av},\quad \cdots,\quad y_{N-1} - y_{av})\end{aligned} \tag{5.24}$$

を新しい信号ベクトルと考える．そこで，式（5.22）を適用して得られる相関関数 $\hat{C}(\tau)$，すなわち，

$$\hat{C}(\tau) = \frac{\displaystyle\sum_{k=0}^{N-1}(x_k - x_{av})(y_{k+\tau} - y_{av})}{\sqrt{\displaystyle\sum_{k=0}^{N-1}(x_k - x_{av})^2}\sqrt{\displaystyle\sum_{k=0}^{N-1}(y_k - y_{av})^2}} \tag{5.25}$$

を計算するのである．

ナットクの例題 ❺−1

図 5-31 に示す二つの**波形**(a)と**波形**(b)の相互相関関数 $C(\tau)$ を求めて，ずれ τ サンプルに対する変化グラフを示せ．ただし，信号値をそのまま利用することにし，式（5.22）で $N=4$ として，

$$C(\tau) = \frac{\displaystyle\sum_{k=0}^{3} x_k y_{k+\tau}}{\sqrt{\displaystyle\sum_{k=0}^{3} x_k^2}\sqrt{\displaystyle\sum_{k=0}^{3} y_k^2}} \quad ; \quad \tau = 0, \; \pm 1, \; \pm 2, \; \pm 3 \tag{5.26}$$

の値を計算する．

解 答

以下に，具体的計算例を示す [図 5-32(a)]．得られた相互相関関数 $C(\tau)$ の変化のようすは，図 5-32(b) のようになる．なお，図 5-32(b) のずれ τ が負（−1, −2, −3）である場合の相互相関関数は各自で検算してもらいたい．

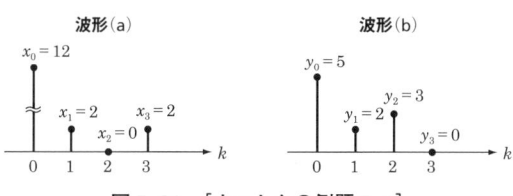

波形(a)　　　　　　波形(b)

$x_0 = 12$, $x_1 = 2$, $x_2 = 0$, $x_3 = 2$

$y_0 = 5$, $y_1 = 2$, $y_2 = 3$, $y_3 = 0$

図 5-31　[ナットクの例題 5-1]

| ずれ $\tau = 0$ | $C(0) = \dfrac{64}{\sqrt{152}\sqrt{38}} = \dfrac{64}{76} \fallingdotseq 0.842$ |

| ずれ $\tau = 1$ | $C(1) = \dfrac{40}{\sqrt{152}\sqrt{38}} = \dfrac{40}{76} \fallingdotseq 0.526$ |

| ずれ $\tau = 2$ | $C(2) = \dfrac{40}{\sqrt{152}\sqrt{38}} = \dfrac{40}{76} \fallingdotseq 0.526$ |

| ずれ $\tau = 3$ | $C(3) = \dfrac{16}{\sqrt{152}\sqrt{38}} = \dfrac{16}{76} \fallingdotseq 0.210$ |

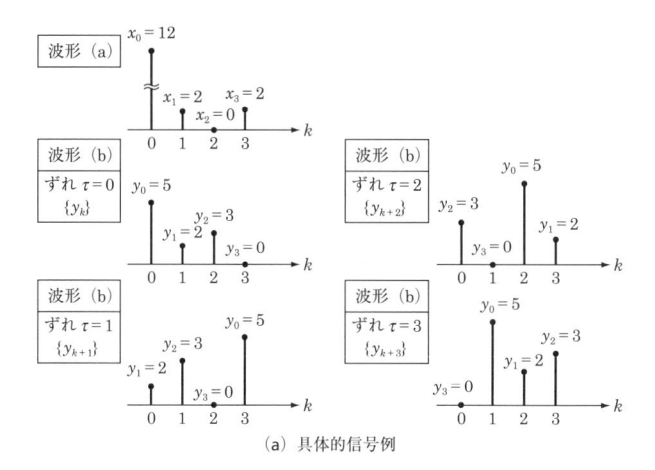

波形 (a): $x_0 = 12$, $x_1 = 2$, $x_2 = 0$, $x_3 = 2$

波形 (b) ずれ $\tau = 0$ $\{y_k\}$: $y_0 = 5$, $y_1 = 2$, $y_2 = 3$, $y_3 = 0$

波形 (b) ずれ $\tau = 1$ $\{y_{k+1}\}$: $y_1 = 2$, $y_2 = 3$, $y_3 = 0$, $y_0 = 5$

波形 (b) ずれ $\tau = 2$ $\{y_{k+2}\}$: $y_2 = 3$, $y_3 = 0$, $y_0 = 5$, $y_1 = 2$

波形 (b) ずれ $\tau = 3$ $\{y_{k+3}\}$: $y_3 = 0$, $y_0 = 5$, $y_1 = 2$, $y_2 = 3$

(a) 具体的信号例

```
     C(τ)
         0.842 ● C(0)
C(−3) C(−2) 0.526  C(1) ● C(2)
 ●    ●    C(−1)   ●
           0.210
                         ● C(3)
                              ずれ
                              τ [サンプル]
 −3  −2  −1  0  1  2  3
```

(b) (a) の相互相関関数 $C(\tau)$

図 5-32　相互相関関数 $C(\tau)$

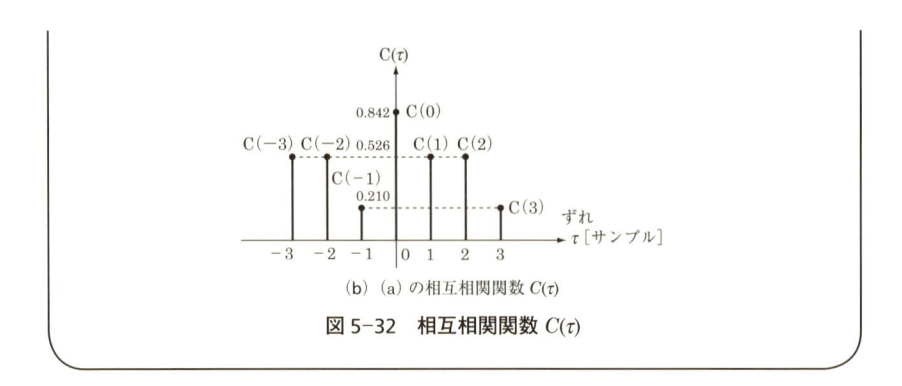

◆ 自己相関関数を体験してみよう

いま，ある信号に周期性があるのか，あるのであればその周期はいくらなのかを知りたいとしよう（**図 5-33**）．こんなときには，信号 $\boldsymbol{x}=(x_0, x_1, \cdots, x_{N-1})$ と τ サンプルずらした信号 $\boldsymbol{x}^{(\tau)}=\{x_{k+\tau}\}_{k=0}^{k=N-1}=(x_{0+\tau}, x_{1+\tau}, \cdots, x_{N-1+\tau})$ との相関係数を求めて，ピーク値を採るときの"τサンプルのずれ"に着目するのである．別な言い方をするならば，**図 5-34** に示すように，整数倍のずれ（$m\tau_0$）でピーク値が現れるかどうかで，「周期性の有無」の判定と「周期が τ_0 サンプル」を見出すことが可能となる．すなわち，信号 $\boldsymbol{x}$ に周期 τ_0 サンプルが潜んでいるときに，$\boldsymbol{x}$ と $\boldsymbol{x}^{(\tau)}$ との相関が周期的に高くなるという現象を巧みに利用するのである．

この自己相関関数の計算については，おそらく賢明な読者なら，はっとされたことであろう．前述の「信号 $\boldsymbol{x}$ と τ サンプルずらした信号 $\boldsymbol{y}^{(\tau)}$ との相関を求めるとき

$x_k \fallingdotseq x_{k+m\tau_0}$; $m=\pm 1, \pm 2, \pm 3, \cdots$
となるような周期 τ_0 [サンプル]が存在

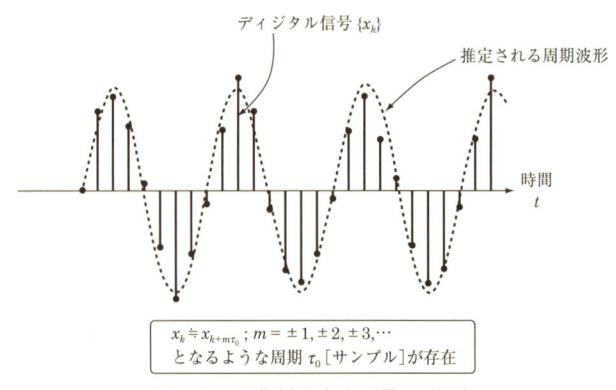

図 5-33　周期性を有する信号波形例

自己相関関数 $R(\tau)$

$\tau = 0$ で最大値 1 をとる

τ_0 [サンプル] ごとにピーク (極大値) をとる

$n = 0$ を中心に左右対称となる

ずれ τ

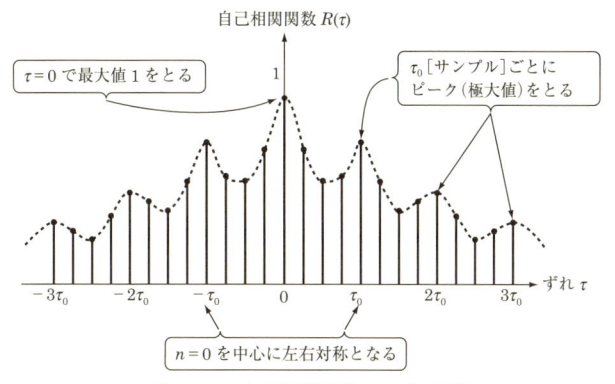

図 5-34　自己相関関数 $R(\tau)$ と周期

の，式 (5.22) の相互相関関数の考え方」を思い出してもらえればよい．つまり，対象としている信号 x それ自身の相互相関関数を求めることだと気づかれたはずである．自己相関関数 $R(\tau)$ は，式 (5.22) に基づき，$y^{(\tau)} = x^{(\tau)}$ とすれば，

$$R(\tau) = \frac{\sum_{k=0}^{N-1} x_k x_{k+\tau}}{\sum_{k=0}^{N-1} x_k^2} \quad ; \quad \tau = 0, \pm 1, \pm 2, \cdots, \pm(N-1) \tag{5.26}$$

と表される．

ナットクの例題 ❺-2

図 5-35 に示す波形の自己相関関数 $C(\tau)$ を求めて，ずれ τ サンプルに対する変化グラフを示せ．また，波形に含まれる周期信号の周期 τ_0 サンプルを推定せよ．

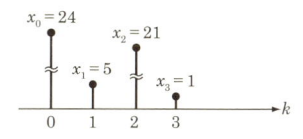

$x_0 = 24$
$x_1 = 5$
$x_2 = 21$
$x_3 = 1$

図 5-35　[ナットクの例題 5-2]

解答

以下に，具体的計算例を示す [図 5-36(a)]．得られた自己相関関数

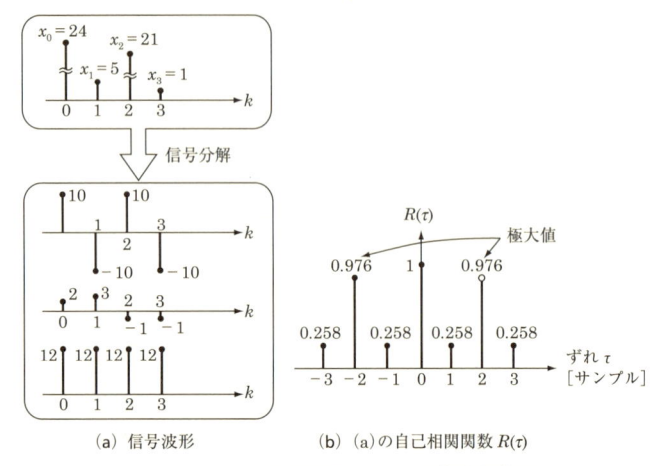

図 5-36　自己相関関数 $R(\tau)$ の具体的数値例

(a) 信号波形　　(b) (a)の自己相関関数 $R(\tau)$

$R(\tau)$ の変化のようすは，**図 5-36(b)** のようになる．なお，**図 5-36(b)** 中のずれ τ が負 ($-1, -2, -3$) に対する自己相関関数は各自で計算して検証してもらいたい．

　ずれ $\tau=0$　　$R(0) = \dfrac{1043}{1043} = 1$　（自己相関関数の最大値）

　ずれ $\tau=1$　　$R(1) = \dfrac{270}{1043} \fallingdotseq 0.258$

　ずれ $\tau=2$　　$R(2) = \dfrac{1018}{1043} \fallingdotseq 0.976$

　ずれ $\tau=3$　　$R(3) = \dfrac{270}{1043} \fallingdotseq 0.258$

　図 5-36(b) に示すグラフから，整数倍のずれ（2 サンプル）でピーク値が現れており，信号中に含まれる周期性信号の周期 τ_0 が 2 サンプルであることがわかる．ここで，**図 5-36(a)** の信号 $x=(24, 5, 21, 1)$ が，周期 2 の信号 $(10, -10, 10, -10)$ と $(2, 3, -1, -1)$ を重畳し，さらに直流分として 12 を加えたものであることがわかれば，周期を有する信号は $(10, -10, 10, -10)$ というわけで，その周期 τ_0 は 2 サンプルとなる．

ナットクの例題 ❺-3

図 5-37 のような音声による距離測定を考えてみよう．スピーカーから発せられた音が，同一線上にある距離を隔てた二つのマイクロホンに入り，一緒になった合成信号が得られるものとする．このとき，二つのマイクロホン間の距離を推定したい．どうしたらよいか，基本的な考え方を述べよ．

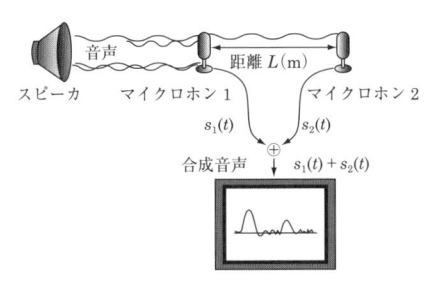

図 5-37 音声を用いた距離測定の概略図

解答

2 地点からの音は重畳されて図 5-38 のように観測されることになるので，自己相関係数を計算して，到達時間差を測定し，音の速度と時間差の積を求めることで二つのマイクロホン間の距離を推定できる．また，図 5-38 の信号において，二つの信号の振幅（エネルギー）はおそらく減衰してスピーカーから遠い位置にあるマイクロホンからのものは小さく減衰しているわけで，その減衰の割合から，二つのマイクロホン間の距離を推定することも可能であろう．

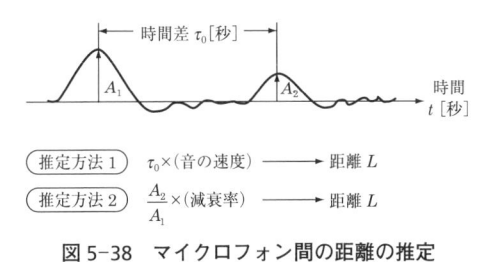

推定方法 1 $\tau_0 \times$(音の速度) $\longrightarrow$ 距離 L

推定方法 2 $\dfrac{A_2}{A_1} \times$(減衰率) $\longrightarrow$ 距離 L

図 5-38 マイクロフォン間の距離の推定

コラム6 [すべての信号処理応用は，相関計算に通ず]

「すべての道は，ローマに通ず」というフランスの詩人ラ・フォンティーヌが書き記した『寓話』の中にある言葉をもじったものである．手段は違っても，目的は同じであることのたとえであり，世の中の多種多彩な信号処理応用のすべてが「相関計算」につながっているのである（ちょっと言いすぎかもしれない）．

「相関計算で何ができるのか」という問いに答えるとしたら，「皆さんの周りのありとあらゆること，何でもできる」ということだ．信号解析処理の基本技術からして，相関計算が出発点である．いくつか例示してみよう．

- フーリエ変換，フーリエ級数（基本波形 cos 波，sin 波との相関）
- 周波数選択フィルタ（インパルス応答との相関）
- 信号の一致する位置の検出（部分波形と全体波形との相関）
- 信号のもつ周期の検出（波形それ自身との相関）

こうした信号解析処理から生まれる，おびただしい数の応用事例も，またしかりだ．思いつくままに，相関計算と関わり合いのあるものを挙げてみる．インターネット・セキュリティ，マーケット戦略，病気診断，天気予報，クーラーの温度・湿度・風量調整の自動化，犯人の特定，指紋や虹彩による認証，音声合成，ロボット制御，エンジン制御，……．いずれも，基本パターン（侵入の特徴，商品の売れ行き，病気の基本症状，気圧変動，稼働の条件，顔画像や声の特徴など）との相関計算が基本になる．

これらの中から，インターネット・セキュリティで考えてみよう．攻撃（不正アクセス）者は，ドメイン名を変えるなどして自身が特定されないように工夫をして，複数のサーバに複数の攻撃手段でやってくる．防御者はそれに対して，攻撃者の身元（ウィルスや迷惑メールの送信元）情報や攻撃内容（ウィルスや迷惑メールの送信内容）などの手に入る情報から，可能な限り多面的に対応する必要があるわけで，複数のセキュリティ機器の**ログ・データ**（コンピュータや通信機器が一定の処理を実行したこと，または実行できなかったことを記録したもの）に対する相関計算が有用と

認識されている．

例えば，不正請求・不正利用などの発見では，繰り返し起こるユーザーの利用パターンを見い出すことで，このパターンから外れた利用を不正請求・不正利用として突き止め追究する．これも相関計算で実現できる処理であり，クレジットカード，保険などの不正請求摘発に適用される．

もう一つ，マーケット戦略でも相関計算が重要な役割を果たしている．小売店の販売データやICカードの利用履歴，電話の通話履歴，クレジットカードの利用履歴など，企業に大量に蓄積される生データ（**ビッグ・データ**という）の中に潜む項目間の相関計算を実行する．その結果から，個人の購買パターンなどをつかんで，潜在的な顧客ニーズを採掘（mining）できるようになった（**データ・マイニング**，data mining という）

5-6 余りを計算する：不思議な整数演算

ここでは，誤りを訂正／検出したり，暗号で秘密を守る「からくり」を実現する不思議な整数演算として，+，−，×，÷という，いわゆる加減乗除の四則演算が自由にできる性質を有する数の世界（**数体系**）を取り上げる．この四則演算が成立する数の世界は，「**体**(たい)」と呼ばれ，とくに限られた整数のみで四則演算が自由にできる数の世界を「**有限体**」という．有限体は，誤り訂正／検出符号や暗号を取り扱ううえでもっとも重要な数体系である．

いま，$\{0, 1, 2, 3, 4, 5, 6\}$ の7種類の数値（**元**(げん)という）しかなく，
$$7 = 0$$
とみなす数の世界，つまり，

「ある整数を7で割った余り」

だけに着目した数の世界を考えてみよう．この言い方は，

「モジュロ7をとる（mod 7 と表記）」

とか，

「7を法とする数の世界（剰余演算）で考える」

などと言う．このような数の世界は，例えば七曜日（日曜日，月曜日，……，土曜

表 5-1　mod 7 の加算 $(a+b)$

a\b	0	1	2	3	4	5	6
0	⓪	1	2	3	4	5	6
1	1	2	3	4	5	6	⓪
2	2	3	4	5	6	⓪	1
3	3	4	5	6	⓪	1	2
4	4	5	6	⓪	1	2	3
5	5	6	⓪	1	2	3	4
6	6	⓪	1	2	3	4	5

表 5-2　mod 7 の乗算 $(a \times b)$

a\b	0	1	2	3	4	5	6
0	0	0	0	0	0	0	0
1	0	☐1	2	3	4	5	6
2	0	2	4	6	☐1	3	5
3	0	3	6	2	5	☐1	4
4	0	4	☐1	5	2	6	3
5	0	5	3	☐1	6	4	2
6	0	6	5	4	3	2	☐1

日）に見られる．すなわち,

　　日曜日 → 0，月曜日 → 1，火曜日 → 2，……，土曜日 → 6

と各曜日を正整数の $(0, 1, 2, 3, 4, 5, 6)$ に対応づけることにより，周期性をもつ限られた数の世界が形作られている．他にも，時刻表示（60 進法），四季（春夏秋冬）なども同じである．

　7 を法とする数の世界において，通常の算法としての加算（＋），乗算（・，あるいは×）の計算結果（和，積）をそれぞれ表 5-1，表 5-2 に示す．例えば，通常の加算では $5+6=11$ であるが，11 を 7 で割った余りが 4 となるので，mod 7 では $5+6=4$ というふうである．また，通常の乗算では $5 \times 6 = 30$ となるが，30 を 7 で割ったときの余りが 2 であることから，mod 7 では $5 \times 6 = 2$ となるわけである．

　ところで，加算の表ではすべての各行，各列に 0 が 1 回だけ現れる（⓪で示す）ので，加算に関する逆元 $(-a)$ が,

$$a + (-a) = 0 \tag{5.27}$$

となるように定義される．例えば (-3) は,

$$3 + y = 7 \tag{5.28}$$

を満たす正整数値 y $(0 \leq y \leq 6)$ を考えればよい．なぜなら，mod 7 の演算では，右辺の数値 7 は 7 で割ると余りは 0 であり,

$$3 + y = 0 \tag{5.29}$$

と表される．よって，式 (5.28) と式 (5.29) から $y=4$ と $y=-3$ が得られるので,

$$(-3) = 4 \quad \mod 7 \tag{5.30}$$

表 5-3　mod 7 の加算に関する逆元

a	逆元 $(-a)$
0	0
1	6
2	5
3	4
4	3
5	2
6	1

表 5-4　mod 7 の減算 $(a-b)$

a \ b	0	1	2	3	4	5	6
0	0	6	5	4	3	2	1
1	1	0	6	5	4	3	2
2	2	1	0	6	5	4	3
3	3	2	1	0	6	5	4
4	4	3	2	1	0	6	5
5	5	4	3	2	1	0	6
6	6	5	4	3	2	1	0

であり，同様の計算によって加算に関する逆元が**表 5-3** のように求められるので，減算は**表 5-4** となるわけだ．

また，乗算の表では第 1 行と第 1 列を除いて，残りのすべての各行，各列に 1 が 1 回だけ現れる（1で示す）ので，乗算に関する逆元 $a^{-1} = \dfrac{1}{a}$ として，

$$a \times a^{-1} = 1 \tag{5.31}$$

となるように定義される．例えば，$3^{-1} = \dfrac{1}{3}$（3 の逆元という）は，

$$3 \cdot x = 8, 15, 22, 29, 36 \tag{5.32}$$

を満たす正整数値 y（$0 \leq y \leq 6$）を考えればよい．なぜなら，mod 7 の演算では，右辺の整数値はいずれも 7 で割ると余りは 1 であり，

$$3 \times y = 1 \quad \mathrm{mod}\ 7$$

となるからである．よって，式 (5.32) より $y = 5$ が得られ，

$$3^{-1} = \dfrac{1}{3} = 5 \tag{5.33}$$

となる．同様の計算によって，乗算に関する逆元が**表 5-5** のように求められるので，除算は**表 5-6** となる．

このように，加算に関する逆元 $(-a)$ および乗算に関する逆元 a^{-1} が定義できると，減算 $b - c$，除算 $b \div c\ (= b/c)$ が計算可能となる．同時に，分配法則，すなわち，

$$b \times (c + d) = b \times c + b \times d \tag{5.34}$$
$$(b + c) \times d = b \times d + c \times d \tag{5.35}$$

も成立する．

表 5-5 mod 7 の乗算に関する逆元

a	逆元 (a^{-1})
1	1
2	4
3	5
4	2
5	3
6	6

表 5-6 mod 7 の除算 ($a \div b$)

a \ b	1	2	3	4	5	6
0	0	0	0	0	0	0
1	1	4	5	2	3	6
2	2	1	3	4	6	5
3	3	5	1	6	2	4
4	4	2	6	1	5	3
5	5	6	4	3	1	2
6	6	3	2	5	4	1

このように，和（＋）と積（×）の演算が定義された要素（元）の有限集合（これが**体**である）を**ガロア体**という．元の個数が q 個の場合は，ガロア体（Galois Field）の頭文字をとって，GF(q) などと表記する．

ナットクの例題 ❺-4

7を法とする演算として，各問に答えよ．
　①　$1-6$　　　②　$2 \div 5$

解答

① 通常の減算では $1-6=-5$ となるが，**表 5-3** より (-6) の mod 7 の加算に関する逆元は 1 なので，$1-6=1+1=2$ である．

② 通常の除算では $2 \div 5=0.4$ となるが，**表 5-5** より 5 の mod 7 の乗算に関する逆元 5^{-1} は 3 なので，$2 \div 5=2 \times 5^{-1}=2 \times 3=6$ である．

ナットクの例題 ❺-5

2を法とするモジュロ演算（mod 2）において，次の加算結果を求めよ．
　① $0+0$　　② $0+1$　　③ $1+0$　　④ $1+1$

解答

モジュロ 2 の計算なので，2 で割ったときの余りであるから，答えは '0' か '1' になる．まず，①，②，③は，通常の 10 進数の加算で簡単である．

問題は④で，通常の 10 進数の加算においては 1+1=2 となるわけだが，2 で割った余りを求める必要がある．すなわち，2 を 2 で割った余りは，

$$2 \div 2 = 商1 \quad 余り0$$

となる．以下に，加算結果を示す．

$$① 0+0=0 \quad ② 0+1=1 \quad ③ 1+0=1 \quad ④ 1+1=0 \qquad (5.36)$$

この四つの中で，1+1=0 となる加算が通常の結果と異なっていることに注意してほしい．つまり，1+1=0 の加算が，通常の減算 1-1=0 という計算に相当するので，

$$-1 = +1 \qquad (5.37)$$

であり，加算（+）と減算（-）が同じ結果をもたらす演算であることもわかる．別の見方として，加算を論理演算に置き換えてみると，

$$式（5.36）の加算 = 排他的論理和（XOR, \oplus） \qquad (5.38)$$

であり，「一致・不一致演算」とも呼ばれ，一致しているときは 0，不一致のときは 1 になる．

5-7 誤り検出／訂正の仕組みを知って作る：パリティ，ハミング符号

ここでは，ディジタル通信（送受信）やディジタル記録（保存，読み出し）において発生するデータ誤りを少なくするための手法として，「誤り検出／訂正」するための基本原理について，具体的な事例とともに解説する．

◆ 誤り検出／訂正の根本原理

まず，誤り検出のための身近にある超簡単な例を一つ紹介してみよう．ある晴れた日，家庭の主婦が洗濯したあと，物干しに干す段になって，「あれっ，旦那の靴下が足りないわ?!」とすっとんきょうな声を発したとする（図 5-39）．これは，靴

図 5-39 偶数パリティで洗濯物

図 5-40 パリティ検査とは

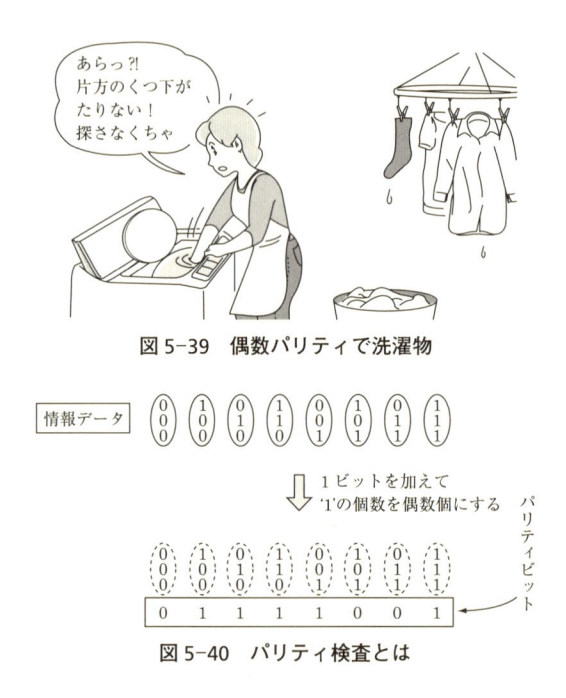

下を1つずつ数えていたのではなく，左足と右足の二つで1組，靴下には「偶数（2で割った余りが0，すわなち2で割り切れる）である」という情報があることに基づいている．この「偶数である」ということは，靴下に付与される冗長な情報であるが，有効な意味が隠されているわけだ．だから，靴下の片足が見つからなければ「奇数（2で割った余りが0ではない，2で割り切れない）」であり，即座になくしたことに気づく．これもまさしく，二つ（正しい，間違い）のデータの集まり（2で割り切れるかどうか）に分類することによって可能になるのである．

　このように，「偶数である（2で割り切れる）」という冗長な情報を常に持たせるような，ちょっとした工夫が，誤り検出の考え方の基本であり，「**パリティ検査（あるいはパリティ・チェック）**」と呼ばれる．ちょうどゴミの分別作業のようなものと考えればわかりやすい．例えば，図5-40の左の3ビットの情報データの下に，1ビットの検査データ（**パリティビット**）を，"1"の個数が偶数個（**偶数パリティ検査**，奇数個の場合は**奇数パリティ検査**）になるように付加することによって，1ビットの誤りを検出できるというわけだ．

　今度は，地震発生時の地震情報，すなわち震度や震源地をどのようにしてはじきだしているのかを考えてみよう．基本的には，複数（少なくとも3台以上）の地

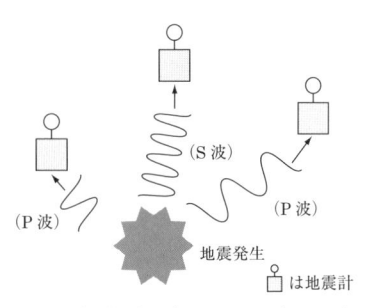

図 5-41　地震の規模（マグニチュード）と震源地を推定

震計データ基づき，地震の震度や震源地を推定するわけであるが，実はこの推定法が誤りを発見して訂正するしくみによく似ている（図 5-41）．

◆ 誤り訂正符号は誰でも作れる！（ハミング符号）

さっそく，1 ビットの誤りを発見して修正できる符号を作ってみることにしよう．「そう言われても，どうすれば……？」と思案投げ首の人も多いとは思われるが，実はそんなに難しいことでもないのだ．そこで，パリティ検査を利用した誤り訂正符号の代表格として，「**ハミング（Hamming）符号**」を取り上げてみよう．

いま，図 5-42 に示すように，K ビットの情報データ（情報数は最大 2^K 個）$\{d_k\}_{k=0}^{k=K-1}$ のそれぞれに，M ビットの検査データ（同じく，**冗長ビット**または**検査ビット**ともいう）$\{c_m\}_{m=0}^{m=M-1}$ を付加して，全体の符号長が N ビット（$N = K + M$）となる**符号語**（同様に，**符号ビット**という）$\{f_m\}_{m=0}^{m=M-1}$ を考えることにする．

つまり，

$$\begin{cases} N : 符号語のビット数 \ (N = K + M) \\ K : 情報データのビット数 \\ M : 検査データのビット数 \end{cases}$$

図 5-42　(N, K) ハミング符号の構成

とするとき，Nビットの符号語の中に1ビットの誤りがあると仮定してみよう．このとき，Mビットの検査データの情報（最大2^M個の組合せ）から誤りが発生したビット位置を特定するには，

$$\begin{cases} \text{・まったく誤りのない（正しい）場合} \\ \text{・第0ビット } f_0(=c_0) \text{ に誤りがある場合} \\ \text{・第1ビット } f_1(=c_1) \text{ に誤りがある場合} \\ \qquad\qquad\vdots \\ \text{・第}(N-1)\text{ビット } f_{N-1}(=d_{K-1}) \text{ に誤りがある場合} \end{cases} \tag{5.39}$$

の$(N+1)$通りの区別できなければならない．そのためには，

$$(\text{検査データで表される情報数}) \geqq (\text{誤りが発生する場合の数}) \tag{5.40}$$

であり，すなわち，

$$2^M \geqq N+1 \tag{5.41}$$

となる．ここで，$N=M+K$を代入して整理すると，

$$2^M - M \geqq K+1 \tag{5.42}$$

という関係が，情報ビット数Kと検査ビット数$M(=N-K)$との間に成立しなければならない．

なお，全体の符号長がNビットで，そのうちの情報ビットがKビットである符号のことを，一般に(N, K)符号という．例えば，式(5.41)あるいは式(5.42)の等号が成立するときのNとKの組み合わせを表5-7に示す．

・ハミング符号を設計してみよう

例えば，元の情報データが4ビット（$K=4$）であれば，式(5.39)の8通りの場合を検査ビットで分別するには，少なくとも3ビットの検査データ（$M=3$），すなわち$(7, 4)$符号が必要となる（図5-43）．そこで，誤りの発生の有無をチェッ

表5-7 (N, K) ハミング符号の例

符号語のビット数 (N)	3	7	15	31	63
情報データのビット数 (K)	1	4	11	26	57
検査データのビット数 (M)	2	3	4	5	6

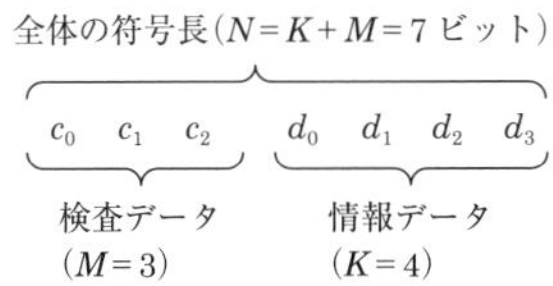

全体の符号長($N=K+M=7$ ビット)

c_0 c_1 c_2 d_0 d_1 d_2 d_3

検査データ ($M=3$) 　情報データ ($K=4$)

図5-43 (7, 4) ハミング符号のビット構成例

表5-8 検査データによる誤りが発生した
ビットの分別（誤りパターン）

誤りが発生したビット	検査データ		
	s_0	s_1	s_2
エラーなし	0	0	0
c_0 がエラー	1	0	0
c_1 がエラー	0	1	0
c_2 がエラー	0	0	1
d_0 がエラー	1	1	0
d_1 がエラー	0	1	1
d_2 がエラー	1	1	1
d_3 がエラー	1	0	1

クするための3ビットの検査データ（偶数パリティ）を s_0, s_1, s_2 とする．このとき，誤りが発生したビット位置が検査データの"1"と"0"の組み合わせによって分別できるように，**表5-8**に示す関係が成立すると仮定してみよう（いろいろな与え方が考えられ，自由度がある）．

表5-8から，誤りが発生したビット位置が c_0, d_0, d_2, d_3 のいずれかであれば，$s_0=1$ でなければならないことがわかる．つまり，

$$s_0 = c_0 + d_0 + d_2 + d_3 \tag{5.43}$$

とすればよい．ここで，+は排他的論理和を表しており，"1"あるいは"0"の値をとる変数を p とするとき，

$$p + p = 0 \tag{5.44}$$
$$p + 0 = 0 + p = p \tag{5.45}$$

なる関係が成立する（**ナットクの例題 5-5** を参照）．

同様にして，**表5-8**より誤りを発生したビットが，

表 5-9　パリティ検査表

	検査データ			情報データ			
	c_0	c_1	c_2	d_0	d_1	d_2	d_3
s_0	×			×		×	×
s_1		×		×	×	×	
s_2			×		×	×	×

（×印はパリティ検査するビット）

c_1, d_0, d_1, d_2 のいずれかであれば $s_1 = 1$
c_2, d_1, d_2, d_3 のいずれかであれば $s_2 = 1$
でなければならないことがわかる．つまり，

$$s_1 = c_1 + d_0 + d_1 + d_2 \tag{5.46}$$
$$s_2 = c_2 + d_1 + d_2 + d_3 \tag{5.47}$$

でなければならない．なお，式 (5.43)，式 (5.46)，式 (5.47) は，パリティ検査表として表 5-9 のように書き直すことができる．表 5-9 は，表 5-8 の縦と横を入れ替えて，"1" のビットに "×" 印を書き入れたものに一致することもわかる．

このとき，誤りがない（正しい）場合は，偶数パリティとして 2 で割ったときの余りが 0，すなわち，

$$s_0 = s_1 = s_2 = 0 \tag{5.48}$$

になる．したがって，式 (5.43)，式 (5.46)，式 (5.47) より，以下の関係が成立する．

$$\begin{cases} 0 = c_0 + d_0 + d_2 + d_3 & (5.49) \\ 0 = c_1 + d_0 + d_1 + d_2 & (5.50) \\ 0 = c_2 + d_1 + d_2 + d_3 & (5.51) \end{cases}$$

この三つの式を，検査ビット c_0, c_1, c_2 を未知数とする連立方程式とみなして，c_0, c_1, c_2 について解を求めてみる．なお，情報ビットと検査ビットの関係を「= 0」の形式で表しているが，このことが偶数パリティ検査（"1" の個数が偶数）を意味する．ちなみに，奇数パリティ検査（"1" の個数が奇数個）の場合には「= 1」と表せばよい．

最初に，c_0 について解くには，式 (5.44) と式 (5.45) の性質を適用して，式 (5.49)

表 5-10 (7, 4) ハミング符号

情報データ				符号語						
(d_0,	d_1,	d_2,	d_3)	(c_0,	c_1,	c_2,	d_0,	d_1,	d_2,	d_3)
0	0	0	0	0	0	0	0	0	0	0
0	0	0	1	1	0	1	0	0	0	1
0	0	1	0	1	1	1	0	0	1	0
0	0	1	1	0	1	0	0	0	1	1
0	1	0	0	0	1	1	0	1	0	0
0	1	0	1	1	1	0	0	1	0	1
0	1	1	0	1	0	0	0	1	1	0
0	1	1	1	0	0	1	0	1	1	1
1	0	0	0	1	1	0	1	0	0	0
1	0	0	1	0	1	1	1	0	0	1
1	0	1	0	0	0	1	1	0	1	0
1	0	1	1	1	0	0	1	0	1	1
1	1	0	0	1	0	1	1	1	0	0
1	1	0	1	0	0	0	1	1	0	1
1	1	1	0	0	1	0	1	1	1	0
1	1	1	1	1	1	1	1	1	1	1

の両辺に c_0 を mod 2 で加算すると,

$$\underbrace{c_0 + 0}_{c_0} = \underbrace{c_0 + c_0}_{0} + d_0 + d_2 + d_3$$

となり,最終的に次式が導かれる.

$$c_0 = d_0 + d_2 + d_3 \tag{5.52}$$

ほかも同様の計算により,

$$c_1 = d_0 + d_1 + d_2 \quad [式 (5.50) より] \tag{5.53}$$
$$c_2 = d_1 + d_2 + d_3 \quad [式 (5.51) より] \tag{5.54}$$

となる.

よって,式 (5.52)〜式 (5.54) より,4 ビットの情報データに対する (7,4) ハミング符号は,16 個の符号語として**表 5-10** が得られる(各自で計算し,検証してもらいたい).

ナットクの例題 ❺-6

いま,「C言語」という文字情報を (7,4) ハミング符号に符号化したい.
ただし, 各文字は以下のように2進の符号語で与えられているものとする.

$$C \Leftrightarrow 1, \ 言 \Leftrightarrow 101, \ 語 \Leftrightarrow 0011 \tag{5.55}$$

[解答]

まず,「C言語」を2進の符号系列で表した後, 4ビットずつに区切る.

C言語　→　11010011

↓　4ビットごとに区切る

$$1101/0011 \tag{5.56}$$

区切られた2進の符号系列から, 式 (5.52)〜式 (5.54) に基づき, 検査データ (c_0, c_1, c_2) を求める. 符号系列 "1101" ($d_0=1, d_1=1, d_2=0, d_3=1$ に相当) に対し,

$$\begin{cases} c_0 = d_0 + d_2 + d_3 = 1+0+1 = 0 \\ c_1 = d_0 + d_1 + d_2 = 1+1+0 = 0 \\ c_2 = d_1 + d_2 + d_3 = 1+0+1 = 0 \end{cases}$$

であり, ハミング符号は "0001101" となる.

同様に, "0011" ($d_0=1, d_1=1, d_2=0, d_3=1$ に相当) のハミング符号として "0100011" が得られ, 最終的に「C言語」は以下のように符号化される.

$$「C言語」　→　00011010100011 \tag{5.57}$$

・ハミング符号で誤りを訂正してみよう

それでは, ハミング符号を利用してデータを受信することを考えてみよう. いま, 7ビットのハミング符号として,

"$c_0 \ c_1 \ c_2 \ d_0 \ d_1 \ d_2 \ d_3$"

が受信されたとし, 誤りが含まれているどうかをチェックしてみることにする. すなわち, 表 5-9 に基づき,

表 5-11 (7, 4) ハミング符号のシンドロームと誤りが発生したビット

エラーの発生位置	誤りパターン							シンドローム		
	c_0	c_1	c_2	d_0	d_1	d_2	d_3	s_0	s_1	s_2
エラーなし	0	0	0	0	0	0	0	0	0	0
c_0 がエラー	1	0	0	0	0	0	0	1	0	0
c_1 がエラー	0	1	0	0	0	0	0	0	1	0
c_2 がエラー	0	0	1	0	0	0	0	0	0	1
d_0 がエラー	0	0	0	1	0	0	0	1	1	0
d_1 がエラー	0	0	0	0	1	0	0	0	1	1
d_2 がエラー	0	0	0	0	0	1	0	1	1	1
d_3 がエラー	0	0	0	0	0	0	1	1	0	1

(誤りパターンの '1' が誤りの発生したビットを示す)

$$\begin{cases} s_0 = c_0 + d_0 + d_2 + d_3 & (5.58) \\ s_1 = c_1 + d_0 + d_1 + d_2 & (5.59) \\ s_2 = c_2 + d_1 + d_2 + d_3 & (5.60) \end{cases}$$

を計算する．ここで，s_0, s_1, s_2 は mod 2 の計算なので，"1"または"0"になる．その結果，s_0, s_1, s_2 のすべてが 0（偶数パリティ）になれば「誤りなし」であり，それ以外の場合は誤りが含まれることになる．

　この検査データの 3 ビット（s_0, s_1, s_2）の組み合わせは，誤りの箇所を特定するための位置情報を示しており，**シンドローム**（syndrome）と呼ばれている．シンドロームという言葉はもともと病気の症状を表すもので，符号の世界では「誤りの症状」といった意味で用いられている．つまり，シンドロームがどのビットに誤りが発生したのかを示しているのだ．式（5.58）〜式（5.60）より，シンドロームと誤り発生位置の関係をまとめたものを**表 5-11**（誤りパターン）に示す．もちろん，**表 5-11** の誤りパターンは，**表 5-8** の誤り発生位置の分別表における検査データに一致することは明らかであろう．

ナットクの例題 ❺-7

いま，式（5.55）の情報データの (7, 4) ハミング符号が送信中に，雑音の影響を受けて，

$$00111010100011 \tag{5.61}$$

が受信されたとする．このとき，誤りが含まれているどうかをチェックし，正しい情報データを示せ．

解答

最初に，式（5.61）の受信データを7ビットずつに区切って，

0011101/0100011

と分割する．まず，最初の7ビットの受信データ（$c_0 = 0, c_1 = 0, c_2 = 1, d_0 = 1, d_1 = 1, d_2 = 0, d_3 = 1$ に相当）に対し，式（5.58）～式（5.60）のシンドロームを計算すると，

$$\begin{cases} s_0 = c_0 + d_0 + d_2 + d_3 = 0+1+0+1 = 0 \\ s_1 = c_1 + d_0 + d_1 + d_2 = 0+1+1+0 = 0 \\ s_2 = c_2 + d_1 + d_2 + d_3 = 1+1+0+1 = 1 \end{cases}$$

となるので，表5-11より c_2 に誤りが発生したことがわかる．よって，c_2 の"1"を"0"に訂正（ビット反転ともいう）して，正しくは"0001101"という情報が送られたと判定できる．

同様の計算により，次の7ビットの受信データ"0100011"（$c_0 = 0, c_1 = 1, c_2 = 0, d_0 = 0, d_1 = 0, d_2 = 1, d_3 = 1$ に相当）のシンドロームは，

$$\begin{cases} s_0 = c_0 + d_0 + d_2 + d_3 = 0+0+1+1 = 0 \\ s_1 = c_1 + d_0 + d_1 + d_2 = 1+0+0+1 = 0 \\ s_2 = c_2 + d_1 + d_2 + d_3 = 0+0+1+1 = 0 \end{cases}$$

となり，すべて0なので「誤りなし」と結論づけられる．

以上より，正しい受信語は，

0001101/0100011

であり，各7ビットのうち検査データ（左から3ビット分）"000"と"010"を取り除くと，

1101/0011

となり，
　　11010011
で表される情報データが得られる．よって，式（5.55）の文字コードと対応づければ，

$$\underbrace{1}_{C}/\underbrace{101}_{言}/\underbrace{0011}_{語}$$

であり，送信した情報が正確に受け手に伝えられることが検証される．このような「誤り訂正」の仕掛けが，ハミング符号には「マジックの種」として仕込まれているというわけなのである．

5-8　データをシャッフルする：暗号の基本の「キ」

　古来，暗号による情報伝達は，戦争をはじめとしてさまざまな場面で用いられてきた．推理小説にも暗号は事件解決のカギを握る重要な小道具としてしばしば登場する．そこで，暗号の基礎となる"データをシャッフルする（でたらめに並び替える）"処理の代表的な手法を紹介しておこう．

◆ シーザー暗号

　シーザー暗号は，歴史上，最古の暗号といわれており，古代ローマ時代の政治家で軍事指導者でもあったジュリアス・シーザーが多用したものとして知られている．例えば，アルファベットの文字列「MOMOTARO（桃太郎という情報）」（**平文**）を，シーザー流に暗号化して「PRPRWDQR」（**暗号文**）となったとしよう．この例では，暗号化アルゴリズムの決まりを明かせば，単にアルファベット順で後ろへ3文字ずらしただけであり，

　　M→P，O→R，T→W，…

という置換規則である．アルファベットの後ろのほうの文字は前のほうに循環的に3文字ずらして，

　　X→A，Y→B，Z→C，…

のように暗号化する．

　このように「各文字を何文字かずらして暗号化する」手順は「シーザー暗号」を作成する**暗号化アルゴリズム**であり，暗号化の際の《何文字ずらしたか》という"カギを握る"情報が重要になる．このずらした文字数がわからなければ，シーザー暗号を利用したということだけがたとえ解ったとしても復号することはできないことになる．

　つまり，このずらす文字数（**鍵**）を変えることによってさまざまな暗号文を作成することが可能になり，複数の人が同一の暗号方式を利用することができる仕組みが実現される．このように，利用した暗号方式自体が他人に知られてしまったとしても，鍵さえ知られなければ解読されることもなく，元の通報を知られてしまうことはない．ただ，シーザー暗号の場合には，多くても 26 回の試行で簡単に鍵を割り出すことができそうだ（26 文字ずらすと元の木阿弥で，ずらす文字数は 0 で平文のまま）．まあ，言葉の遊びで言わせてもらえるなら「暗号化の鍵が，暗号システムのカギを握ってる」なんちゃって……．だから，もしもこの鍵が何兆個，何十兆個もあるとすれば，シーザー暗号だって安全と言えるかもしれない．

◆ 換字式暗号（かえじ）

　シーザー暗号のようにどの文字も一定の数だけずらすのではなく，各文字ごとにずらす字数を変化させたものである．つまり，各文字を別の異なる文字に対応させた暗号といえる．例えば，アルファベット 26 文字に対して，

$$\sigma = \begin{pmatrix} \text{ABCDE FGHIJ KLMNO PQRST UVWXY Z} \\ \downarrow \\ \text{QWERT YUIOP ASDFG HJKLZ XCVBN M} \end{pmatrix} \quad (5.53)$$

のような文字の置換規則 σ を考えるわけで，この例では次のように暗号化ができる．

　　MOMOTARO　　（平文）
　　　　↓　式 (5.53) の置換規則 σ を適用
　　DGDGZQKG　　（暗号文）

この暗号の場合，「鍵」は《各文字に対する置き換え方，つまり置換規則 σ》ということになる．なお，シーザー暗号は換字式暗号の一つである．

◆ 転置式暗号

前述の換字式暗号が，1文字ずつを置換規則 σ で暗号化するものであったのに対して，平文を長さ n [文字] ごとのブロックに区切り，各ブロックごとの文字の並んでいる順序を変える方法である．

簡単な例として，$n=4$ [文字] で置換規則 τ を，

$$\tau = \begin{pmatrix} 1\,2\,3\,4 \\ \downarrow \\ 2\,4\,1\,3 \end{pmatrix} \tag{5.54}$$

とする．この置換規則 τ の意味するところは，

$$\begin{cases} 各ブロックの左から & 1番目の文字 & \to & 2番目へ \\ & 2番目の文字 & \to & 4番目へ \\ & 3番目の文字 & \to & 1番目へ \\ & 4番目の文字 & \to & 3番目へ \end{cases} \tag{5.55}$$

である．すると，

```
MOMOTARO           （平文）
    ↓   4文字ごとのブロックに分ける
MOMO          TARO
    ↓ 置換規則 τ    ↓ 置換規則 τ
MMOO          RTOA  （暗号文）
```

と暗号化される．

◆ 多表式暗号

シーザー暗号を拡張したもので，平文を長さ n [文字] のブロックに区切り，各ブロックごとの文字のずらす数を変える方法である．

簡単な例として，$n=4$ [文字] で後ろへずらす数を，

$$\begin{cases} 各ブロックの左から & 1番目の文字 & \to & 2文字ずらす \\ & 2番目の文字 & \to & 5文字ずらす \\ & 3番目の文字 & \to & 3文字ずらす \\ & 4番目の文字 & \to & 1文字ずらす \end{cases} \tag{5.56}$$

とすると，

```
MOMOTARO  （平文）
     ↓ 4文字ごとのブロックに分ける
M O M O      T A R O
  ↓ 文字ずらし    ↓ 文字ずらし
O T P P      V F U P  （暗号文）
② ⑤ ③ ①    ② ⑤ ③ ①（ずらす文字数）
```

と暗号化される．このとき，同じ文字"P"でも平文の文字が"M"あるいは"O"の場合がある．さらに，ずらす文字数（鍵）の系列②⑤③①②⑤③①……を乱数化することも考えられる．

このような暗号で秘密を守るには，「暗号化鍵と復号鍵を秘密するのはもちろんのこと，暗号化方式自体も秘密にしておかなければならない」という前提があり，秘密がバレてしまう可能性が高かったのである（**コラム❼**を参照）．

ところが，1970年代の半ばに登場した「DES（Data Encryption Standard）暗号」と「公開鍵暗号」が世間をあっと言わせたのである．「DES暗号」は暗号化アルゴリズム（鍵は秘密）を公開したし，さらに「公開鍵暗号」では「DES暗号」の秘密鍵までも公開したので，大きな驚きをもって迎えられた（詳細は，**第10章**を参照）．このような歴史的な出来事を境に，1970年代以前とそれ以後の暗号はそれぞれ，**古典暗号**，**現代暗号**と区別して呼ばれる．なお，換字式，転置式，多表式の各暗号は古典暗号に分類される．

コラム❼ [古典暗号の「カギ」を握る鍵]

換字式暗号であれば，鍵の総数は置換の種類に一致し，

$$26 \times 25 \times 24 \times \cdots \times 3 \times 2 \times 1 = 26! \fallingdotseq 4 \times 10^{26}$$

となる．この鍵の総数は天文学的な数値であり，総当たり的（虱は大嫌いだけど，しらみつぶし的）に全部を調べて鍵を探し出すようなことは時間的に不可能であると言える．このように原理的には可能であるが，解

読に要する計算量が膨大で，世の中に最高速のコンピュータをもってしても数十年や数百年，あるいはそれ以上といった時間を要する暗号は「実際上は解読不可能な暗号」と見なして，**"計算量的に安全な暗号"**として呼ばれている．

また，転置式暗号の1ブロックが4文字であれば，鍵の総数は $4 \times 3 \times 2 \times 1 = 24$ となる．一般に1ブロックを n [文字] としたときの鍵の総数は，

$$n \times (n-1) \times (n-2) \times \cdots \times 3 \times 2 \times 1 = n!$$

であり，とくに $n=26$ の場合は換字式暗号に同じである．

さらに，多表式暗号において総当たり的に鍵を探し出そうとすると，最初の文字を何文字ずらせばいいのかわからないので26回試行し，次の文字も26回，また次の文字も26回となるので，鍵の総数は，

$$\underbrace{26 \times 26 \times \cdots \times 26 \times 26}_{n \text{ 個}} = 26^n$$

であり，例えば $n=10$ 程度でも $26^{10} \fallingdotseq 4 \times 10^{13}$ で軽く10兆個を越えてしまい，ずらす文字数を乱数化すれば，解読がより一層困難になる．

第 II 部

ズバリわかる！
応用事例における
信号処理テクニック

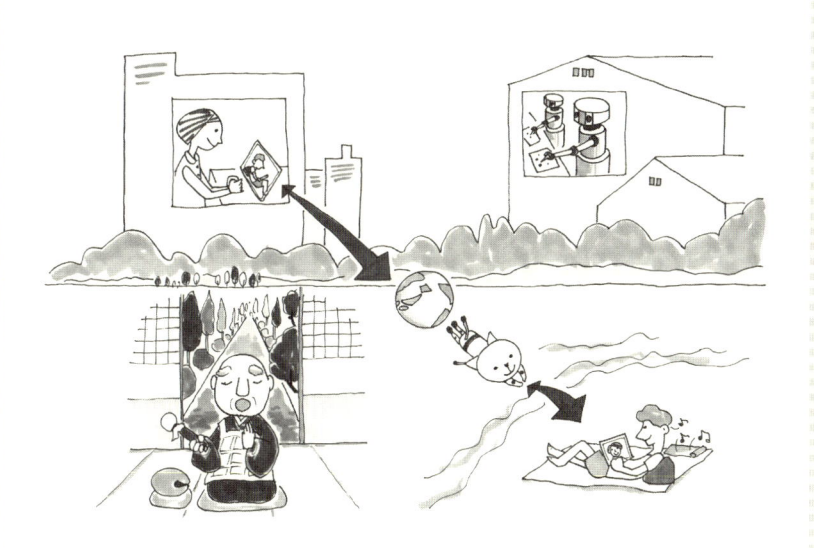

第Ⅰ部では，信号処理のための基礎理論（相関，直交，フーリエ解析，ラプラス変換，z変換）を第1章〜第4章で，信号処理応用のための"基本テクニック"を第5章で，わかりやすく丁寧に解説したところである．

さて，音でも，絵でも，電波でも，リアルタイムに認識し，処理や計測，制御を行ってくれる信号処理技術は，様々な応用分野を実現している．これらを挙げるとなると限りがないが，いくつか列挙しておこう．

- 航空，自動車，ロボット，モータ制御などのメカトロニクス
- ディジタルフィルタ，時間−周波数同時解析，ウェーブレット，ニューラルネットワーク，ファジィなどの情報処理
- 通信，データ通信，パソコン，データ収集システム，オーディオ，画像処理・画像圧縮，音声処理・認識などのマルチメディア
- レーダー，雑音制御，高調波・歪み波制御などのEMC（Electromagnetic Compatibility，電磁環境適合性），診断支援システム，バイオメディカルなどの医療
- 気象，原子力などの大規模シミュレーション，土木・建築計測，構造解析，教育

第Ⅰ部の基礎理論に土台をなす応用分野から，第Ⅱ部では身近な応用事例を取り上げ，利活用する信号処理技術の"基本テクニック──①信号・情報抽出，②信号・情報解析，③予測・推定，④変換・加工，⑤通信"との関わり合いを中心に据えて，わかりやすく解説するので，じっくりと読み進めていただきたい（**第5章**を参照）．

まず最初は，私たちの生活に少しずつ浸透し，根づきつつある各種各様の応用事例を知ることから始めよう．

第6章 信号処理技術の多彩な応用事例

本書の冒頭「**1-1** 近未来（20XX年）のある日」で紹介した夢のような暮らしが，信号処理技術の集大成によって，一つ一つ実現されてきている．そこで，どんなに魅力的で興味深い暮らしが私たちを待ち受けているのか，おウチの中の通信環境（ホーム・ネットワーク）と身の周りのさまざまな製品にフォーカスして，信号処理技術が実現するいろいろな応用事例に迫ってみよう．

6-1 ホーム・ネットワークと信号処理技術

21世紀に入って，ビジネスの世界を中心に目覚ましい発展を遂げてきたネットワークが，満を持して家庭のすみずみにまで浸透，いよいよ本格的なホーム・ネットワーク時代の到来である．ホーム・ネットワークの特徴の一つは，配線がとても簡単なことだ．ブルートゥース（Bluetooth）やIEEE1394をはじめ，多様な通信規格およびインタフェースの誕生と進化によって，高速データ通信を実現するネットワークが1種類の配線ケーブルで構築でき，コンセントに差し込むだけで済ませられる．もちろんワイヤレス（wireless，無線）でのネットワーク構築も可能になる．

家庭のありとあらゆる電化製品（風呂，電子レンジ，冷蔵庫，空調，照明，電話，テレビ，ガス，……）が通信機能を備えたネットワーク端末に進化するのである．これにより，リビングでデジカメのボタンを押して書斎のプリンタに直接画像データを送信して印刷できるなど，わざわざパソコンに向き合う必要がなくなり，どこからでも様々なデータの送受信が可能となる（図6-1）．もちろん，デジカメには体型をシェイプしてスリムに変えたり，顔のシワを取り除いたり，目鼻立ちを整えて美顔にするなどの多種多様な修整処理機能が装備されている．

このように簡便な操作で通信規格に沿ったデータ送受信を高速に行い，正確に処理するために，あらゆる家電製品に組み込まれているのが信号処理技術である．

図6-1 デジカメで，パチリ

6-2 リビングで存在感を示す信号処理技術

　話題の映画が見たい，好きなアーティストの新譜を聴きたいと思ったら，24時間いつでもリビングで鑑賞できる．これも，ホーム・ネットワーク時代ならではの，臨場感あふれる楽しい暮らしの一コマだ．まさしくホーム・シアターである（図6-2）．もっと言えば，いつでも，どこにいても，映画やミュージックを楽しめるわけだ．

　Blu-ray/DVD/CDプレイヤには高性能な信号処理技術が組み込まれているため，"見たい""聴きたい"と思ったときに，プレイヤからお目当ての映像・楽音の圧縮（少ないデータ量に）したディジタル・データが保存されているインターネット・サー

図6-2 至福のひととき

バへ直接アクセスして，ダウンロードすればOKだ．瞬時にダウンロードした映像・楽音データはパソコンに保存され，元のデータに伸長された後，再生されるので，ワイン・グラスを傾けながらゆったりとくつろいで鑑賞できるのだ．もちろん，大量の映像・楽音データが一瞬のうちに送受信できる高速ネットワークの実現も，ディジタル・データの圧縮・伸長，送受信や記録保存する際に発生するエラーを自動訂正できるのも，すべて信号処理技術の賜物なのである．もうレンタル・ショップやBlu-ray/DVD/CDストアにわざわざ出かけることもないし，営業時間を気にする必要もなくなる．何と便利なことだろう!?

6-3 信号処理技術が育む "キッチンの名シェフ"

「信号処理技術はキッチンでも大活躍！」と言ったら，意外な感じを抱かれるかもしれない．たとえば，冷蔵庫に信号処理技術が組み込まれると，毎日の献立に悩むことがなくなるかもしれない．冷蔵・冷凍保存してある食材を，冷蔵庫の前扉のタッチパネル式ディスプレイから登録し，インターネットに接続する．すると，立ちどころに最適な料理レシピがディスプレイに表示されるので，それを見ながらクッキングできる（図6-3）．

こうした一連の流れに基づくクッキングにおいて，信号処理技術が担うのは，食材データの送信，調理レシピの受信，ディスプレイ表示といった処理である．また，調味料が足りなくなったときには，自動的に食材店に注文されて，配達される（電子的な"御用聞き"のようなもの）というぐあいだ．さらにその先には，温度・湿度・

図6-3 私は，迷（名？）シェフよ！

圧力・味覚センサからの信号から，信号処理による制御機能を利用して，受信したレシピに従って自動調理してくれる装置の実現もさほど遠くない未来に実現されよう．

6-4 信号処理技術でファミリーもお楽しみ

　孫の学芸会や運動会を，遠く離れた田舎のおじいちゃん・おばあちゃんにリアルタイムで楽しんでもらう．こんな芸当も，信号処理技術を利用すれば，お茶の子さいさい．ディジタル・ビデオに搭載される信号処理技術の高性能化に伴い，撮影中の映像データを圧縮してメモリやハードディスクに保存すると同時に，直接おじいちゃん・おばあちゃんの家にあるホーム・サーバにインターネット経由で送信できるようになる．その映像データを受信したら，ディジタル・テレビに組み込まれた信号処理技術が瞬時に伸長・再生するので，田舎のおじいちゃん・おばあちゃんも同時中継で一緒に楽しめる（**図6-4**）．

　また，ホーム・サーバに蓄積された映像データは，見たくなったらいつでも，「孫の学芸会，2012年度」としゃべるだけで，信号処理技術が実現する音声認識機能により，データを呼び出してきて楽しむことができる．

図6-4　バーチャル学芸会でドキドキッ！

6-5 信号処理技術が外出先とおウチをつなぐ

　図6-5を見てもらいたい．おウチの玄関にあるカメラ付きインターフォンに信号処理技術が組み込まれれば，撮影した映像を圧縮してインターネット経由で携帯電話に送信．外出中に関わらず，何の不自由もなく，いつでもどこでも，来客の応対ができる．また，エアコンや湯沸器に信号処理技術が付加されると，その制御機能により，外出先から携帯電話を使って，帰宅時間に合わせてエアコンの電源スイッチを入れて快適な温度に冷暖したり，お風呂を適温に沸かすことも可能だ（**遠隔制御**）．

　もちろん，うっかりスイッチを消し忘れたアイロンの電源を切るといった芸当もお手のものなので安心だ．自宅で飼っている可愛いダックスフンド犬や子供の状態，おじいちゃん・おばあちゃんの状況把握も携帯電話で「いつでも，どこからでも確認できる」というわけだ（**遠隔監視**）．

　また，電力，水道，ガスの各メータをそれぞれ電力会社，水道局，ガス会社と直接つなぐことで，人手を介することなく月々の消費量を検針できるので，人件費が節約できて料金も安くなって家計も楽になるだろう（**遠隔計測**, **テレメータリング**）．

　このように，ホーム・ネットワーク時代がもたらしてくれる画期的な暮らしは，まさに信号処理技術がキーテクノロジー，キーデバイスとなって実現されるものである．

図6-5　ゆうゆう気分で余裕の外出

6-6 留守宅を信号処理技術でシッカリ守る

　信号処理技術は，空き巣の心配も解消してくれる．世の中広しといえども，指紋，目の模様，声紋が完全に一致する人は絶対にいないところに着目するものだ．

　玄関の鍵を開けようとしている人の指紋と目の模様と声紋を同時チェックし，あらかじめ登録されていたものと一致したときだけ鍵が開けられるというセキュリティ・システムのお蔭である（図6-6）．たとえ一流の物まね芸人がやってきて，家人になりすまそうとしても無駄で，空き巣の侵入をキャッチし，警察に通報して即座に捕まえてしまうだろう．

　このシステムにおける「カギ」は，鍵を開けようとしている人の指紋と目の模様と声紋が登録されている三重鍵に合致するかどうかを見極めるための信号処理技術にある．信号処理技術が画像と音声の認識処理を行い，瞬時に正真正銘の空き巣かどうかを詳細チェックするわけだ．この三重鍵をこじ開けることは，怪盗ルパンや石川五右衛門に代表される天下の大泥棒でも，おそらく無理だろう．

図6-6　三重ロックで安心，安全

6-7 高齢者の不安を払拭する信号処理技術

　お年寄りの方々が抱える大きな不安の一つとして，健康が挙がるだろう．健康不安の解消にも，信号処理技術が大きな役割を果たすことになる．

図 6-7 和尚を見守る健康ウォッチ

　まずは，補聴器の過去・現在・未来を取り上げてみよう．これまでは，聴力は年齢とともに変化するので，補聴器が聞こえにくくなると高価な新品に買い替えていた．でも，信号処理技術を利用することによってソフトウェアで補聴器の機能が精密調整できるので，単にプログラムを書き換えるだけで，いつでも個々の聴力特性にフィットさせることが可能になっている．

　また，365日24時間，常に健康管理してくれるウェラブル（wearable）医療機器も，信号処理技術が実現する超小型化・省電力化によって開発されている（**図6-7**）．これは，常時，身につけていられるような携帯型の健康データの計測・送受信装置．血圧，脈拍，体脂肪などを随時計測し，そのデータをネットワークを通じて医師のもとに送信（最近では，携帯電話に組み込まれた機種も増えている）．これにより，異常が発見されれば医師からの指示を受信して，すぐさま対処できる体制・環境が整えられるようになっている．

6-8 信号処理技術で外国語恐怖症は克服できる

　最近ちょっとしたブームとなっているiPhone「Siri（シリ）」，NTTドコモ「しゃべってコンシェル」などは，メール入力やデータ検索で重宝する音声認識アプリだ．これらもまた，信号処理技術が成せる技で，「話し相手の言葉を高速で認識する」ものであるが，さらに「その意味をメモリ辞書で検索して，文字で表示，音声合成して読み上げてくれる」ようになったとしたら，どんなことができるか，ちょっと想像してもらいたい．

図 6-8　和尚は世界を飛びまわる

　多くの方がおそらく，"通訳携帯電話"とか，"通訳会話機"といった製品を真っ先に思いつかれたのではないだろうか（図 6-8）．こうした製品が手許にあれば，日本語がわかるだけで事足りる．なぜなら，相手の言葉は製品の中の信号処理技術が通訳してくれるわけだから．外国旅行に出かけても，現地の人たちと快適にコミュニケーションできるという夢のような世界が拓けることになる．つまり，「これからは，英語くらい自由自在に使いこなせなきゃ」なんて耳の痛かったセリフも，信号処理技術が消し去ってくれることになる．まさしく，外国語恐怖症から完全に解き放たれることになるだろう．

第7章 エントロピーで量る信号変換処理の世界

本章では，データ通信（送受信）やデータ記録（書き込み，読み出し）において，情報理論的な視点からディジタル情報の信号変換処理プロセスをまとめてみよう．そこで，エントロピー（平均情報量）を定量的な評価指標として，雑音（noise, ノイズ），周波数，通信あるいは記録時のデータ誤り，データ圧縮，暗号などの基本的概念とともに，エントロピーの変化のようすを説明する．

7-1 通信モデル

「データ通信，データ記録の最大目標は？」と問われれば，即座に「情報をむだなく（できるだけコンパクトにして），より速く，確実に誤りなく相手に伝える（メモリに書き込む），盗み聞き／盗み読みされないこと」と言いきることができる．ただ「あちらを立てれば，こちらが立たず」という感じで，「むだを省くこと」と「確実に送ること（誤りのない安全な通信）」とは互いに矛盾する要求であり，解決すべき大きな問題が立ちはだかる（図7-1）．

図7-1 電気通信に対する要求

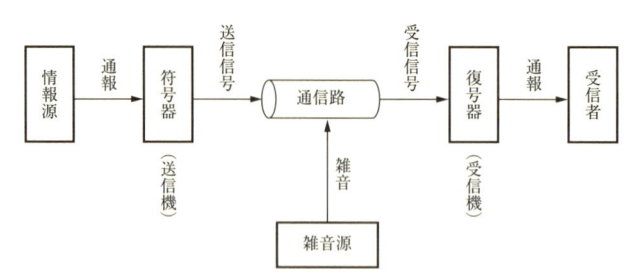

図 7-2　通信系のモデル例（シャノンによる）

①むだを省いて，速く送ること
情報量（データ容量）を圧縮して，単位時間当たりに送れる（書き込む）情報量，すなわちデータ伝送（転送）速度の高速化を図る．

②誤りがないこと
データを正確に送る（書き込む）ためには，誤りのないように念を入れる（冗長性を導入する）必要があるが，伝送効率（単位時間当たりに送られる意味のある情報量）が下がってしまう．逆に，あまり伝送効率を上げることばかりを考えると，どうしても誤りの混入が避けられないことも事実である．

③データを悪意の第三者から守ること
通信傍受や不正アクセスからデータを保護するために，基本的には暗号を利用する．

さて，現代のデータ通信の基礎をなす考え方を提唱した人はクロード・シャノン（米国の電気技術者・数学者，1916年生〜2001年没）であり，情報，通信，暗号，データ圧縮，符号理論など，現代の高度情報化社会に必須の分野の先駆的研究を残している．

まず最初に，実際の通信のようすを抽象化したものとして，シャノンが提案した通信モデル（図 7-2）に基づき，信号の変換処理プロセスを取り上げる．以下に，図 7-2 に含まれる各構成要素を簡単に紹介する．

- **情報源**

送りたい情報を発生する源のことをいう．情報源から出力される情報は，たとえば音声，映像，データなどのさまざまな形をとるが，一般にこれらは**通報**と称される．電話で話しているときの相手，すなわち送信者も情報源とみなせる．

- **符号器（または送信機）**

通報を通信路に送り出すときに，正確に受信できるような形の信号に変換して送り出す装置のことをいう．

- **通信路（または伝送路）**

  物理的に送信信号を通す**伝送メディア**（媒体）のことをいう．具体的には，光ファイバ，銅線などの**有線メディア**と空気中などの電波が伝搬する**無線メディア**に大別される．情報数学では，送信信号が雑音やひずみにより変換されて，送信信号とは異なる信号が受信されるというプロセスに注目し，この変換プロセスを条件付き確率として表すことにより数学的なモデルに抽象化される．

  光ファイバなどの通信ケーブルを利用する**有線通信**，大気中に電波をとばす**無線通信**の二つに大きく分けられる．

- **復号器（または受信機）**

  雑音やひずみの影響を受けて変形された信号を受け取り，元の通報の形に復元する装置のことをいう．

- **受信者**

  通報を受け取る人，あるいは機械装置（例えば，コンピュータ通信においてはコンピュータそのもの，ハードディスク，USBメモリなどの外部記憶装置）のことをいう．

- **雑音源**

  送信信号が通信路を通して伝送されるとき，雑音やひずみの妨害を受けて，受信信号は一般に送信信号とは異なったものとなる．この雑音やひずみを発生するものを総称して雑音源という．雑音やひずみは通信路の内部から発生することもあるし，外部から入ってくるものもあるが，これらを抽象化して雑音源としている．ここで，盗聴者の侵入も雑音と考えてよい．

  図7-2の通信モデルでは，符号器は情報源から発生した通報に応じて，それに対応する信号を送り出す．通信路に雑音がない理想的な通信においては，送信信号と寸分の違いもない信号が受信され，復号器によりもとの通報が復元されて受信者へ伝えられる．しかし，雑音がある実際の通信においては，送信信号と受信信号とが必ずしも同一になるとは限らない．

  なお，図7-2の通信モデルにおいて，

$$\begin{cases} 送信 & \Leftrightarrow \quad データ保存（書き込み）\\ 通信路 & \Leftrightarrow \quad データバス \\ 受信 & \Leftrightarrow \quad データの読み出し \end{cases}$$

などと対応づけて読み替えれば，データ記録のようすをモデル化できる．本書では，紙面の都合上，"データ通信"のみを取り上げて説明する．

7-2 情報伝送と周波数

　有線／無線によるデータ通信において，通信路（伝送メディア）の周波数特性の影響により信号の高周波成分が減衰して，情報に対応する受信信号は送信信号とは大きく異なる波形になり，もとの情報の復元は困難を極める．言い換えれば，通信路は一般に，ゆっくりした変化をする低周波成分の信号は通すが，高周波成分に対応する信号は通さない．そのため，通信時に発生する誤りは通信路の周波数特性の問題として片づけられる（図7-3）．

　このように，情報を送る通信路の周波数特性は，通信の発達，しいては情報理論の発展とも大いなる関わり合いを持つことになる．例えば，遠い宇宙のかなたからの非常に微弱の信号であっても，時間をかけてゆっくり送れば情報を受け取れるであろう（図7-4）．このことは，送信する時間と周波数特性の関係を暗示しており，使用できる周波数帯域を狭い範囲に制限するとなれば，送信する時間を長くすればよいことを意味している．

　以上のことをまとめてみると，
　　①情報伝送の効率の問題
　　②情報伝送の正確さの問題

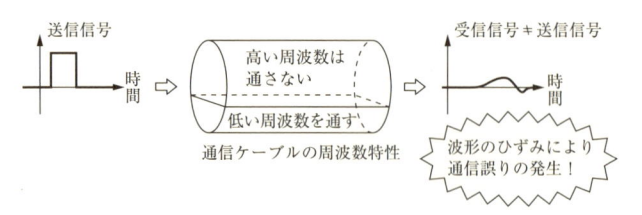

図7-3　通信ケーブルと通信誤り

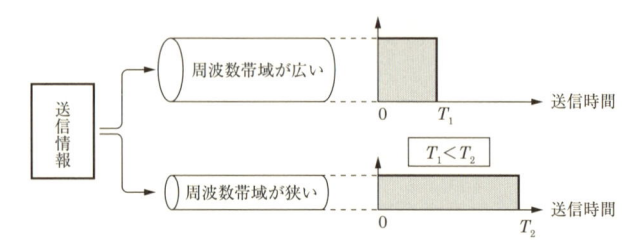

図7-4　周波数帯域（通信帯域）と送信時間

③雑音による影響を軽減する問題
④周波数特性の問題

などが，これまでに多くの技術者たちが研究開発してきたテーマであり，情報理論の発展や高度情報化社会の実現に貢献し得る多数の有用な成果が得られている（**コラム❽**を参照）．

コラム❽ [シャノンの限界と符号理論]

誤り訂正を可能にした研究分野は「符号理論」と総称され，1948年に発表されたシャノンが著した論文「通信の数学的理論」で示された **"シャノンの限界"** に端を発したとされる．結論として，シャノンの限界，すなわち理論上の伝送可能な伝送速度の上限値 R [bps，ビット/秒] は

$$R = B \log_2\left(1 + \frac{C}{\tilde{N}}\right) \tag{7.1}$$

ただし，B：伝送帯域幅 [Hz]
C：受信電力 [W]
$\tilde{N}$：雑音電力 [W]

で与えられる．例えば，4 [kHz] の伝送帯域幅において 6 [dB] の $C/\tilde{N}$（信号対雑音比，雑音電力に対する受信電力の比率を表す）とすると，$10 \log_{10}(C/\tilde{N}) = 6$ [dB] なので，

$$C/\tilde{N} = 10^{\frac{6}{10}} = 10^{0.6} \fallingdotseq 3.98$$

が得られ，式 (7.1) に基づき，シャノンの限界 R は，

$$R = 4000 \times \log_2(1 + 3.98) \fallingdotseq 9265 \text{ [bps]} \tag{7.2}$$

となる．つまり，4 [kHz] の伝送帯域幅で $C/\tilde{N} = 6$ [dB] の通信路では最大 9265 [bps] の情報が送れることを意味する．

7-3 エントロピーから見た"符号化と復号化"

　みなさんの中には，インターネット上のホームページに電話回線を介してアクセスしようとすると，なかなか画像が表示されなくてイライラしたとか，デジカメで取り込んだ写真画像や動画像をパソコンに格納すると瞬く間にハードディスクが満杯になって困ったとか，そういった状況に一度ぐらいは遭遇された人が多いのではなかろうか(**図**7-5)．こうした状況下では，通常ホームページや画像などの大量データに対して「高速にやりとりでき，記憶容量の節約も可能ならしめる高能率な符号」を導入する必要がありそうだ．

　まず，エントロピーの観点から，データ通信における符号化と復号化を整理することから始める(**図**7-6，**コラム❾**を参照)．ただし，**図**7-6では，エントロピー量の大小をアミカケした円の大きさで表している．ここで，もともと情報源(サウンド，画像)がもつエントロピーを**情報エントロピー**と名付けて，H_Mで表すことにする．

　さて，「サウンドや画像などの大量データを高速でやりとりする」ためには，情報エントロピー H_M が小さいほど，伝送に要する時間は短くて済むので，情報源のエントロピー圧縮(**情報源符号化**，**データ圧縮**ともいう)が必要不可欠である．

　情報源符号化は，情報源のもつ冗長度をできるだけ少なくする(情報エントロピーを極力小さくする)ための工夫であり，データ圧縮後の情報エントロピー H_I は，

$$H_M > H_I \tag{7.3}$$

を満たす．よって，圧縮したエントロピー ΔH，すなわち，

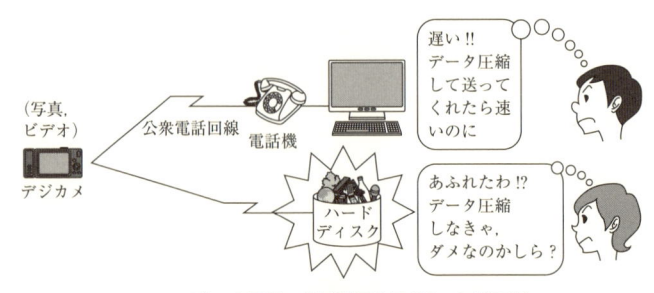

7-5　データ圧縮(情報源符号化)の必要性

```
            H_I + H_V
              =
              H_T                H_T - H_U
  ┌────┐   ○  ●  ┌────┐  ○   ┌────┐
  │情報│──→│    │→│通信│→│    │→│受信│
  │源  │H_M  H_I  路  H_U H_R  者  H_M
  └────┘            └────┘        └────┘
```

（データ圧縮）情報源符号化　通信路符号化　誤り検出／訂正符号系列　データの送信　通信路復号化（誤り検出／訂正）　情報源復号化

H_M：情報エントロピー
H_I：データ圧縮後の情報エントロピー
H_V：冗長エントロピー
H_T：送信エントロピー
H_U：通信路のあいまいエントロピー
H_R：受信エントロピー

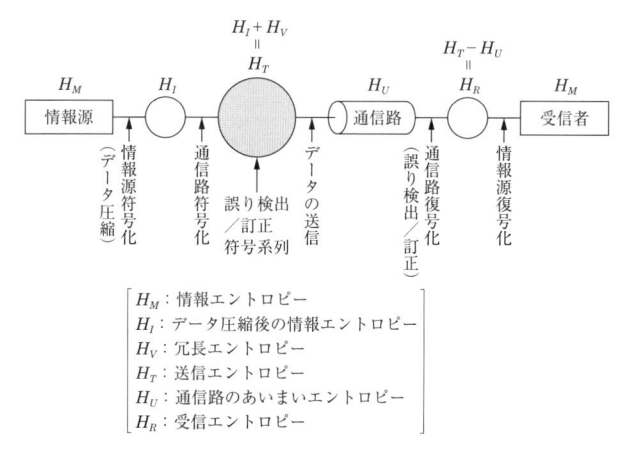

図7-6　雑音に対する符号化／復号化のエントロピー的な見方

$$\Delta H = H_M - H_I \tag{7.4}$$

が大きいほど，圧縮効率が高いと言える．

　これに対して，**通信路符号化**は信号伝送時に混入する雑音などによるデータ誤りを防止するための工夫である．実は，通信する際には，データ圧縮後の情報源がもつエントロピー H_I が，雑音の影響を受けて生ずる通信誤りに該当する**"あいまいエントロピー**H_U"だけ小さくなるので，「正確に」受信できない．

　そのため，雑音による"あいまいエントロピー"の減少分を補うために付加する（エントロピーを増やす）処理が必要になる．すなわち，情報源符号化された圧縮データに冗長さを付加し，その冗長さを積極的に利用して誤り検出／訂正する考え方を導入したのである．この考え方が通信路符号化であり，情報源符号化で主眼とした"冗長度を極力削り取ってしまう"という処理とは全く逆の異質のものであるといえる．

　だとすれば，「正確に」送れるようにするにはどうしたらいいのかと問えば，雑音の影響に相当する"H_U"より大きい冗長性 H_V（**冗長エントロピー**）を付加して送ればよいということになるだろう．そうすると，通信路に送出する時点の**送信エントロピー** $H_T (=H_I+H_V)$ に対して，受信側で得られる**受信エントロピー** $H_R (=H_T-H_U)$ を，

$$H_R > H_I, \ \ すなわち\ H_I + H_V - H_U > H_I \tag{7.5}$$

となるようにすればOKだ．つまり，

$$H_V（冗長エントロピー）> H_U（あいまいエントロピー） \tag{7.6}$$

で表される関係を満たすように，冗長エントロピーを付加する必要がある．

さらに，データ保護のためのセキュリティ対策として，**暗号化**が施されるが，基本的にエントロピーの増減はない．

このように，雑音の影響を排除して正しい送信データを得る処理が**通信路復号化**に該当し，**暗号の復号**（解読）した後，最終的にもとの情報に戻す（エントロピーを増やす）処理が**情報源復号化**ということになる．

一般に，情報源符号化におけるデータ圧縮では，各通報の発生確率に応じた可変長（符号長が異なる）符号となる（後述， 8-1 を参照）．これに対して，通信路符号化における誤り検出／訂正のできる符号の場合は，固定長（符号長が同じ）符号が原則となる（後述， 9-2 を参照）．

喩えとして，即席ラーメンを想像してもらいたい．もともとの情報（生ラーメン，ねぎ，肉など）を乾燥させたり，圧力をかけたりして非常に軽いものにしておけば，持ち運びに便利である．そしてお湯をさっとかければ，元どおりのおいしいラーメンが一丁上がりとなる．

この一連の即席ラーメンを作ってから食するまでのプロセスが，符号化／復号化というわけ．まず，食品工場で即席ラーメンを製造するプロセスが「**符号化**」で，その逆の操作"お湯をかけてラーメンに戻す"プロセスが「**復号化**」とすればイメージしやすい（**図7-7**）．

また，同じ時間をかけて情報をやりとりするには，情報源のもつエントロピーが大きいときは，それを送るために必要となる通信路の容量は大きくならざるを得ないし，他方エントロピーが小さいときは容量も小さくて済むことが想像される．

具体的数値例を挙げておこう．いま，100 [bit] の情報源を 10 [秒] で送る場合

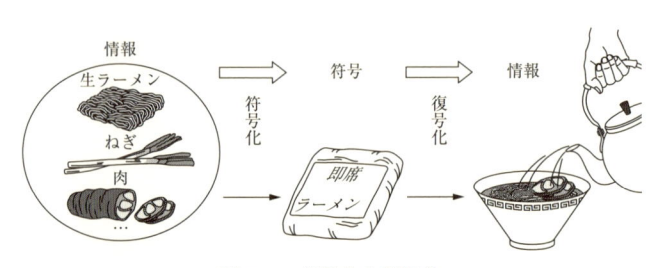

図7-7　符号化と復号化

図 7-8 通信容量の違い

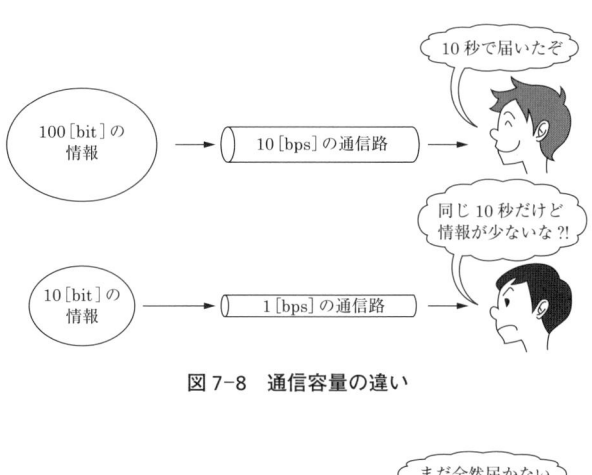

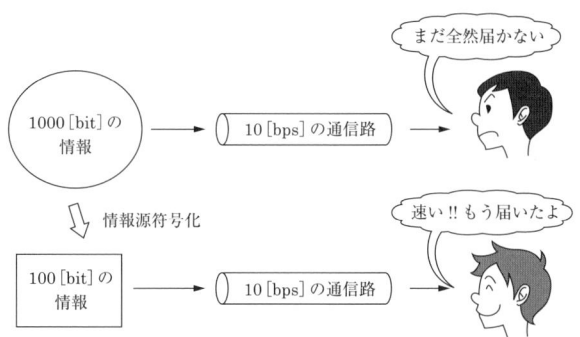

図 7-9 情報源符号化の実力はすご～い！

は 10[bps, ビット/秒] の通信路が必要になるし，10[bit]の情報源に対しては 1[bps] の通信路で間に合う（**図 7-8**）．

また，1000[bit] の情報源を 10[bps] の通信路を使って，たったの 10[秒] で送るには，情報源符号化によって 100[bit] にデータ圧縮してしまえばよいということも容易にわかってもらえよう（**図 7-9**）．

コラム9 [情報とエントロピー]

「エントロピー（entropy）」は「乱雑さ」「不規則さ」「不確実さ」などといった概念を表し，1865年にルドルフ・クラウジウス（ドイツの物理学者，1822年生〜1888年没）がギリシャ語の「変換」を意味する言葉を語源として，熱力学における気体のある状態量（統計力学では，微視的な状態数の対数に比例する量として表される）として考えたものである．

また，1929年にはレオ・シラードが，気体についての情報を観測者が獲得することと，統計力学におけるエントロピーとの間に直接の関係があることを示し，現在1ビット（あるいは1シャノン）とよぶ情報量が統計力学での $k \log_e 2$ に対応するという関係を導いていた．ただし，$k=1.38 \times 10^{-23}$ [J・K^{-1}] はボルツマン定数である．

現在の情報理論におけるエントロピーの直接の導入は，1948年のクロード・シャノンによるもので，その著書『通信の数学的理論』の中でエントロピーの概念を情報量の期待値に拡張し，情報源がどれだけ情報をもっているかを測る尺度として平均情報量（エントロピー）を定義した．情報源の N 種類の通報の出現確率を $\{p_k\}_{k=1}^{k=N}$ とするとき，平均情報量 H は，

$$H = -\sum_{k=1}^{N} p_k \log_2 p_k \quad [\text{ビット}] \tag{7.7}$$

で与えられる．なお，等確率のとき（通報がランダムに発生し，予測できない場合）に平均情報量は最大値をとり，出現確率の偏りが大きくなるにともない，ある通報に続く通報をある程度予測ができるために平均情報量は小さくなる．

7-4 誤り検出と誤り訂正

地デジ，携帯電話に代表されるディジタル通信の優れた伝送能力（雑音の影響を受けにくい）を実現する上で欠かせない技術の一つに「誤り検出／訂正」がある．

雑音による誤りには，例えば2進データであれば，

$$\begin{cases} 0\text{を}1\text{に誤る} \\ 1\text{を}0\text{に誤る} \end{cases}$$

という2種類があり，これらの誤りに対する処理の仕方は，大きく二つに分けられる．

・誤り検出

誤りが発生したことがわかればよい

↓（対処法）

送信側に再度送信を要求する

・誤り訂正

誤りが発生した箇所（ビット位置）を特定できる

↓（対処法）

誤りビットを反転すればよいので，1は0，あるいは0は1に修正することによって，自動的に誤り修正が行われる

このように，誤り検出だけでなく，誤り訂正の機能もやってくれる符号が望ましいのは事実であるが，誤り訂正をするためにはどうしても符号全体が長くなり伝送効率が低下するため，実用上は通信路特性や使用目的に応じて使い分けていく必要がある．ここで，誤りを検出するものは**誤り検出符号**，誤りを正しく直せるものは**誤り訂正符号**と呼ばれる．

一般に受信データの誤りを検出／訂正して，正しいデータを復元するためには，送信時において情報データに特殊な規則を適用することにより，冗長な検査データを付加して符号語を構成する（図7-10）．送信側で検査データを付加することを符号化（coding）といい，特殊な規則（**符号化アルゴリズム**）に基づいて作成される．ただし，図7-11のようにディジタル・データをアナログ信号波形に変換するために**変調器**が入るのが普通である．

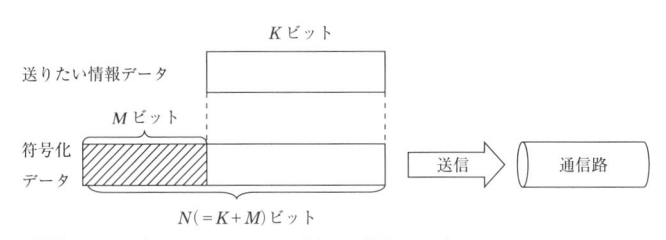

図7-10　冗長な情報を付加した誤り検出／訂正の符号構成例

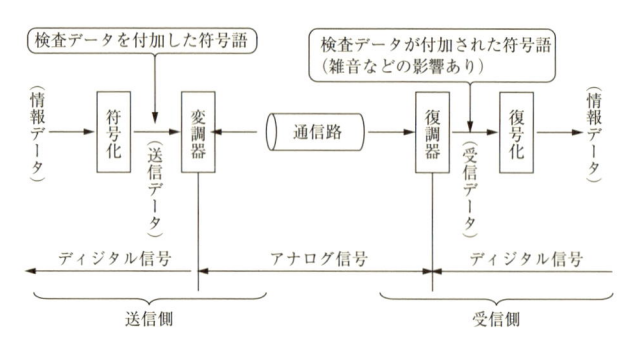

図 7-11　符号化／復号化を含めた通信における伝送モデル例

　一方，通信路を介して受信したアナログ信号波形（誤りを含む）は，**復調器**でディジタル・データに変換された後，送信時の符号化における特殊な規則の逆操作（**復号化アルゴリズム**）を使って，**復号化**（decoding）と呼ばれる誤り検出／訂正を行う（図 7-11）．

第8章 音・画像の"小は大を兼ねる"信号処理

現在，インターネットによる音楽や映画配信，デジカメ，メモリ・オーディオ・プレーヤなどでは，膨大なディジタル・データが利用される．そのため，「高速にやりとりでき，記憶容量の節約も可能にするような高能率な符号」を導入して，音楽や映画のデータ量を極力小さくすることが求められている．

本章では，音・画像に含まれる冗長な部分を取り除き，データ量を削減する主要な圧縮手法を取り上げる．

8-1 データ圧縮のための符号化

データ圧縮とは，もとのデータのビット列（文字列）を，より小さなビット列に変換（符号化）して，データ量を削減することである．圧縮の基本的な考え方は，**5-4** で紹介済みで，洒落た言い方をすれば，小さなデータ量で大量の音・画像を表現する，通常の"大は小を兼ねる"ではなく，本章のテーマ"小は大を兼ねる"信号処理である．

データ圧縮には，元のデータを完全に復元する**可逆圧縮**と，そうでない**非可逆圧縮**の二つに分けられる（表8-1）．

一般に，非可逆圧縮のほうが高い圧縮率が期待できるが，その主な理由は，「可逆圧縮では，原データと復元後のデータが完全に一致しなければならないのに対して，非可逆圧縮では，復元後のデータに多少の情報の欠落を許しているため，圧縮効率を高めるための自由度が高いこと」である（図8-1）．

表8-1　画像データの圧縮：可逆圧縮と非可逆圧縮

方式	説明
可逆圧縮	テキスト，2値画像，静止画像，医療用診断画像，高精細画像，プログラムやオブジェクト・コードなどのバイナリ・データ，高品質オーディオ
非可逆圧縮	静止画像（JPEGなど），動画像（MPEGなど），音声や楽曲（MP3など）

第8章 音・画像の"小は大を兼ねる"信号処理

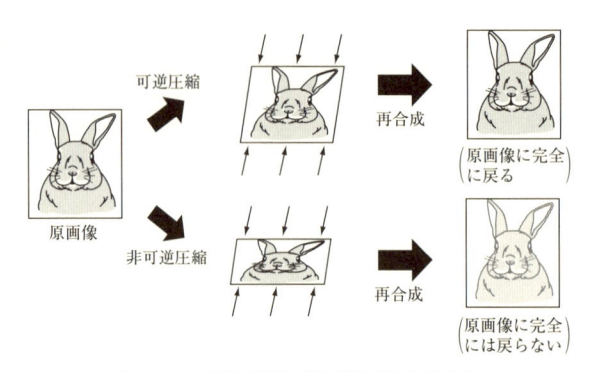

図 8-1 可逆圧縮と非可逆圧縮の概念図

　例えば，医用診断画像や高精細画像などにおいては，画質劣化のまったくないデータ圧縮，すなわち"可逆圧縮"が必要とされる．これに対して，静止画像圧縮のJPEGや動画像圧縮のMPEGなどでは，画質をある程度犠牲にする代わりにデータ量を大幅に削減して通信時間ないしメモリ量を節約するために，DCT（Discrete Cosine Transform；離散コサイン変換，DFTの実数成分に相当）やウェーブレット変換などの直交変換が広く利用されている．このように，「少々の劣化があっても，実用上さしつかえなければよい」とする考え方に基づくものは"非可逆圧縮"と呼ばれる．

　以上より，データ圧縮のための符号化には，完全に元通りのデータに戻せる可逆圧縮用の「**可逆符号化**」と，戻せない非可逆圧縮用の「**非可逆符号化**」がある．

　可逆符号化では，主としてデータの統計的な性質を利用して圧縮する．すなわち，ある値が非常に多いとか，続けて同じような値がよく出てくる（直流的な低い周波数成分が多い）などという性質である．この性質による圧縮向きの符号には，後述するランレングス符号やDPCM（Differential Pulse Code Modulation，差分PCM），可変長符号がある．

　これに対し，非可逆符号化ではデータの情報の一部を削った"まやかし"圧縮を実行する．例えば，画像データ圧縮では，人間の目につきにくい高周波成分を落とすなど，視覚的に目立たない情報だけをうまく削るようにする．また，音データ圧縮では，人間の耳で知覚しにくい音を落とすなど，聴覚的に鈍感な音だけを巧みに消し去っている．

　それでは，データ圧縮に有用な可逆符号化の代表的なものを紹介しておこう（**5-4**を参照）．

◆ ランレングス符号化 (連長符号化)

いま，"1"と"0"の二つの値しかとらない2値データの圧縮法を考えてみる．代表的な手法として**ランレングス符号化** (RLE; Run Length Encoding) があり，連続する"1"の個数，あるいは"0"の個数を一つの符号として表すものである．つまり，連続した同じ値のものをまとめて，その連なりの長さ（連長）で符号化する方法で，**連長符号化**と呼ばれることもある．

例えば，次の2進データをランレングス符号で表してみよう．

111111111011111100111111111110

このデータは30個の"1"または"0"からできているので，そのまま符号化すると30ビットになる．ランレングス符号化では，次に示すように連続する"1"または"0"をまとめ，表8-2より6個のランレングス符号として表す．

```
                ("0"が1個)    ("0"が2個)        ("0"が1個)
      | 111111111 | 0 | 111111 | 00 | 11111111111 | 0 |  (計30ビット)
      ("1"が9個)   ("1"が6個)    ("1"が11個)
         1010      0000   0111   0001     1100       0000  (計24ビット)
```

よって，ランレングス符号は4ビットずつで6個なので，合計24ビットになり，圧縮しないで表現するよりも少ないビット数で済むことがわかる．なお，圧縮効率 η は，

$$\eta = \frac{(\text{圧縮後のデータ量})}{(\text{圧縮前のデータ量})} \tag{8.1}$$

で定義され，$\eta = \dfrac{24\text{ビット}}{30\text{ビット}} = 0.8$ となる．

このようにランレングス符号を利用すると，複数のデータをまとめて符号化することでデータ圧縮できることから，できるだけ同じ値が連なるような工夫をするとよい．実際，後述する画像データ圧縮におけるジグザグスキャンは，ランレングス符号を基礎にしたものである．

◆ 予測符号化 (差分PCM，DPCM)

この符号化では，符号化する信号の近くの値は同じような値を採る（少ししか値

表 8-2 ランレングス符号の例

データ値															符号			
													0		0	0	0	0
												0	0		0	0	0	1
												1	("1"×1 個)		0	0	1	0
											1	1	("1"×2 個)		0	0	1	1
										1	1	1	("1"×3 個)		0	1	0	0
									1	1	1	1	("1"×4 個)		0	1	0	1
								1	1	1	1	1	("1"×5 個)		0	1	1	0
							1	1	1	1	1	1	("1"×6 個)		0	1	1	1
						1	1	1	1	1	1	1	("1"×7 個)		1	0	0	0
					1	1	1	1	1	1	1	1	("1"×8 個)		1	0	0	1
				1	1	1	1	1	1	1	1	1	("1"×9 個)		1	0	1	0
			1	1	1	1	1	1	1	1	1	1	("1"×10 個)		1	0	1	1
		1	1	1	1	1	1	1	1	1	1	1	("1"×11 個)		1	1	0	0
	1	1	1	1	1	1	1	1	1	1	1	1	("1"×12 個)		1	1	0	1
1	1	1	1	1	1	1	1	1	1	1	1	1	("1"×13 個)		1	1	1	0
1	1	1	1	1	1	1	1	1	1	1	1	1	("1"×14 個)		1	1	1	1

が違わない）ことが多いという性質を利用している．DPCM では，その少しの値の違い（**差分**という）を，言わばバケツリレーのように次々に渡して符号化する．

一般に DPCM では差分を小さくするために，符号化する信号の近くの値を使って予測値を算出する．この予測値が符号化する信号値に近いほど，予測誤差（予測値と信号値の違い）は 0 に近い値を採るはずだから，データ圧縮の効率が高まる．

例えば，画像データは 2 次元行列と同様に画素値で表されるが，符号化する信号を x とし，近傍の画素値（A, B, C, D, E）を用いて予測値 $\hat{x}$ をはじき出すのである（**図 8-2**）．そして，予測値 $\hat{x}$ と信号値 x との差分 $\Delta x = x - \hat{x}$ を符号化するのが DPCM であり，差分は予測誤差に等しい．このとき，よく使われる予測関数を以下に挙げておくが，画像の種類，処理内容などによって使い分けることになる．

① $\hat{x} = E$ (8.2)

　（「左の画素と同じ」と予測）

② $\hat{x} = \dfrac{B + E}{2}$ (8.3)

　（「真上と左の画素の平均」と予測）

③ $\hat{x} = E + \underbrace{(B - A)}_{\Delta x} = E + B - A$ (8.4)

　（「左上と真上の画素の増分 $\Delta x = B - A$ が同じ」と予測）

④ $\hat{x} = \dfrac{C + E}{2}$ (8.5)

予測① $\hat{x} = E$

予測② $\hat{x} = \dfrac{B+E}{2}$

予測③ $\hat{x} = E + B - A$

予測④ $\hat{x} = \dfrac{C+E}{2}$

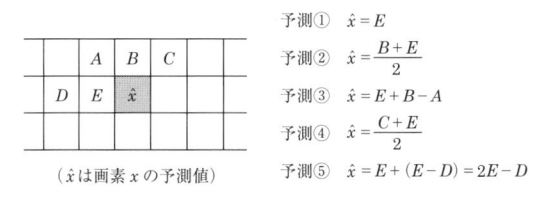

予測⑤ $\hat{x} = E + (E-D) = 2E - D$

($\hat{x}$は画素xの予測値)

図8-2　予測に用いる画素の位置と予測関数（符号化する画素 $\hat{x}$）

(「右上と左の画素の平均」と予測)

⑤ $\hat{x} = E + \underbrace{(E-D)}_{\Delta x} = 2E - D$ (8.6)

(「最左端と左の画素の増分 $\Delta x = E - D$ が同じ」と予測)

◆ 可変長符号化（ハフマン符号化）

　DPCM したことによって，差分（予測誤差）データの中によく現れる値とそうでないものが生じ，一般に 0 を中心に鋭いピークを有する**ラプラス分布**になることが知られている（図8-3）．すなわち，0 に近い値は頻繁に出てくるが，大きな値はめったに出てこない．そこで，出現確率に大きな偏りが見られることから，よく現れる値に短い 2 進符号（少ないビット数）を割り当てることによって，全体のデータ量を削減するのである．このようにすることで，データの出現確率によって符号の長さが変わるので，**可変長符号**と呼ばれる．一方，符号の長さがすべて同じものは，**固定長符号**という．

　このように，出現確率が高い値には，より短い 2 進符号を割り当てる符号化は，

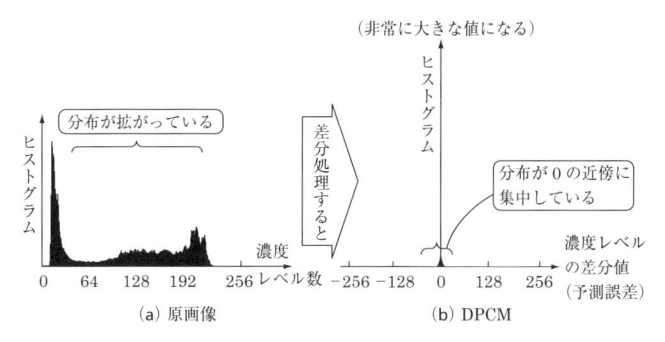

図8-3　DPCM による濃度ヒストグラムの変化例（白黒レベル0〜255）

エントロピー符号化ともいい，さらなる圧縮効率の向上が図れる．エントロピー符号化は，符号化すべき値の出現確率の対数の絶対値に比例する符号の長さをもつ可変長符号をその値に割り当てることによって行われる．ただし，エントロピー符号化は可逆圧縮なので，画質の劣化は生じない．

さて，可変長符号の代表的なものに**ハフマン符号**がある．具体的数値例を示そう．いま，四つの情報（a, b, c, d）の発生確率が，

$$p_a = 11/16, \quad p_b = 1/8, \quad p_c = 1/8, \quad p_d = 1/16$$

とするとき，ハフマン符号は，

$$a \Leftrightarrow \text{``0''}, \quad b \Leftrightarrow \text{``10''}, \quad c \Leftrightarrow \text{``110''}, \quad d \Leftrightarrow \text{``111''} \tag{8.7}$$

で与えられる．なお，固定長符号は2ビット表現なので，

$$a \Leftrightarrow \text{``00''}, \quad b \Leftrightarrow \text{``01''}, \quad c \Leftrightarrow \text{``10''}, \quad d \Leftrightarrow \text{``11''} \tag{8.8}$$

となる．

それでは，次のデータをハフマン符号で表してみよう．

	aaaaaabaabcaacad	16個のデータ
固定長符号	00000000000010000011001011001 11	
		計32ビット
ハフマン符号	000000100010110001100111	計24ビット

固定長符号の場合，16個のデータに対して合計32ビットが必要である．これに対して，ハフマン符号では24ビットで済み，圧縮効率 η は，

$$\eta = \frac{24 \text{ビット}}{32 \text{ビット}} = 0.75$$

となる．なお，ハフマン符号は非常に圧縮効率が優れているので，**最適符号**とか**コンパクト符号**と呼ばれる．

8-2 画像データの圧縮：JPEG, MPEG

静止画像はJPEG，動画像はMPEGと呼ばれるデータ圧縮が知られているが，ここでは画像のデータ圧縮の主要な要素技術を紹介する．

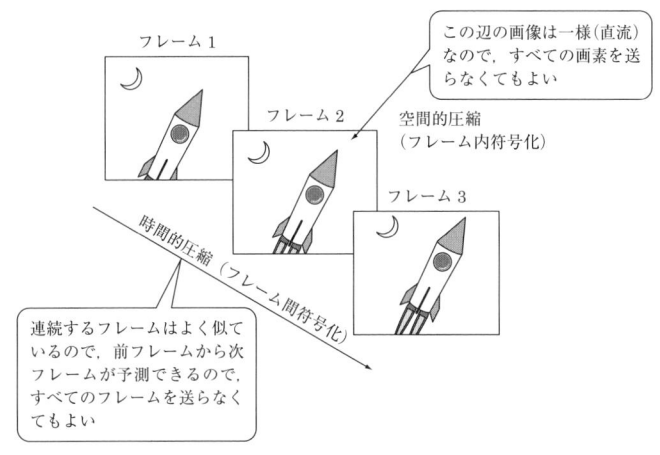

図 8-4　画像データ圧縮の考え方

　さて，動画像はパラパラ漫画（紙などの端一つ一つに少しずつずらした絵を描き，端を素早くめくることにより，残像で絵が動いて見える漫画のことで，アニメーション手法の一つ）のように，少しずつずらした静止画像を連続させて時間の流れを表現することにより動いているように見える．ここで，動画像を構成する静止画像1枚分を**フレーム**と呼ぶ．

　動画像圧縮では，図 8-4 に示すように，1枚ごとのフレーム（静止画像，空間的という），およびフレームの時間的な経過に対する冗長な部分を取り除くことにより，データ量の圧縮を実現する．なお，1枚の静止画像に対する処理を"**フレーム内**"，複数のフレームをまたがる時間的な経過に対する処理を"**フレーム間**"という．

　フレーム内符号化は，静止画像を1枚ごとにデータ圧縮する方法であり，代表的なものとして，予測符号化と変換符号化を取り上げる．

◆ フレーム内予測符号化／復号化

　静止画像を，縦横2次元の画素値を配した行列と考えて，直接的に圧縮する予測符号化である（図 8-5）．予測関数には前述の図 8-2 のような種類があり，最も単純なものは一つ前の画素をそのまま次の画素の予測値［式 (8.2)］として使う差分 PCM（DPCM）である．この方法では，画像の横方向の相関だけを利用することによって，原画像データより小さい値の予測誤差を得て，データ量を小さくすることができる．しかし，画像は2次元なので縦と横の両方向に相関がある．そこで，

第8章 音・画像の"小は大を兼ねる"信号処理

図8-5　予測符号化／復号化

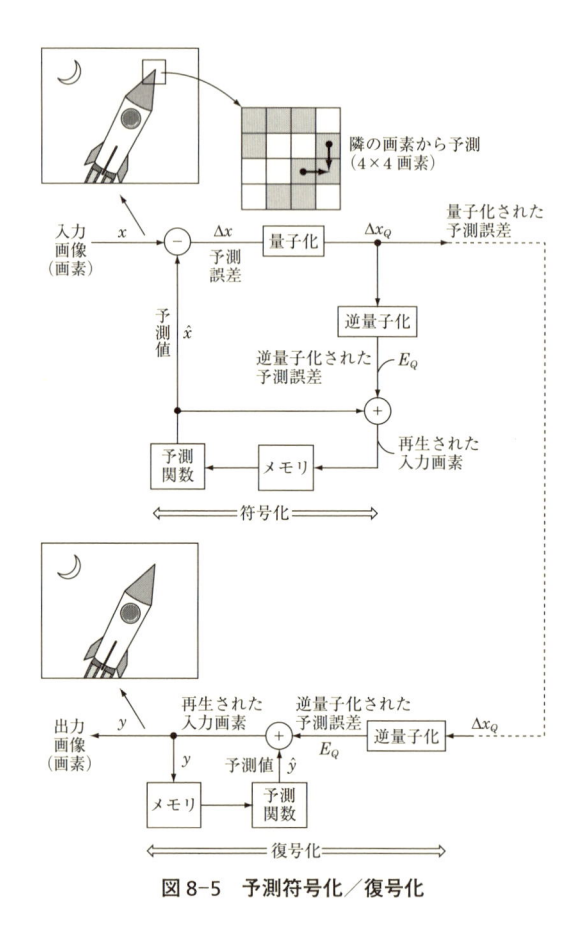

縦方向の予測［式(8.3)〜式(8.6)］も取り入れたほうがより予測値が正確になって，予測誤差をより小さくできるので圧縮効率が高くなる．

前述の予測や直交変換（DCT, 後述）によって算出された信号は，もともとのデータ量に比べて削減されているが，その削減率は十分ではない．そこで，**図8-5**の中の量子化が，予測誤差のデータ量をさらに削減するために用いられる．

量子化の計算を例示してみよう．いま，値が"45"で**量子化ステップ** $Q = 16$ とするとき，

$$45 \div 16 = 2 \text{ 余り } 13 \tag{8.9}$$

となることに基づき，値"45"を商"2"で表すことを**量子化**という．

逆に，量子化後の値"2"に量子化ステップ $Q=16$ を乗じて，

$$2 \times 16 = 32 \tag{8.10}$$

となる計算を**逆量子化**といい，元の値"45"と逆量子化した値"32"の差"13（= 45−32）"は**量子化誤差**と呼ばれ，式 (8.9) の余り"13"に相当する（**コラム⓾**参照）．このように，量子化ステップの倍数で表す処理が量子化（ビット数を減らすことに相当）であり，"45（2けた）"が"2（1けた）"で表せることから，けた数と数値の大きさを小さくできる．なお，量子化ステップの値が大きい値ほど，粗い量子化となる．

コラム10 column ［視覚の死角？を利用する"量子化"］

人間の視覚特性として，大きな変化（すなわち，予測誤差が大きい）ところでの誤差は多少大きくても目立たず，逆に変化の緩やかな領域での誤差は非常に目につきやすいという特徴がある．この**"視覚の盲点"**を逆手にとって，予測誤差の絶対値が小さい画素については細かく量子化を行い，大きい画素については粗く量子化を行う（表8-3）．

表 8-3 量子化の例

(a) 一様でない量子化特性

予測誤差値 Δx	量子化値	逆量子化値
$0 \leq |\Delta x| < 5$	0	0
$5 \leq |\Delta x| < 20$	1	12
$20 \leq |\Delta x| < 50$	2	35
$50 \leq |\Delta x| < 256$	3	70

[Δx が負の場合，量子化値にマイナス(−)を付ける]

(b) 一様な量子化特性（量子化ステップ $Q=40$ の場合）

予測誤差値 Δx	量子化値	逆量子化値
$0 \leq |\Delta x| < 40$	0	0
$40 \leq |\Delta x| < 80$	1	40
$80 \leq |\Delta x| < 120$	2	80
$120 \leq |\Delta x| < 160$	3	120
$160 \leq |\Delta x| < 200$	4	160
$200 \leq |\Delta x| < 240$	5	200
$240 \leq |\Delta x| < 256$	6	240

[Δx が負の場合，量子化値にマイナス(−)を付ける]

> 表8-3(a)は量子化ステップが一様でない非線形量子化，表8-3(b)は量子化ステップが同じで，線形量子化（あるいは一様量子化）という．
>
> このように量子化は，劣化の目立ちにくい領域に誤差を集中させることによって，画像全体としての画質向上を狙う手法である．
>
> 量子化は非可逆圧縮なので，データ量は減らせるが，復号した画像に，絵がぼやけたり，ものの形がゆがんだり，"擬似輪郭"と呼ばれる不自然な線が出たりして画質が劣化してしまう．そのため，人間の視覚特性とも関連づけて画質劣化の少ない方法がいろいろと提案されている．

以上の基本処理に基づき，式（8.2）の横方向の一つ前の画素との相関のみによる予測値を利用する差分PCMを例に採り，量子化ステップをQと表すとき，図8-5の符号化／復号化の信号処理のようすを簡単にまとめておこう．

・**符号化**

図8-2を参考に，入力画素の値をx，一つ前の画素の量子化された値E_Q（メモリに格納されている）とする．まず，予測値$\hat{x}$は式（8.2）より，

$$\hat{x} = E_Q \tag{8.11}$$

となるので，予測誤差Δxは，

$$\Delta x = x - \hat{x} = x - E_Q \tag{8.12}$$

で与えられる．なお，予測誤差Δxを量子化して圧縮データΔx_Q値を逆量子化した値E_Qとして，

$$E_Q = Q \times \Delta x_Q \tag{8.13}$$

を算出し，メモリに格納する．この一連の信号処理を繰り返して，予測符号化の完成となる．

・**復号化**

符号化の逆操作であり，圧縮データΔx_Qを逆量子化，すなわち式（8.13）よりE_Qを算出する．メモリには一つ前の画素の復元された値$\hat{E}$が格納されているので，一つ前の画素のみによる予測値$\hat{y}$として$\hat{y} = \hat{E}$であるから，出力画素の値yは，

$$y = \hat{y} + E_Q = \hat{E} + E_Q \tag{8.14}$$

となり，メモリに格納する．この一連の信号処理によって，予測復号化が行われる．

◆ フレーム内変換符号化

ところで，身の周りにある自然な画像データは，隣り合う画素間の変化は少なく，画素間の相関はかなり高い．見方を変えると，単位距離当たりの変化の回数で表される周波数に関して，直流近傍の低い周波数成分（模様がない，色の変化がほとんどない）が多く，高い周波数成分（細かいしま模様，色柄が不規則に変わる）が少ないという特徴がある．

こうした画像の周波数成分の偏りを積極的に利用するためには，画像を周波数成分に分解する必要がある．そこで華々しく登場するのが，DCTやウェーブレット変換などの直交変換である．

直交変換によって，相関のある画像を周波数成分に分解すると，低周波成分は大きな値をもつが，高周波成分はほとんど0になるのだ．すなわち，変換後の周波数成分の分布は，直流成分をピークとする偏りがあるので，直流成分とそれ以外の周波数成分（交流成分といい，しま模様の細かさに相当）に分けて，それぞれに最適なデータ圧縮を考える．具体的には，

直流成分：「差分PCM，エントロピー符号化」
交流成分：「量子化，エントロピー符号化，ランレングス（連長）符号化」

である．ここで，直流成分をDC(Direct Current)成分，交流成分をAC(Alternating Current)成分と略記することもある．

さらに，交流成分の高周波成分（画像では，細かいチェック柄をイメージするとわかりやすい）については，量子化ステップを大きくして粗い量子化をしても低周波成分ほど劣化が目立たないと人間の目の性質を利用してデータ圧縮している．

それでは，4×4画素の画像を例に，図8-6に基づき，データ圧縮処理のようすについて，順を追って説明しよう．

① 直交変換による周波数分解

直交変換の概念図を図8-7に示す．直交変換された結果から，画像が16個の基底画像（縦じま，横じま，格子じま）と呼ばれる周波数成分とその変換係数（a_0, a_1, a_2, …, a_{15}）の積の総和で表される．16個の変換係数は図8-7の下段に示すように，4×4の行列となり，a_0が直流成分．これ以外のa_1〜a_{15}が交流成分に該当

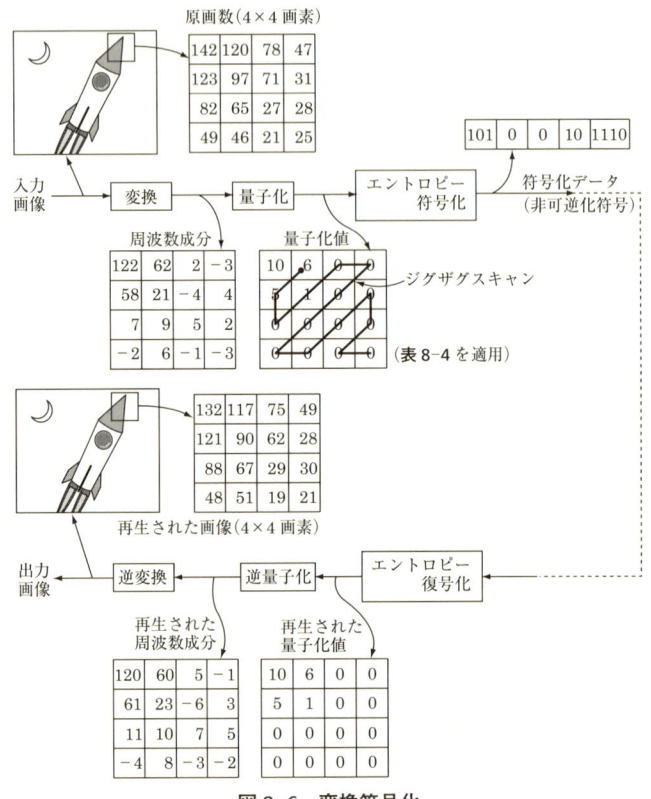

図 8-6　変換符号化

する.

② 量子化

　変換係数の各要素に対して，低周波成分は細かな量子化，高周波成分は粗い量子化をするために，**表 8-4**のような**量子化テーブル**（変換係数が表す周波数成分ごとに適用する量子化ステップ）を適用する.

　量子化後の変換係数を $(\tilde{a}_0, \tilde{a}_1, \tilde{a}_2, \cdots, \tilde{a}_{15})$ と表すとき，画像の高周波数成分がほとんど 0 になることを利用して圧縮効率を高めるため，交流成分 $\tilde{a}_1 \sim \tilde{a}_{15}$ の順に並べて（**ジグザグスキャン**，あるいは**ジグザク走査**という），0 が長く連なるような工夫をする.

③ エントロピー符号化（差分 PCM，ハフマン符号，ランレングス符号）

　直流成分は各フレームの $\tilde{a}_0$ を順に並べて，差分 PCM 符号化を行う．一方，交

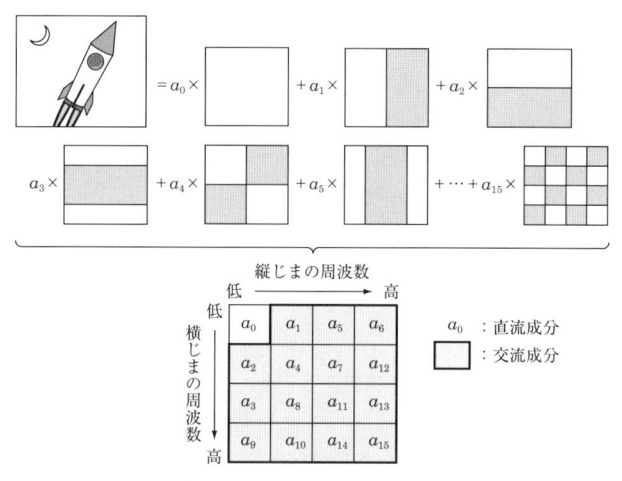

図8-7 直交変換による周波数分解の概念（4×4画素）

表8-4 量子化テーブル例（4×4画素）

12	10	18	35
10	15	40	70
18	30	85	100
40	80	90	110

流成分については $\tilde{a}_1 \sim \tilde{a}_{15}$ の順にジグザグスキャンした並びに対して，ランレングス符号化とハフマン符号化を行う．

④ エントロピー復号化
③の逆で，量子化後の変換係数 $(\tilde{a}_0, \tilde{a}_1, \tilde{a}_2, \cdots, \tilde{a}_{15})$ を復元する．

⑤ 逆量子化
②の逆で，量子化テーブルに基づき，量子化後の変換係数 $(\tilde{a}_0, \tilde{a}_1, \tilde{a}_2, \cdots, \tilde{a}_{15})$ から変換係数 $(\hat{a}_0, \hat{a}_1, \hat{a}_2, \cdots, \hat{a}_{15})$ を復元する．復元された周波数成分を表す変換係数 $(\hat{a}_0, \hat{a}_1, \hat{a}_2, \cdots, \hat{a}_{15})$ は，①で算出される変換係数 $(a_0, a_1, a_2, \cdots, a_{15})$ に一致せず，量子化誤差の発生が避けられない．

⑥ 直交変換の逆変換による画像復元

⑤の周波数成分を逆変換して，画像を復元する．ただし，復元した画像は量子化処理を経ているので，画質の劣化が見られる．

◆ フレーム間予測符号化

動画像に対してのデータ圧縮であり，画像をフレーム単位で扱う必要があり，図8-5の中のメモリをフレーム全体の画像を保持するものとすればよい．

したがって，時間的に前のフレーム画像を予測画像とし，現在のフレーム画像との差分（予測誤差）を求め，符号化を行う．その結果，差分は現在のフレームの各画素値から，前（予測）のフレームの各画素値を差し引いて算出される（図8-8）．

図8-8では，前のフレームの画素値が"200"の領域（太い実線で囲まれた領域）が，現在のフレームでは2画素分だけ右に移動したとすれば，その差分は移動した領域において画素値が"±50"になり，その他の領域は"0"になる．よって，画素値の差分（予測した値との誤差分）は，現在のフレームの画素値に比べて小さくなり，画素値の差分を符号化することで，データ量をかなり削減できることが理解される．

◆ 動き補償フレーム間予測符号化

動き補償とは，時間的に前のフレームと現在のフレーム間の動きを検出して，前のフレームに対して検出した動きを上乗せして予測フレームの精度を高める処理である（図8-9）．

図8-9では，画素値が"200"の領域（太い実線で囲まれた領域）の動きから，「右に2画素分だけ移動した」という情報（**動きベクトル**）をキャッチすることから

現在フレーム					前(予測)フレーム					差分			
150	150	150	200		150	200	150	150		0	−50	0	50
150	150	150	200	−	150	200	150	150	=	0	−50	0	50
150	150	150	200		150	200	150	150		0	−50	0	50
150	150	150	200		150	200	150	150		0	−50	0	50

2画素分だけ右へ移動

図8-8 フレーム間予測差分の例

図8-9　動き補償フレーム間予測差分の例

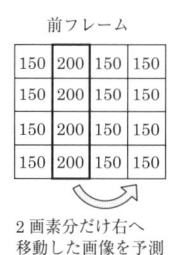

始まる．次に，動きベクトルを利用して，現在のフレームも考慮して，画素値が"200"の領域を2画素だけ移動した予測フレームを準備するのである．

以上より，動きベクトルによる動き補償した予測フレームと現在のフレームとの差分（誤差分）はすべて"0"になって，動き補償がない単純な予測符号化（図8-8）に比べて，さらなる圧縮効率が期待できる．

8-3　音データの圧縮：MP3

音（音声を含む）のデータ圧縮には，大きく分けて二つの方法がある．一つは，信号の統計的な偏りを利用して，音情報の損失がない形で符号化する方法である．これは，画像のデータ圧縮にも用いられている「エントロピー符号化（可変長符号化）」である．

もう一つは，音を聴く人間の聴覚の死角をついた方法で，聴覚の感度の低い"ごまかし"可能な音を省略してデータ量を削減する方法で，知覚符号化と呼ばれる．**知覚符号化**では，原音と再生音は厳密には違っているにもかかわらず，人間の耳で聞く場合には同じに聞こえるという特性を持っている（**コラム⓫参照**）．

コラム11 [聴覚の死角？を利用する"知覚符号化"]

人間の聴覚特性として，
① 静寂時に聴覚が検知できる音の最小レベルは周波数に依存する
② ある音が存在すると，それに周波数の近い他の音が検知できなくなる（音で音が隠される）

の二つの性質が知られている．実は，二つの"聴覚の心理的な性質"によって，より少ない情報量で人間に聞こえる音も再現できることに着目したデータ圧縮が，知覚符号化なのである．

こうした聴覚心理の基本的な性質は1970年代にすでに明らかにされていたことだが，現在の信号処理技術の急速な進歩によって，現実のものになってきたと言える．以下，静寂時の最小可聴限界と"音を隠す"マスキング効果を取り上げて説明する．

① 最小可聴限界

音が他にない場合（静寂時）に聴覚が検知できる音の最小レベルのことで，聞き取ることのできる雑音の限界に関係する．図8-10に示すように，最小可聴限界は音の周波数（高低）に依存し，図中のAのように最小可聴限界より大きいレベルの音は聞き取れるが，Bのように最小可聴限界より小さいレベルの音は聞き取れない．したがって，最小可聴限界を超えた

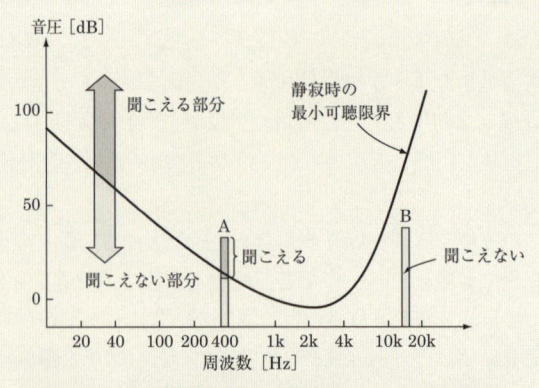

図8-10 知覚が検知できる音の最小レベルと周波数

音の部分だけを符号化すればよく，これより小さいレベルの音は存在してもしなくても人間の耳にとっては同じなので，無視（データ量が削減）できる．

② **マスキング効果**

特定の音が聞こえるかどうかは，同時に聞いている周りの音（背景雑音など）に大きく左右される．例えば，静かな環境ではせせらぎの音は聞こえるが，嵐の中ではまったく聞き取れない．これを**マスキング効果**といい，マスクする（隠す）音を**マスカー**（masker），マスクされて聞こえなくなる音を**マスキー**（maskee）と呼ぶ．

図8-11はマスキング効果を示したもので，音Aが発せられている状態での他の音B，Cが聞こえるかどうかを表す．Aに対してマスキング効果

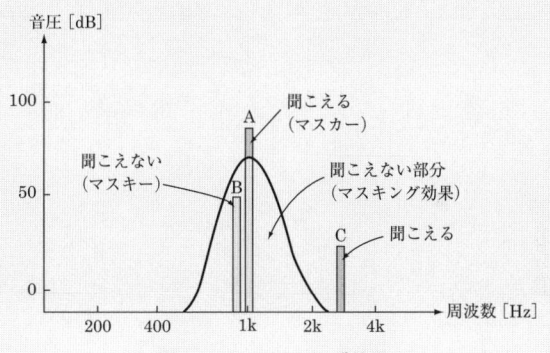

図8-11　マスキング効果

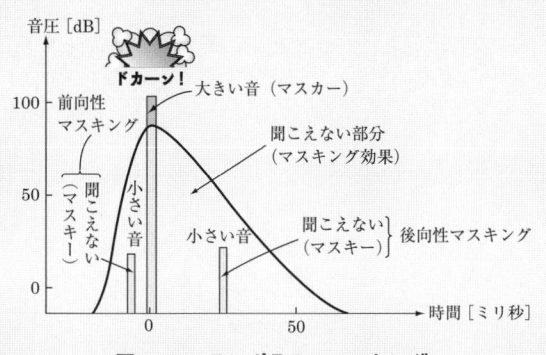

図8-12　テンポラル・マスキング

が及ぶ周波数範囲内では，他の音は聞き取りにくくなる．Bはかなりレベルが大きい音ではあるが，Aがマスクしているために聞き取れない．一般に，マスキング効果はマスカーとマスキーの周波数が近いほど大きくなり，離れているほど影響を受けにくい．なお，マスキング効果が及ぶ周波数範囲は，マスカーとマスキーの周波数によって大きく異なる．

　また，マスカーとマスキーの発せられる時間がずれても，マスキング効果が現れる．この時間的な効果を**テンポラル・マスキング**と呼ぶ（図8-12）．ちょうど花火が打ち上がった後で聞こえる"ドカーン"という非常に大きな音が発せられる前後に，話してもよく聞こえないという状態である．

第9章 誤り検出／訂正で情報を守る信号処理

　ICT（Information and Communication Technology, 情報通信技術）革命の進展を支える技術の一つに，「**誤り検出／訂正**」と称される手法（**符号理論**）がある．これは，文字や音声・画像などのディジタル・データに何らかの誤り（エラー，error）が生じたとしても，正しいデータを自動的に復元できる仕組みであり，まさに"マジック"（奇術）のような手法である．放送や通信における品質向上や，記憶メディア（DVD，ハードディスクなど）における高密度記録に，誤り検出／訂正は必要不可欠である．

　地デジ，スマホなどの携帯電話に代表されるディジタル通信をはじめ，データを格納するメディア記録において，特殊な規則（符号化および復号化アルゴリズム）を定めておけば，データ伝送／記録の途中で一部のデータに誤りが発生しても，その規則に基づいて正しいデータを復元できるわけだ．

　それでは，"誤りを発見して修正する符号マジック"にフォーカスして，実際に自分で応用できる，応用が利く"誤り検出／訂正の基礎"を習得してもらえるよう，わかりやすく紹介していくことにする．

9-1　符号理論の基礎

　符号理論の歴史には，二つの大きな流れとして「ブロック符号」と「畳み込み符号」がある（図9-1）．また，最近の流行は，シャノンの限界（**コラム❽**を参照）に近づく「ターボ符号[*1]」や「LDPC符号[*2]」などの再帰原理に基づく誤り訂正である．

　まず，ブロック符号と畳み込み符号を見て，すぐにわかる違いは符号データの長

[*1] **ターボ符号**は，情報理論の限界（シャノンの限界）に近い通信を実現する誤り訂正符号であり，1993年にフランスのベルー（Claude Berrou, 1951年生～）らによって最初に提案された．

[*2] **LDPC符号**は，Low Density Parity Check（低密度パリティ検査）符号の略称．符号化率が非常に高く，シャノンの限界に近い通信を実現する誤り訂正符号であり，1962年にギャラガー（Robert Gallager, 1931年生～）によって最初に設計された．

第9章 誤り検出／訂正で情報を守る信号処理

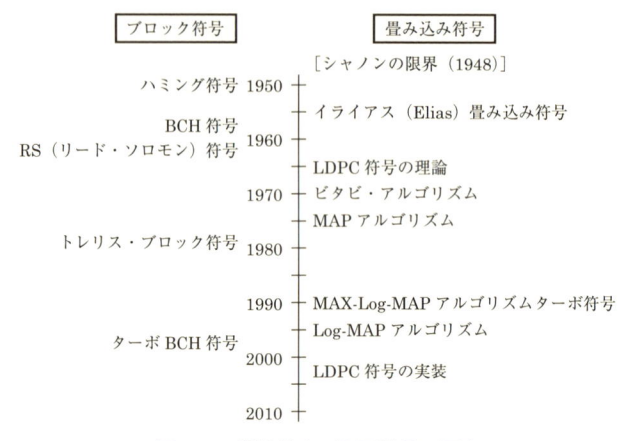

```
   ブロック符号            畳み込み符号
                     [シャノンの限界（1948）]
   ハミング符号 1950
   BCH符号          イライアス（Elias）畳み込み符号
RS（リード・ソロモン）符号 1960
                    LDPC符号の理論
           1970    ビタビ・アルゴリズム
                    MAPアルゴリズム
   トレリス・ブロック符号 1980

           1990    MAX-Log-MAPアルゴリズム ターボ符号
   ターボBCH符号    Log-MAPアルゴリズム
           2000    LDPC符号の実装
           2010
```

図9-1　誤り検出／訂正符号の歴史

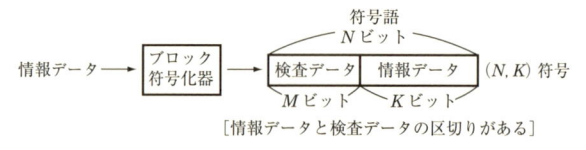

```
               符号語
               Nビット
情報データ → ブロック → 検査データ 情報データ  (N, K)符号
          符号化器    Mビット   Kビット
          [情報データと検査データの区切りがある]
```

図9-2　ブロック符号の構成例

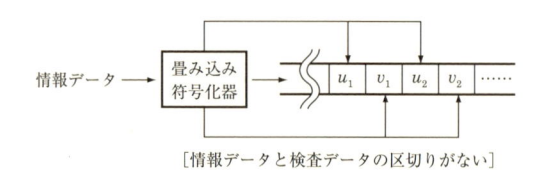

```
情報データ → 畳み込み → 〜 u₁ v₁ u₂ v₂ ……
          符号化器
          [情報データと検査データの区切りがない]
```

図9-3　畳み込み符号の構成例

さである.

- **ブロック符号**（図9-2）：情報データ部分と，誤りを訂正するために使う検査データとに分かれた符号構造を有し，一定の長さ（固定長）の符号データを基本に誤りを訂正する
- **畳み込み符号**（図9-3）：符号データは不定長で，過去からのデータ列の変化を元に符号が決まり，推定する受信データの発生確率に基づき，誤りを訂正する

誤り訂正符号を考えるとき，情報データ長 K [ビット，あるいはブロック単位]に対して，それに関係のない誤り訂正のための検査データ長 M をどれだけ付加するかを表す比率が重要な意味をもつ．この比率は**符号化率**と呼ばれ，符号データ長

$N(=K+M)$ に対する情報データ長の割合に等しく，

$$R_c = \frac{K}{N} = \frac{K}{K+M} \tag{9.1}$$

で定義される．例えば，符号化率 $R_c=4/7$ は，$K=4$ ビットの情報データに対して $N=7$ ビットの符号データが生成されることを表し，検査ビット M が $3(=7-4)$ ビットとなる．したがって，符号化率が小さくなるほど冗長度が増して，伝送速度が低下することにつながる．

◆ 誤り検出／訂正の計算の意味を理解する

5-7 において，1ビットの誤りを検出できるパリティ符号，そして1ビットの誤りを訂正できるハミング符号をパリティチェックの組合せで実現できることを示した．ここでは，誤り制御（検出／訂正）符号の一般的な取り扱いにおける計算について，実際の誤り制御とは少々異なるところもあるが，まずはわかりやすい整数を使って，誤り制御計算の意味が直感的理解として得られるように説明してみよう．

いま，「ある正整数 G で割ったときの余りが0となる（割り切れる）データ」を正しいデータの集まりとし，0以外の余りが得られるものを間違ったデータの集まりと分別してみよう（**5-6** を参照）．つまり，誤り制御計算に「独特な数の表現，数の体系」を導入するわけだ．

例えば，G を7と決めれば，0, 7, 14, 21, …は7で割ったときの余りが0，すなわち「G で割り切れる数」あるいは「G の倍数」であり，正しいデータの集まりとしての符号語となる．つまり，G で割り切れるか否か（余りが0かどうか）によって二つのデータの集まりに分別して，誤り制御をするわけである．

さっそく情報データ J から，実際に送受信するためのデータ，すなわち符号語を新しく作るプロセスの雰囲気を味わってもらうことにしよう（図9-4）．

① 情報データ $J=$「2」を送る場合，まず送信者は情報データ J を何倍か（G 以上の数，ここでは10とする）して $\tilde{J}=2\times10=$「20」を得る．

② ①の結果 $\tilde{J}=$「20」を $G=$「7」で割った余り R を計算する（$\tilde{J}\div G=20\div7=2$ 余り6，$R=6$）．

③ ①の結果 $\tilde{J}=$「20」から，②で得られる余り R を引いてやる．その結果は明らかに G で割り切れる（$\tilde{J}-R=20-6=14$）．

④ ③での計算値「14」を送信する．このようにして得られる符号語 C（送信データ）

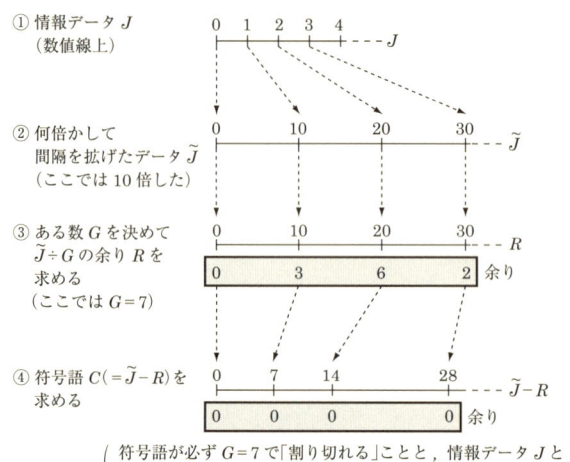

194　第9章　誤り検出／訂正で情報を守る信号処理

図9-4　正数上での誤り検出／訂正の考え方

① 情報データ J（数値線上）
② 何倍かして間隔を拡げたデータ $\tilde{J}$（ここでは10倍した）
③ ある数 G を決めて $\tilde{J} \div G$ の余り R を求める（ここでは $G=7$）
④ 符号語 $C(=\tilde{J}-R)$ を求める
⑤ $G=7$ で割り切れると「誤りなし」，割り切れないと「誤りあり」と判定する

（符号語が必ず $G=7$ で「割り切れる」ことと，情報データ J と符号語 C が「1対1」に対応することがポイント）

は，元の情報データ J と1対1に対応することになる．

⑤ 受信者は，符号語 $C=$「14」がくれば，$G=$「7」で割り切れることから「誤りなし」，「15」や「20」といった数がくれば割り切れないので「誤りあり」と判定できる．一般に，データを送受信するときに誤りが発生すれば，たいていは G で割り切れない数に変化してしまうので，「割り切れるかどうか（あるいは G の倍数かどうか）」によって誤りを発見するしくみが実現できる．

①～⑤の計算処理は整数上で実行できることから，簡単に思われるかもしれない．しかし，誤り制御能力をはじめとして，受信データから送信された元の情報データを取り出す処理など，非常に複雑な計算を必要とする．

9-2 符号化／復号化における誤り検出／訂正アルゴリズム

最初のポイントは，データや符号を整数ではなく，「ガロア体GF(2)上で多項式表現」することである（「モジュロ2の演算」と呼ばれることもあり，「mod 2」と表記されることもある．**5-6** を参照）．ガロア体という言葉を見て，これは非常に高度で難解な数学に違いない，と身構えてしまう人が多いかもしれない．ところが，

$$
\begin{array}{c}
\overbrace{\begin{array}{cccccccc}
f_0 & f_1 & f_2 & \cdots & f_{M-1} & f_M & f_{M+1} & \cdots & f_{M-1} \\
\times & \times & \times & \cdots & \times & \times & \times & \cdots & \times \\
1 & x & x^2 & \cdots & x^{M-1} & x^M & x^{M+1} & \cdots & x^{N-1} \\
\downarrow & \downarrow & \downarrow & & \downarrow & \downarrow & \downarrow & & \downarrow
\end{array}}^{\text{符号語}(=K+M)\text{ビット}}\\
F(x) = \underbrace{f_0 + f_1 x + f_2 x^2 + \cdots + f_{M-1}x^{M-1}}_{\substack{\| \quad \| \quad \| \quad \quad \| \\ c_0 \ c_1 \ c_2 \ \cdots \ c_{M-1} \\ \text{検査データ}\\(M\text{ビット})}} + \underbrace{f_M x^M + f_{M+1}x^{M+1}\cdots + f_{M-1}x^{N-1}}_{\substack{\| \quad \| \quad \quad \| \\ d_0 \ d_1 \ \cdots \ d_{K-1} \\ \text{情報データ}\\(K\text{ビット})}}
\end{array}
$$

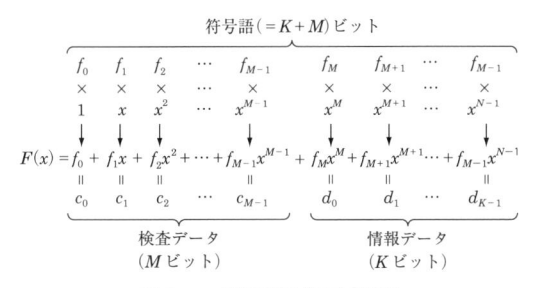

図 9-5　符号語の多項式表現

上記の文の意味は実はとても簡単なことで，
　「Nビットの符号語を$(N-1)$次の符号多項式に対応づけする」
という表現方法なのである．

　いま，Kビットの情報データにMビットの検査データを付加したNビットから成る符号語の各ビットの値を$(f_0, f_1, \cdots, f_{N-2}, f_{N-1})$とするとき，

$$F(x) = f_0 + f_1 x + \cdots + f_{N-2}x^{N-2} + f_{N-1}x^{N-1} \tag{9.2}$$

で表される$(N-1)$次の**符号多項式**を定義する（図9-5）．ただし，各係数f_nは"0"か"1"の値をとり，$(N-1)$次以下の多項式とNビットの符号語が見事に1対1に対応づけられることになる．例えば，"1 1 0 1"という4ビットの符号語に対する符号多項式は，式（9.2）より，

$$1 + 1 \times x + 0 \cdot x^2 + 1 \times x^3 = 1 + x + x^3 \tag{9.3}$$

で与えられる．

　以下，多項式の計算例をいくつか示しておく（**ナットクの例題 5-5** を参照）．ただし，加算「＋」は排他的論理和を表し，2を法とするモジュロ演算に等しい．

・**加算**：① $x + x = (1+1)x = 0$

　　　　② $2x^3 = x^3 + x^3 = (1+1)x^3 = 0$

　　　　③ $3x^4 = x^4 + \underbrace{2x^4}_{0} = x^4 + 0 = x^4$

・**減算**：④ $-x^2 = -x^2 + \underbrace{2x^2}_{0} = (-1+2)x^2 = x^2$

　　　　⑤ $x^5 - 2x^5 = -x^5 = x^5$

第9章 誤り検出／訂正で情報を守る信号処理

- **乗算**：⑥ $(x+1)(x+1) = x^2 + \underset{0}{2x} + 1 = x^2 + 1$

  ⑦ $(x+1)(x^2+x+1) = x^3 + \underset{0}{2x^2} + \underset{0}{2x} + 1 = x^3 + 1$

- **除算**：⑧ $(x^4 + x^3 + x^2 + 1) \div (x^3 + 1) = (x+1)$ 余り $(x^2 + x)$

なお，除算を行うときに注意すべきことは，2を法とする演算であることから，

$$0-0=0, \quad 0-1=1, \quad 1-0=1, \quad 1-1=0 \tag{9.4}$$

であり，式(9.3)の「＋」を「－」に置き換えた結果に同じであり，減算のマイナス（－）もすべてプラス（＋）として扱えるということがわかる．⑧の除算を例に，その計算のようすを図9-6に示す．

以上，新たに定義した符号の多項式表現［式(9.2)］に対しても，誤り制御の仕

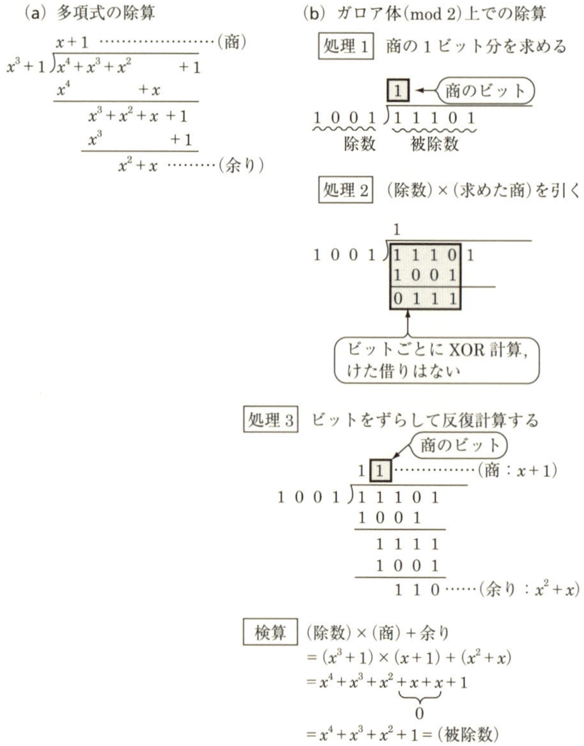

図9-6　ガロア体（mod 2）上における除算の計算例

組み（余りが0かどうか）をコア（核）とする考え方が通用する．

一般に，誤り制御の根本原理は，**「生成多項式 $G(x)$ で割り切れるかどうか」**にあり，割り切れるものだけを符号語とするのである．だとすれば，誤りが発生したときに出現する「割り切れない」という情報に基づき，誤りを検出して訂正するという仕掛けが生成多項式 $G(x)$ に仕込んであるわけだ．そこで，生成多項式 $G(x)$ をどう作るかが，誤り検出／訂正能力を左右することになる．

◆ 多項式表現による符号化手順

いま，K ビット（あるいはブロック）の情報データを $(d_0, d_1, \cdots, d_{K-1})$ とするとき，符号語 $(c_0\ c_1 \cdots c_{M-1}\ d_0\ d_1 \cdots d_{K-1})$ を作成するには，最高次数 M 次の生成多項式 $G(x)$ による割り算処理が必要で，

$$\frac{x^M P(x)}{G(x)} = \frac{x^{N-K} P(x)}{G(x)} \ ;\ P(x) = d_0 + d_1 x + \cdots + d_{K-1} x^{K-1} \tag{9.5}$$

の商を $Q(x)$，余りを $R(x)$ とすれば，

$$\underbrace{x^{N-K} P(x)}_{\text{情報データ}} = G(x)Q(x) + \underbrace{R(x)}_{\text{余り}} \tag{9.6}$$

と表される（**図 9-7**）．

このとき，「$G(x)$ で割り切れる」符号語 $F(x)$ を作るには，式（9.6）の両辺から余り $R(x)$ を差し引いた多項式，すなわち，

$$F(x) = \underbrace{x^{N-K} P(x)}_{\text{情報データ}} - \underbrace{R(x)}_{\text{検査データ}} \tag{9.7}$$

$$= G(x)Q(x) + \underbrace{R(x) - R(x)}_{0} \tag{9.8}$$

を求めればよい．$G(x)$ で割り算して求めた余り $R(x)$ が検査データ $(c_0, c_1, \cdots, c_{M-1})$ に相当し，この検査データを情報データ $(d_0, d_1, \cdots, d_{K-1})$ に付加することにより，$N(=K+M)$ ビット（あるいはブロック）の「$G(x)$ で割り切れる」符号語を表す $F(x)$ が得られるわけである．以下に，各多項式をまとめておく．

$$P(x) = d_0 + d_1 x + \cdots + d_{K-1} x^{K-1} \tag{9.9}$$

$$G(x) = g_0 + g_1 x + \cdots + g_M x^M \tag{9.10}$$

$$R(x) = c_0 + c_1 x + \cdots + c_{M-1} x^{M-1} \tag{9.11}$$

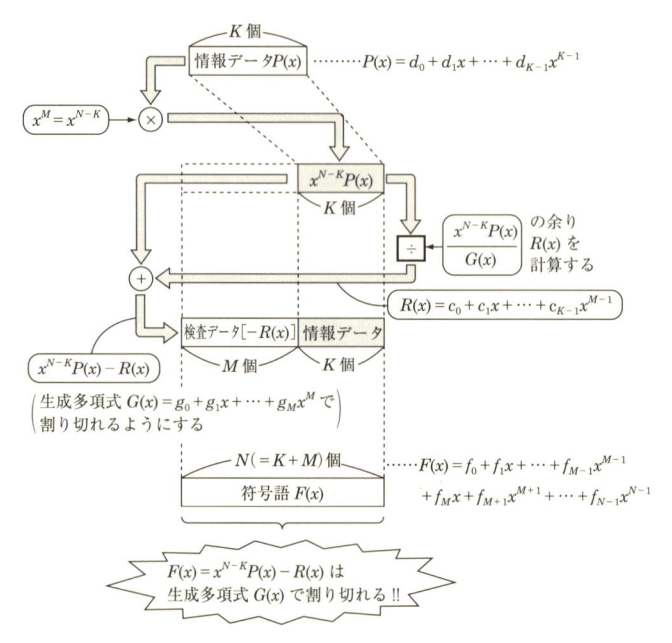

図9-7 多項式表現による符号化手順

$$F(x) = x^M P(x) - R(x)$$
$$= -(c_0 + c_1 x + \cdots + c_{M-1} x^{M-1}) + d_0 x^M + d_1 x^{M+1} + \cdots + d_{K-1} x^{N-1}$$
$$= f_0 + f_1 x + \cdots + f_{M-1} x^{M-1} + f_M x^M + f_{M+1} x^{M+1} + \cdots + f_{N-1} x^{N-1} \quad (9.12)$$

ただし，$f_0 = -c_0$, $f_1 = -c_1$, $\cdots$, $f_{M-1} = -c_{M-1}$,
$f_M = d_0$, $f_{M+1} = d_1$, $\cdots$, $f_{N-1} = d_{K-1}$

なお，これ以後，$P(x)$ は**情報多項式**，$R(x)$ は**検査多項式**，$F(x)$ は**符号多項式**と呼ぶことにする．

以上より，式 (9.8) は，

$$F(x) = G(x) Q(x) \quad (9.13)$$

と表されるので，符号語 $F(x)$ は生成多項式 $G(x)$ で割り切れることがわかる．

◆ 多項式表現による誤り訂正（復号化）手順

誤り訂正のキーポイントは，「生成多項式 $G(x)$ で割り切れるかどうか」にかかっ

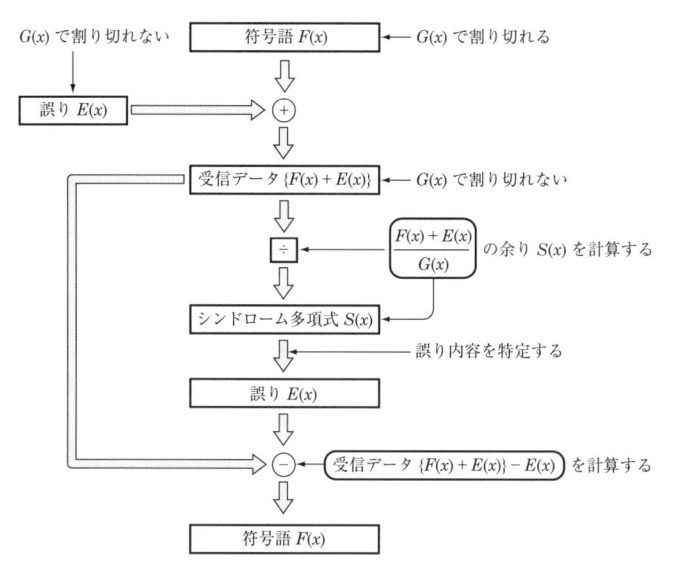

```
        G(x)で割り切れない    符号語 F(x)    ← G(x)で割り切れる
                   │              ↓
              誤り E(x) ━━━━━━━▶ (+)
                                  ↓
          ┌──────────────── 受信データ {F(x) + E(x)}  ← G(x)で割り切れない
          │                       ↓
          │                      (÷) ←── F(x)+E(x) / G(x)  の余り S(x) を計算する
          │                       ↓
          │               シンドローム多項式 S(x)
          │                       ↓   ──── 誤り内容を特定する
          │                  誤り E(x)
          │                       ↓
          └──────────────────▶ (−) ←── 受信データ {F(x) + E(x)} − E(x) を計算する
                                  ↓
                              符号語 F(x)
```

図 9-8　多項式表現による誤り訂正（復号化）手順

ている．つまり，誤りの有無をチェックするには，N ビット（あるいはブロック）の受信データ（y_0, y_1, $\cdots$, y_{N-1}）からなる受信多項式 $Y(x)$，すなわち，

$$Y(x) = y_0 + y_1 x + \cdots + y_{N-1} x^{N-1} \tag{9.14}$$

に対して，生成多項式 $G(x)$ で割り算した余りが 0 かどうかを調べればよいわけだ．
つまり，

$$\frac{Y(x)}{G(x)} \tag{9.15}$$

と生成多項式 $G(x)$ で割り算して得られる余りの多項式表現 $S(x)$ として，

$$S(x) = s_0 + s_1 x + \cdots + s_{M-1} x^{M-1} \tag{9.16}$$

を求めるのである（図 9-8）．ここで，$S(x)$ は**シンドローム**と呼ばれ，

$$S(x) = 0 \quad (s_0 = 0, \quad s_1 = 0, \quad \cdots, \quad s_{M-1} = 0) \tag{9.17}$$

になれば，「**生成多項式 $G(x)$ で受信データが割り切れた**」わけであるから，「誤りなし」となる．
　一方，

$$S(x) \neq 0 \tag{9.18}$$

[少なくとも1つ以上の余りのビット（あるいはブロック）が0でない]という場合は，「**生成多項式 $G(x)$ で受信データが割り切れない**」ので「誤りを発見」となる．また，シンドローム $S(x)$ がすべての誤りパターンに対して1対1に対応していれば，誤りが発生した位置や誤りの内容を特定することが可能である．ここで，シンドローム情報によって特定された L 個の誤りの多項式表現 $E(x)$ を，

$$E(x) = E_1 x^{n_1} + E_2 x^{n_2} + \cdots + E_L x^{n_L} \tag{9.19}$$

ただし，$n_1, n_2, \cdots, n_L$ は $0 \sim (N-1)$ の範囲の異なる L 個の整数
$E_1, E_2, \cdots, E_L$ は誤りの内容

と表すと，

$$Y(x) - E(x) = F(x) \tag{9.20}$$

のように，受信データ $Y(x)$ から誤り $E(x)$ を差し引くことによって「誤りが訂正」できるわけだ．

9-3 誤り訂正を体験してみよう（リード・ソロモン符号）

前述の符号多項式による誤り検出／訂正における符号化，復号化アルゴリズムの計算は，なかなか手ごわい．そこで，3ビットのバースト（連続する）誤り[**コラム⑫を参照**]を訂正できる RS（Reed-Solomon，リード・ソロモン）符号を例に，符号多項式による符号化／復号化の各処理のイメージを理解していただこう．

どこからか，「複数個の誤りを訂正するって，そんなこと，できっこない!?」という声が発せられそうだが，論より証拠，さっそく整数の世界で複数個の誤り訂正のようすを実体験し，ナットクしていただこう．

◆ 生成多項式 $G(x)$ の算出

いま，素数 q に対して，ある正整数 α の n 乗した値 α^n を q で割った余り（mod q）を算出することを考える．このとき，
「$n = 1, 2, \cdots, (q-2)$ では1以外の値になり，$n = q-1$ のとき1になる」

という性質を満たす q と α を利用すれば，誤り訂正符号を実現できることが知られている．

また，符号長を $q-1$ 以下で，Q [個] のビット（あるいはブロック）の誤りを訂正可能な生成多項式 $G(x)$ は，連続する $2Q$ [個] の根を有する必要があるので，

$$G(x) = (x-\alpha^r)(x-\alpha^{r+1})(x-\alpha^{r+2}) \cdots (x-\alpha^{r+2Q-1}) \tag{9.21}$$

で与えられる（r は任意の整数）．なお，符号化／復号化で使用するすべての多項式の係数値は，q で割った余りを採ることにする．

ここまでの説明だけだと何のことやらさっぱりわからないと思うので，具体的数値例を示してみよう．素数 $q=7$ として，

$$\begin{cases} 3^1 \bmod 7 = 3, \; 3^2 \bmod 7 = 2, \; 3^3 \bmod 7 = 6, \; 3^4 \bmod 7 = 4, \; 3^5 \bmod 7 = 5, \\ 3^6 \bmod 7 = 1, \; 3^7 \bmod 7 = 3, \; 3^8 \bmod 7 = 2, \; 3^9 \bmod 7 = 6, \; 3^{10} \bmod 7 = 4, \\ 3^{11} \bmod 7 = 5, \; 3^{12} \bmod 7 = 1, \\ \phantom{3^{11} \bmod 7 = 5,} \cdots\cdots\cdots\cdots\cdots\cdots\cdots\cdots\cdots\cdots \end{cases}$$

で表される巡回性が成立するので，$\alpha = 3$ である．ここで，誤り訂正数 $Q=1$ [個]，$r=0$ とすると，式（9.21）の生成多項式 $G(x)$ は，

$$G(x) = (x-3^0)(x-3^1) = (x-1)(x-3) \tag{9.22}$$

である．これを展開すると，

$$G(x) = x^2 - 4x + 3$$

で，各係数を 7 で割って余りを採ると，

$$G(x) = x^2 + 3x + 3 \tag{9.23}$$

を生成多項式として使うことになり，式（9.10）の最高次数 $M=2$ に相当する（**ナットクの例題 9-1**）．

> **ナットクの例題 ⓽－1**
>
> GF(7) において，誤り訂正可能な個数が 2 [個] となるような生成多項式 $G(x)$ を求めよ．
>
> **解答**
>
> 式（9.21）において，原始元 $\alpha = 3$，$Q = 2$，$r = 0$ とすれば，
>
> $$G(x) = (x - 3^0)(x - 3^1)(x - 3^2)(x - 3^3)$$
> $$= (x - 1)(x - 3)(x - 2)(x - 6)$$
> $$= x^4 - 12x^3 + 47x^2 - 72x + 36$$
>
> であり，各係数を 7 で割って余り（mod 7）を採って，
>
> $$G(x) = x^4 + 2x^3 + 5x^2 + 5x + 1 \tag{9.24}$$
>
> と求められる．

◆ 符号化処理の計算手順

例として，7 進数で "13" という数字を符号化してみよう．情報多項式 $P(x) = 1 + 3x$ なので，式（9.9）より $K = 2$ となる．

[ステップ 1] 余り $R(x)$ の計算

式（9.5）に基づき，

$$x^2 P(x) = x^2 + 3x^3 \tag{9.25}$$

を生成多項式 $G(x)$ で割った余り $R(x)$ を求めると，

$$R(x) = 15x + 24 \tag{9.26}$$

が得られる（図 9-9）．

[ステップ 1]

$$\begin{array}{r} 3x-8 \\ \underbrace{x^2+3x+3}_{G(x)}\overline{\smash{)}3x^3+x^2} \cdots\cdots\cdots\cdots\cdots x^2P(x)\ [\text{式}(9.25)] \\ \underline{3x^3+9x^2+9x} \\ -8x^2-9x \\ \underline{-8x^2-24x-24} \\ \boxed{15x+24} \cdots\cdots\cdots\cdots R(x)\ [\text{式}(9.26)] \\ \text{余り} \end{array}$$

[ステップ 2]

$$\begin{aligned}F(x) &= (3x^3+x^2)-(15x+24) \\ &= 3x^3+x^2-\underbrace{15}_{6}x-\underbrace{24}_{4} \quad \text{7で割った余りを求める} \\ &= 4+6x+1x^2+3x^3 \cdots\cdots\cdots\cdots\cdots\cdots [\text{式}(9.27)]\end{aligned}$$

図 9-9　符号化処理 [式 (9.25)〜式 (9.27)] の計算の流れ

[ステップ 2] 符号多項式 $F(x)$ の計算

式 (9.12) に基づき，式 (9.25) と式 (9.26) より，

$$\begin{aligned}F(x) &= x^2P(x)-R(x) \\ &= x^2+3x^3-(15x+24) \\ &= x^2+3x^3-15x-24\end{aligned}$$

と算出できる．ここで，各係数を 7 で割って余りを採って，符号多項式 $F(x)$，すなわち，

$$F(x) = 4+6x+1x^2+3x^3 \tag{9.27}$$

が得られる（**ナットクの例題 9-2**）．$F(x)$ が求まったので，その係数を並べて "4613" という 4 けたの 7 進数が得られ，"13" が情報データ，"46" が検査データに相当する．もちろん，符号多項式 $F(x)$ は $x=1$ と $x=3$ で割り切れるようにしたわけだから，$F(1)=0$，$F(3)=0$ となる関係が成立する．

ナットクの例題　9-2

式 (9.27) の符号語 $F(x)=4+6x+1x^2+3x^3$ が，式 (9.23) の生成多項式 $G(x)=x^2+3x+3$ で割り切れることを確認せよ．

【解 答】

計算プロセスを図 9-10 に示す．一般に，符号は生成多項式で割り切れるものだけで構成されているので，例えば情報データ "54" や "25" を符

号化して割り切れるかどうかも計算して検証し，理解が深めてもらいたい．
以下に，確認のヒントとして，符号語を示しておく．

"54"の符号語　→　"0554"
"25"の符号語　→　"3425"

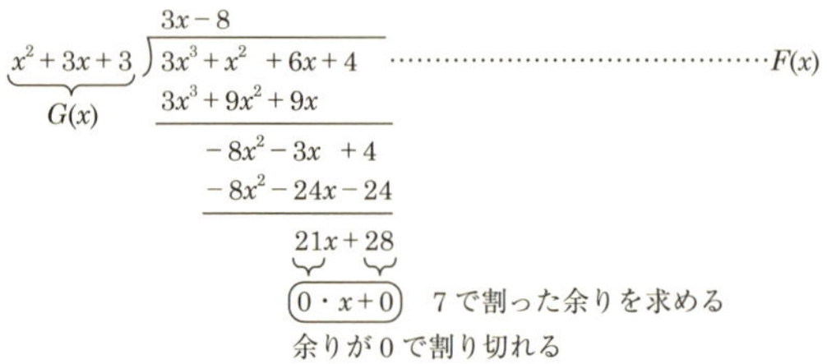

$$\begin{array}{r} 3x-8 \\ x^2+3x+3 \overline{\smash{\big)}\ 3x^3+x^2+6x+4} \\ \underline{3x^3+9x^2+9x} \\ -8x^2-3x+4 \\ \underline{-8x^2-24x-24} \\ 21x+28 \\ \boxed{0\cdot x+0} \end{array}$$

$G(x)$ ……… $F(x)$

7で割った余りを求める
余りが0で割り切れる

図 9-10　［ナットクの例題 9-2］の計算式

◆ 誤り訂正（復号化）処理の計算手順

次に，符号 "4613" に誤りが発生して，"4614" ($y_0=4$, $y_1=6$, $y_2=1$, $y_3=4$) が受信されたとして誤りを訂正してみよう．受信多項式は，式 (9.14) より，

$$Y(x)=4+6x+1x^2+4x^3 \tag{9.28}$$

となるので，これに生成多項式 $G(x)=(x-1)(x-3)$ の根である1と3を代入してみる．

$Y(1)=4+6+1^2+4\times 1^3=15$
$Y(3)=4+6\times 3+3^2+4\times 3^3=139$

式 (9.19) より，誤りが1個である（誤り発生位置は x^n，誤り内容は E）と仮定し，

$$Y(x)=\underbrace{F(x)}_{\text{符号多項式}}+\underbrace{Ex^n}_{\text{誤り多項式}\ E(x)} \tag{9.29}$$

と置くと，$F(x)$ は生成多項式 $G(x)$ で割り切れるように作成したことになる．このとき $x=1$ と $x=3$ に対して $F(x)=0$ となるので，シンドローム $S(x)$ は

$$S(1)=Y(1)=F(1)+E(1)=E\times 1^n=15 \bmod 7 =1 \tag{9.30}$$
$$S(3)=Y(3)=F(3)+E(3)=E\times 3^n=139 \bmod 7 =6 \tag{9.31}$$

である（$F(1)=0$, $F(3)=0$ を考慮）．つまり，誤り発生位置 x^n を示す変数 n と誤り内容は E を未知数とする連立方程式が得られる．よって，式 (9.30) より，

$$E = 1 \tag{9.32}$$

となり，誤り内容がわかる．さらに，式（9.31）は，

$$1 \times 3^n = 6$$

なので，$n = 0, 1, 2, 3$ を代入して 7 で割った余りを考えると，

$$n = 3 \tag{9.33}$$

とわかる．つまり，式（9.32）と式（9.33）で誤り発生位置と誤り内容が特定できたことになる．したがって，式（9.29）の誤り多項式 $E(x)$ は，

$$E(x) = Ex^n = 1 \times x^3 = x^3 \tag{9.34}$$

なので，正しい受信データは，式（9.20）より，

$$\begin{aligned}F(x) &= Y(x) - E(x) \\ &= (4 + 6x + 1x^2 + 4x^3) - x^3 \\ &= 4 + 6x + 1x^2 + 3x^3\end{aligned}$$

となる．これは式（9.28）の符号多項式に一致するので，もとの正しい（誤りを訂正した）情報 "4613" が得られたことがわかる．

以上より，誤りが発生した情報 "4 (= 100)" が，正しく '3 (= 011)' と復号化できた．3 ビットで考えれば，"100" が "011" に誤り訂正されたことになるわけだ．3 ビットすべてに誤り（バースト誤り，**コラム⓬**を参照）が発生しても，もとに戻せる（実は，ガロア体 GF(7) 上のリード・ソロモン符号に相当する）ことがわかるのである．

コラム 12 column

［データ誤りの種類］

情報を，通信ケーブルや空気中を介してやりとりしたり，磁気記録して読み書きする際に発生するデータ誤りは，以下のように大別される（図 9-11）．

・**ランダム誤り**

各ビットごとに独立に発生する誤りのことである．例えば，通信や放送

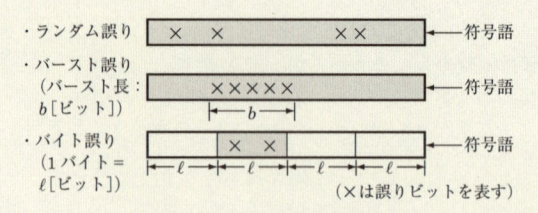

図 9-11 データ誤りの分類

における通信路雑音や各種の装置回路中の熱雑音，あるいは磁気記録の媒体ノイズなどの雑音による誤りは「ランダム誤り」となる（図 9-11 の上段）．

・バースト誤り

部分的に集中して連続的に発生する誤りのことである（図 9-11 の中段）．通信路が断線したり，光ディスクのキズやゴミ，磁気記録の磁性体の欠陥は「バースト誤り」を引き起こす．なお，バースト誤りにおいて，最初に発生した誤りビットから最後の誤りビットまでの長さのことを「バースト長」という．

・ブロック誤り

ℓ [ビット] ごとの小ブロックに分割して，各ブロック（1 ブロック= ℓ [ビット] であり，$\ell=8$ とは限らない）に対して，それぞれ別々の符号（2^ℓ 種類）を割り当てる場合を考える（図 9-11 の下段）．このとき，ブロックごとに発生する誤りのことを「ブロック誤り」と呼ぶ．このようなブロックごとに情報を取り扱う場合，$q=2^\ell$ として，

$$0, 1, 2, \cdots, (q-1)$$

までの q 種類の記号（数字）を出力されると考えればよい．

したがって，各記号を符号長 ℓ [ビット] ごとのビット列で見れば，記号ごとに発生する誤りは ℓ [ビット] 単位のバースト誤り，あるいはランダム誤りとみなすことができる．なお，q 種類の記号で符号語を表した符号は，「q 元符号」という．とくに，"0" と "1" のビット列で表される通常の符号は，「2 元符号」ということになる．

第10章 セキュリティを守る信号処理：DES暗号, RSA暗号

　暗号という言葉は，めったに耳にしない埋没語であったようだが，ネットワーク化された情報化社会と呼ばれる現在においては，個人としての秘密やプライバシー保護のために極めて重要な地位を占めている．安全で信頼性の高い安心できる情報化社会の実現のため，暗号は必要不可欠な基盤技術の一つに位置づけられているわけだ．一般に暗号は情報セキュリティの中核技術で"守り"の技術として見られがちであるが，今では社会・経済を活性化するための"攻め"の技術でもあることを知っておいてもらいたい．

　本章では，「暗号とは，何ぞや？」という話から始め，その代表格として DES 暗号，RSA 暗号を取り上げて解説する．

10-1 暗号の役割

　暗号はかつて軍事や外交の機密文書の世界で使われていたためか，どうしても暗い過去を引きずっている感がぬぐいきれない．現在はどうかと言えば，暗号はもはや陰の主役ではなく，陽の当たる場所に出てきて堂々と表の世界を闊歩しているのである．これまで暗号がこれほどの脚光を浴びたことはなく，高度情報化社会の根幹をなすキー・テクノロジーとして認知されている．過去の暗いイメージを払拭して，"安号"（「あんごう」と読ませる造語で，安心を与えるための符号といった意味合い）としての役割を果たすための技術が暗号である，と言うこともできようか．

　最近，携帯電話，電子メールなど，データ通信の急速な進展につれ，大切なデータを保護する，あるいは秘匿（秘密に）する必要性が日に日に高まっている．これまでは手書き署名や実印（ハンコ），紙幣であれば「透かし」マークなどが暗号の役割を担っていた．こうした，紙などの実体のあるものに書かれた暗号が，電子化された情報ネットワーク社会においては仮想的なもの，"目に見えない"ものとなっている（図 10-1）．

　暗号の歴史は，古代ローマ時代の「シーザー暗号」に遡ることができ，第2次

図 10-1　暗号の役割

　世界大戦で用いられた日本の「紫（パープル）暗号」などのように，古代から近代にかけては軍事・外交などの用途が中心であった．つまり，ある限定された組織内で重要な情報を秘密裏に伝達するという枠組みの中で使用された．
　ところが，20 世紀後半からは，コンピュータ，通信の発展が暗号の世界に一大変革をもたらし，その適用領域が急速な広がりを見せたのである．産業界では企業の秘密を守り，自治体では住民のプライバシーを保護するというように，暗号は一般社会で日常的に用いられるようにもなってきた．
　また，手書き署名や実印の印影もコンピュータ通信の中では，"1" と "0" の記号の並びに過ぎなくなってしまい，簡単にコピーされてしまうことにもなる．こうした本人確認や相手確認，あるいは文書に対する署名の機能（「**認証**」という）も，暗号技術で実現される．
　さらに，1990 年代の後半あたりから，インターネットをはじめとするパソコン通信の普及とともに，その上で行われる電子取引や電子決済が行なわれるようになると，暗号のもつ秘匿性に加えて，金額や文書の改ざん防止，相手確認などの認証がきわめて重要となり，暗号の果たす役割が再認識され始めた．最近では，認証時に秘密情報のパスワードなどをそのままやり取りすると盗まれる危険性があるため，認証してもらうために必要な秘密情報を持っていることを，秘密情報自体は送受信することなく証明する方法も重要になっている（**コラム⓭**を参照）．
　このように，インターネット時代の成熟化にともない，ネットワーク上を多種多様な情報が飛び交うわけで，個人や情報を正しく認証し，安心できる信頼の基盤を

構築するための基本技術が暗号なのである．わかりやすく言うと，暗号は情報のセキュリティ（安全性）を確保するために不可欠な技術であり，情報の改ざん，破壊，盗聴などの好ましくない事態を防止するためのものなのである．

コラム13 [ゼロ知識対話証明]

"ゼロ知識対話証明"という言葉から，読者のみなさんはどんなことを想像されるであろうか？　おそらく多くの方々が「知識がゼロでも（何にも知らなくても），何らかの事柄を証明する（暗号の話なのだから，個人の認証を行う）ことができる」という意味なのかな，というイメージがおぼろげながら湧くのではなかろうか．

わかりやすく言えば，

「自分の秘密情報（例：パスワード）を漏らさずに（ゼロ知識），相手に自分がその秘密を持っているという事実だけを信じてもらう（証明）という数理マジック」

がゼロ知識対話証明と呼ばれるものである（図10-2）．

最近のカード社会では，クレジットカードを使って国際電話をかけた人が，その番号を電話機に入力するところを何者かに望遠鏡で覗き見されてパスワードがばれたり，デパートで買い物代金のカード支払いのときにカード情報をすべて読み取られてしまい，多額の料金を請求されるといっ

図10-2　ゼロ（零）知識対話証明とは

た"なりすまし"事件も多発しているようである．このように，本人確認のために，その人（カード）の秘密が外に漏れてしまうことには大いなる危険がつきまとう．そこで，秘密については一切漏らさずに（ゼロ知識），本人の確認（カードの**真正性**）を相手に認めてもらう（証明）方法が必要不可欠になってくるのである．

こうした要求に応える方法として，1985年にGoldwasser, Micali and Rackoffにより"ゼロ知識対話証明"という概念が示された．ゼロ知識対話証明は，自分の持っているカードの真正性を相手（カード会社）に証明する方法である．その際，カード自体の秘密（パスワードで，例えば10進100けた以上の乱数）に関する情報は一切漏らさない．このような

「秘密の乱数は教えないけれど，自分を証明するための乱数を持っていることは信じてほしい」

という，虫のいい話がゼロ知識対話証明なのである．この虫のいい話が，厳密な暗号数学の理論のもとに，何とも信じがたいことなのではあるけれど，実現できるのである．

10-2 暗号の分類とその特徴

通信やメディア記録における暗号系のモデルをそれぞれ，図10-3に示す．送信する（あるいは記録する）データに**暗号化鍵** E_K を掛けて，内容が漏れない（見破られない）ようなデータに変換（**暗号化**，**暗号化アルゴリズム**）し，通信する相手（受信者）に送り届けたり，メモリ・ディスクに書き込む．次に，受信した（あるいは書き込まれた）データを，**復号鍵** D_K で開けて読み出す処理（**復号化**，**復号化アルゴリズム**）を実行する．なお，元のデータ（そのまま読めて意味がわかる）は**平文**（ひらぶん），暗号化されたデータ（意味不明）は**暗号文**と呼ばれる．

暗号における秘密を守るためのマジックは，暗号化鍵と復号鍵と呼ばれる二つの鍵にあるわけだが，仮に暗号を金庫に見立てて言えば，金庫を閉める鍵と開ける鍵が存在することと同義である．この開閉するための鍵が同一であるかどうかによって，暗号は，

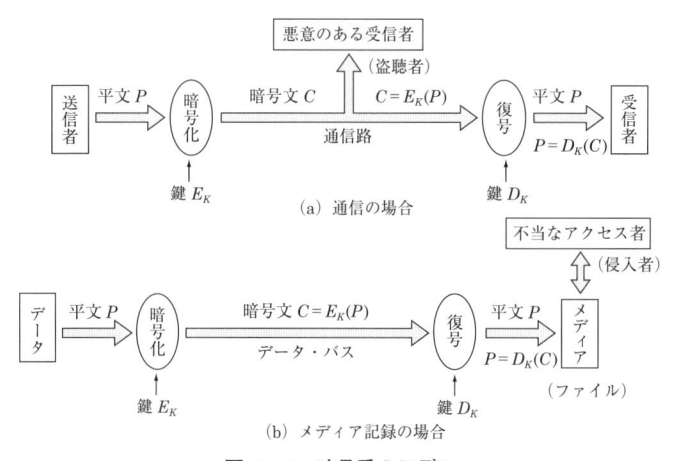

図 10-3　暗号系のモデル

1) **共通鍵暗号**（共通秘密鍵暗号，対称鍵暗号）
2) **公開鍵暗号**（個人秘密鍵暗号，非対称鍵暗号）

に大別される．以下，これらの暗号について，通信を例に説明する．

◆ 共通鍵暗号

暗号化と復号するための鍵が同一，すなわち，

$$\text{暗号化鍵 } E_K = \text{復号鍵 } D_K \tag{10.1}$$

となるものが共通鍵暗号（**図 10-4**）である．鍵を絶対に秘密にしておかなければならないことから，共通秘密鍵暗号と言い換えたほうがわかりやすい．この方式の代表的な暗号系には米国の DES (Data Encryption Standard) 暗号などが挙げられる．

正確に言えば，DES 暗号は共通鍵暗号であって，その暗号化アルゴリズムが公開されている方式なので，"アルゴリズム公開型共通鍵暗号" とも呼ばれる．当然のことだが，暗号化鍵は当事者同士の共通の約束事であり，送受信者のペアごとに秘密の鍵を設定する．したがって，暗号化できる人は，復号（正当な受信者が元の平文に戻す，解読する）こともできる．

共通鍵暗号では，送受信者のペアごとに別々の鍵を用意しておく必要があり，秘密鍵の管理の煩わしさに大きな問題点がある．例えば，A さんが B さんに送信す

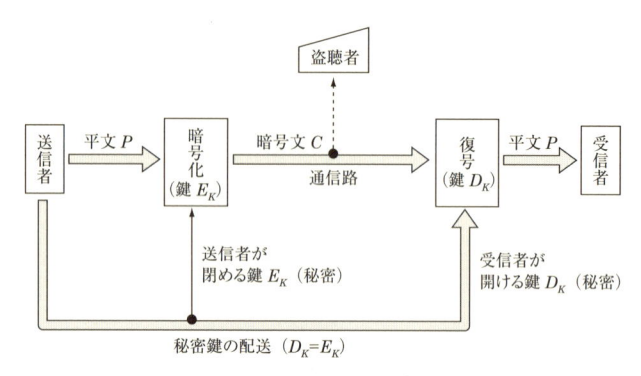

図10-4 共通鍵暗号系のブロック図

る（暗号化する）鍵と，同じAさんがCさんに送信する鍵とはまったく異なる．そんなわけで，送受信者は自分の鍵のほか，すべての鍵を持っておかなければならない．

いま，この暗号系の利用者が100人いるとすれば，全体で必要とされる鍵の総数は，100人の中から2人を選ぶ組合せであることから，

$$_{100}C_2 = \frac{100 \times 99}{2 \times 1} = 4950 \tag{10.2}$$

となる．これだけでもかなり大きな数であるが，利用者数が増えてくれば必要とされる鍵の総数は膨大になり，煩雑になる．しかも，鍵の安全性を担保するために，ときどき変更する必要もあり，これにも大変な手間がかかる．

なお，共通鍵暗号にはDES暗号の他に，米国のAES暗号，日本ではNTTのFEAL暗号，三菱電機のMISTY暗号などが知られ，商用ベースで利用されている．また，シャノンの暗号理論によれば，一般的に鍵は長ければ長いほど安全であるが，暗号文は長ければ長いほど解読されやすいと言われている．

◆ 公開鍵暗号

公開鍵暗号（図10-5）は，

$$暗号化鍵\ E_K \neq 復号鍵\ D_K \tag{10.3}$$

であり，鍵が公開されている．

「鍵が公開されているのに秘密が保持される」という何とも不思議な暗号だが，

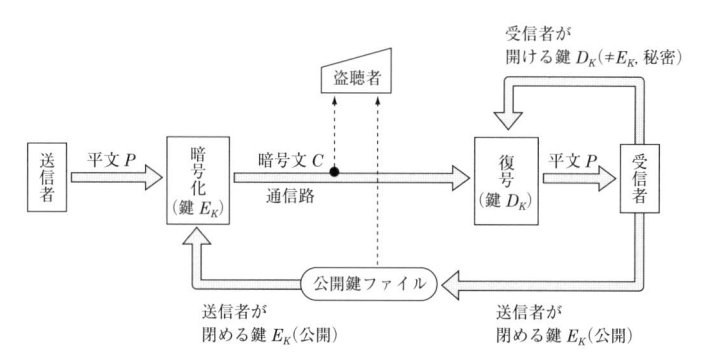

図10-5　公開鍵暗号系のブロック図

　もちろんすべての鍵が公開されているわけではない．つまり，暗号化鍵 E_K は公開し，復号鍵 D_K は秘密にする．わかりやすく言えば，暗号化鍵は公開にして利用者すべてにあらかじめ配っておき，受信者は秘密にした自分専用の鍵 D_K で復号することになる．自分専用の秘密鍵をたった一つ持つだけで，だれから来た暗号文であってもその一つですべて復号できるのである（利用者がどんなに増えようとも同じ）．共通鍵暗号に比べて鍵管理の煩わしさは格段に軽減されることになる．
　このような公開鍵暗号の具体例として名が知られているのがRSA暗号である．この暗号名はリヴェスト，シャミア，アドルマン（Rivest-Shamir-Adleman）の3人の研究者の頭文字を連ねたものである．その他，ラビン（Labin）暗号，エルガマル（ElGamal）暗号，楕円暗号，超楕円曲線暗号なども公開鍵暗号の一種である．
　次に，図10-5に示す公開鍵暗号のブロック図に基づき，秘匿処理を可能にする送受信の仕組みを以下に述べる．
① 送信者は受信者の暗号化鍵 E_K が公開されている鍵のデータベース・ファイルを調べる
② 暗号化鍵 E_K を用いて，平文を暗号化して暗号文を作成後，送信する
③ 受信者は自分だけの秘密の復号鍵 D_K を用いて，受信した暗号文を復号して平文を得る
　このように「暗号化鍵を公開しても暗号になる」という，いささかキツネにつままれたような暗号を実現できた理由は，「個人が秘密鍵をもつ」ということにある．だから，公開鍵暗号という言い方は，"個人秘密鍵暗号"と言い換えたほうが適切でわかりやすい［図10-6(a)］．

(a) 秘匿のしくみ

だれでもⒶの公開鍵 E_K で暗号文を作成可能

Ⓐだけが秘密鍵 D_K で解読可能

(b) 認証のしくみ

だれでもⒶの公開鍵 E_K で暗号文を解読してⒶの署名であることを確認可能

Ⓐだけが秘密鍵 D_K で署名

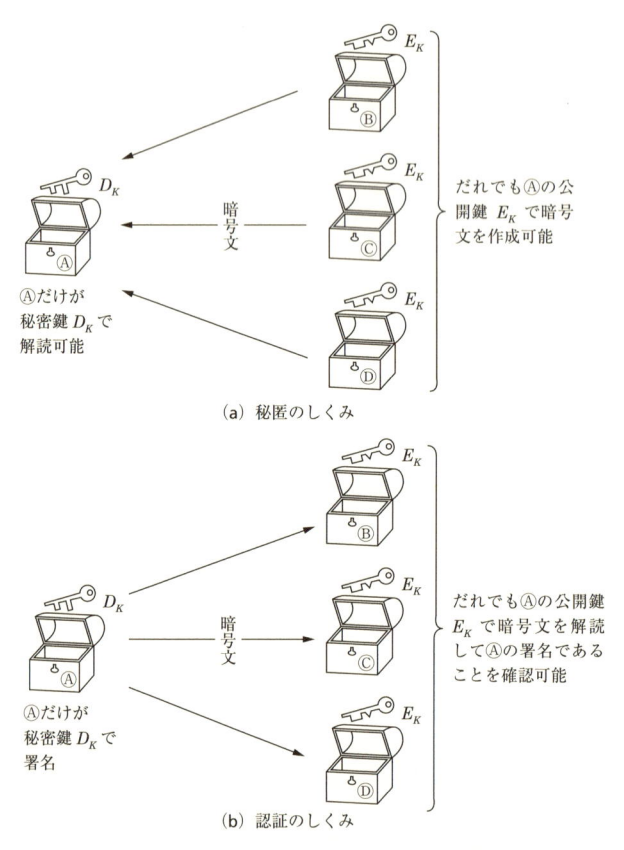

図 10-6　公開鍵暗号による秘匿と認証

　暗号化して自分に送ってもらいたい鍵 E_K を公開しておけば，誰でも公開された鍵 E_K を使って暗号文を作成して自分に送信してもらえる．しかしながら，公開鍵 E_K では暗号化はできても復号不可能なので，鍵 E_K を公開しても心配は要らない．そして暗号文が届いたら，自分だけの秘密にしている鍵 D_K を使って復号するという要領である．つまり，共通鍵が不要となる同時に，秘匿情報のやり取りが可能になるわけだ．

　また，公開鍵暗号の機能として，これまでは送受信での内容の秘匿を中心に説明してきたが，それ以上に**認証**という機能が重要視されている [**図 10-6(b)**]．わかりやすく言えば，銀行での ATM 端末からキャッシュカードを利用してお金の出し入れをするときに，暗証番号（4桁の数字）で本人の確認を行なっているが，この

本人確認の作業が認証という機能に当たる．

つまり，自分の個人秘密鍵 D_K で作成した暗号文を作成し，送信する．そして暗号文が届いたら，公開されている鍵 E_K で復号することにより，暗号文を作成した相手の本人確認，すなわち認証できるという仕掛けである．秘匿処理と同様に，公開鍵暗号を認証に利用する場合には，秘密鍵 D_K は自分のみが使い，公開鍵 E_K は他の多数の利用者に使わせることになる．

まとめてみると，共通鍵暗号が「1対1」の暗号であるのに対して，公開鍵暗号が「1対多」の暗号であることは特筆すべきことである．なぜなら，インターネットではだれでも情報を発信することができ，しかもだれからでも情報を受信できる「1対多」ネットワークに公開鍵暗号の概念が符合しているからである．

10-3 共通鍵暗号：DES暗号

本論に入る前に，一般論として共通鍵暗号の基本テクニックを整理しておこう（「転置」と「換字」の考え方については，5-8 を参照）．

① XOR（排他的論理和）演算 [5-6 の ナットクの例題 5-5 を参照]

コンピュータ内部の "1" と "0" で表される2値データとして，$A = (10100110)$ と $B = (11110101)$ に対して，XOR演算は，

$$A \oplus B = (01010011)$$

となる．続いて，$(A \oplus B) \oplus B$ を計算すると，

$$(A \oplus B) \oplus B = (01010011) \oplus B = (10100110) = A$$

となるので，元の A がすぐに算出できる．ここで，A を暗号化したい平文 P と考え，B を暗号化と復号の共通鍵 $E_K (= D_K)$ と考えれば，暗号化と復号が XOR 演算だけで実現できることが分かる（図 10-7）．

② 換字処理

換字処理は，換字式暗号で行う処理と同じ．古典暗号では1文字単位の置換や1文字を複数の文字に対応づけるといった処理を行う．現代の共通鍵暗号では，1ビット単位に着目して換字する．

```
        ┌─────────────────────────────┐
        │   XOR（排他的論理和）        │
        │  0⊕0=0, 0⊕1=1, 1⊕0=1, 1⊕1=0 │
        └─────────────────────────────┘
```

```
   ┌──── 暗号化 ────┐         ┌──── 復号 ────┐
     平文 P = 10100110           暗号文 C = 01010011
  ⊕  鍵  E_K = 11110101       ⊕ 鍵 D_K = E_K = 11110101
     暗号文 C = 01010011         平文 P = 10100110

     [C = P ⊕ E_K]              [P = C ⊕ D_K = (P ⊕ E_K) ⊕ E_K]
```

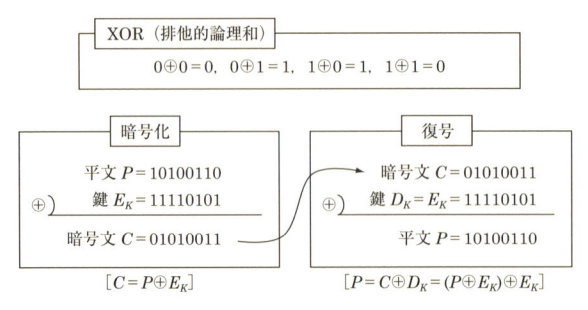

図 10-7　共通鍵暗号の XOR 演算処理例

③転置処理

　転置処理は，転置式暗号で行う処理と同じ．古典暗号では文字単位は同じで，文字の転置を行う．転置の際，例えば 16 バイト（1 バイトは 8 ビット）程度のブロック単位で乱雑に入れ替える．

　このように共通鍵暗号の基礎は，たったこれだけである．「ええっ!?　これでは古典暗号と変わらないじゃないか？」と思われるかもしれない．まさしく，そうなのだ．共通鍵暗号は古典暗号のテクニックの組み合わせである．もちろん数学的な背景や，さまざまな知見により XOR 演算，換字処理，転置処理が実行されるが，これら三つだけの処理の組み合わせで実現されていることに変わりはない．

　それでは，共通鍵暗号の代表格である DES 暗号の簡易版を示し，具体的な数値例とともに，DES 暗号文の生成と復号（解読）を試みてみよう．ぜひとも，手を動かして DES 暗号を実感してもらいたい．なお，実際の物とはやや異なる部分もあるが，わかりやすい例示という意味で，ご容赦いただくことにして，詳細は専門書や論文に委ねたい[8],[9],[10]．

　さて，DES 暗号の歴史は古く，1977 年に一般コンピュータ用標準暗号として制定されたものであり，現在は米国内だけでなく，文字どおり標準暗号として，一般商用を含めて広く世界的に使用され，確固たる地位を築いている．

　DES 暗号は，曖昧さがない完全な規約をもち，鍵の解読に必要な時間や処理量などにより安全性の水準が明示できることに最大の特徴がある．また，DES 暗号の安全性が"鍵の秘匿性"にのみ依存し，"アルゴリズム"に依存しないことなども大きな特徴の一つとして挙げられる．暗号化アルゴリズムとしては，16 段にわたり「転置」と「換字」を繰り返す混合方式である．

　まず前提として，DES 暗号では 2 進データを取り扱うので，文字にせよ画像ファイルにせよ，秘密にしておきたい（暗号化したい）内容は 2 進のデータ系列に変

表 10-1 文字と 2 進コード

文 字	2進コード	文 字	2進コード
A	0 0 0 0	I	1 0 0 0
B	0 0 0 1	J	1 0 0 1
C	0 0 1 0	K	1 0 1 0
D	0 0 1 1	L	1 0 1 1
E	0 1 0 0	M	1 1 0 0
F	0 1 0 1	N	1 1 0 1
G	0 1 1 0	O	1 1 1 0
H	0 1 1 1	(捨字)	1 1 1 1

換しておく必要がある．

ここでは，DES暗号（本来であれば，簡易DES暗号と称すべきだが）として，表10-1に示す16文字（1文字は，意味のない「捨字」のみを用いることにし，1文字を4ビットの2進コードに対応づけたものに変換して，暗号化したい文を"1"と"0"の系列（平文）で表すことにする．

◆ DES 暗号文の生成 (暗号化)

DES暗号では2進数からなるデータを取り扱うが，一般性を損なうことなく，簡略版として8ビットを1ブロックとし，2段構成のDES暗号を考え，その仕組みについてわかりやすく説明することにしよう．

DES暗号文の生成は，暗号化および鍵生成の二つの処理に基づいて行われる（図10-8）．最初に，図10-8に示すように，暗号化したい平文を表10-1により"1"と"0"のビット列（2進データ）に変換する．8ビットは，まず初期転置（IP）によってランダム化（シャッフル）される．どのようにランダム化されるのか，表10-2に示す．

表10-2は，8ビットずつにブロック化された平文入力に対して，例えば，入力の第1ビットは初期転置で出力の第5ビットに転置されることを意味する（図10-9）．以下，左から右へという順に入力の第2ビットは出力の第1ビットに来る，……というぐあいに置換する．

初期転置（IP）されたビット列は，図10-8の2段目の暗号を生成する処理の後，最終転置（IP^{-1}，表10-3）によって元の入力のビット位置に戻されることになる．そこで，表10-2と表10-3とを連続して形で表現してみると，例えば表10-2で

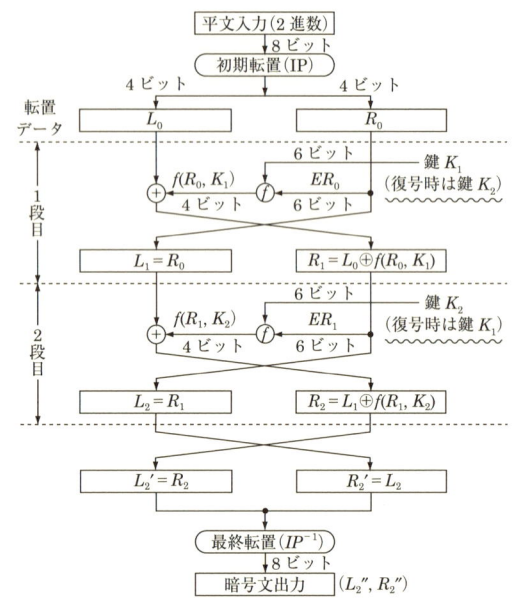

218　第10章 セキュリティを守る信号処理：DES暗号，RSA暗号

```
           平文入力(2進数)
              8ビット
           初期転置(IP)
       4ビット      4ビット
転置       ┌──┐    ┌──┐
データ     │L₀│    │R₀│
           └──┘    └──┘
                  6ビット
              f(R₀,K₁)  ER₀    鍵K₁
        ⊕─────f──────        (復号時は鍵K₂)
1        4ビット   6ビット
段
目     ┌──────┐  ┌──────────────┐
       │L₁=R₀ │  │R₁=L₀⊕f(R₀,K₁)│
       └──────┘  └──────────────┘
                  6ビット
              f(R₁,K₂)  ER₁    鍵K₂
        ⊕─────f──────        (復号時は鍵K₁)
2        4ビット   6ビット
段
目     ┌──────┐  ┌──────────────┐
       │L₂=R₁ │  │R₂=L₁⊕f(R₁,K₂)│
       └──────┘  └──────────────┘
           ╲    ╱
            ╲  ╱
            ╱  ╲
       ┌──────┐  ┌──────┐
       │L₂'=R₂│  │R₂'=L₂│
       └──────┘  └──────┘
           最終転置(IP⁻¹)
              8ビット
            暗号文出力 (L₂'',R₂'')
```

図10-8　簡易版DES暗号の計算手順

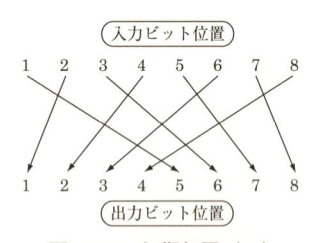

図10-9　初期転置（IP）

表10-2　初期転置（IP）

入力ビット位置 j	1	2	3	4	5	6	7	8
出力ビット位置 k	5	1	6	2	7	3	8	4

表10-3　最終転置（IP^{-1}）

入力ビット位置 j	1	2	3	4	5	6	7	8
出力ビット位置 k	2	4	6	8	1	3	5	7

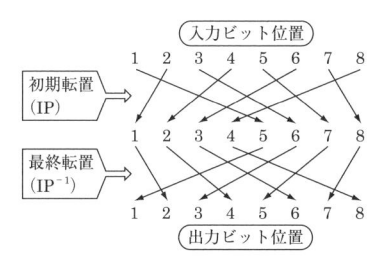

図 10-10　初期転置と最終転置の組み合わせ

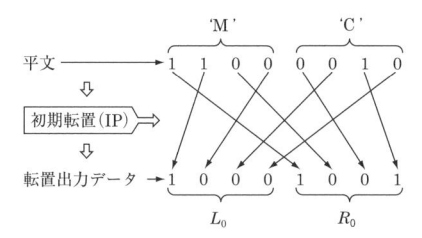

図 10-11　平文の初期転置 (IP) による出力データ

入力の第 5 ビットは第 7 ビットとして出力される．さらに，その第 7 ビットは**表 10-3** より第 5 ビットとなり，元の第 5 ビットの位置に戻ってくることがわかる（**図 10-10**）．

ここで，具体的に暗号化する過程で必要となる 1 段目と 2 段目の二つの暗号化鍵として，

$$K_1 = (1\ 1\ 0\ 0\ 0\ 1),\ K_2 = (1\ 1\ 1\ 0\ 0\ 0) \tag{10.4}$$

を用いる．

いま，1 文字を 4 ビットで表すことにし，"MC" という文字を簡易 DES 暗号化してみることにしよう．**表 10-1** より，"MC" は 2 進数データとして，

$$\text{"MC"} \rightarrow (1\ 1\ 0\ 0\ 0\ 0\ 1\ 0) \tag{10.5}$$

と表される．以下，DES 暗号文の生成の流れについて，具体例で説明していくので，一つずつ丁寧に計算し，理解を深めてもらいたい．

［ステップ 1］　初期転置 (IP) として，**表 10-2** に基づき，式 (10.5) の平文 $(1\ 1\ 0\ 0\ 0\ 0\ 1\ 0) =$ "MC" の転置出力データを作成する（**図 10-11**）．

［ステップ 2］　**［ステップ 1］**で得られた転置出力データを，上位 4 ビット（左側）L_0 と下位 4 ビット（右側）R_0 に分割する．**図 10-11** より，以下のようになる．

表 10-4 拡大転置

出力ビット位置 k	1	2	3	4	5	6
入力ビット位置 j	3	4	1	2	3	4

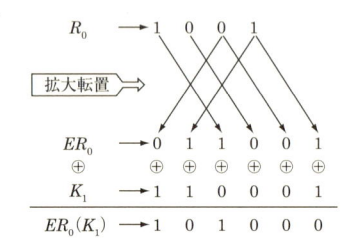

図 10-12 ［ステップ 4］の計算の流れ

$$L_0 = (1\ 0\ 0\ 0) \tag{10.6}$$

$$R_0 = (1\ 0\ \underline{0\ 1}) \tag{10.7}$$

［ステップ 3］ 表 10-4 に基づき，第 3 ビットと第 4 ビット［式（10.7）の下線部］を重複させて，R_0 を拡大転置する（4 ビットを 6 ビットに増やし，ビット位置を変える）．

$$ER_0 = (\underline{0}\ 1\ 1\ 0\ \underline{0\ 1}) \tag{10.8}$$

［ステップ 4］ 鍵 $K_1 = (1\ 1\ 0\ 0\ 0\ 1)$ と，式（10.8）の拡大転置した ER_0 との排他的論理和（$\oplus$）を計算する（**図 10-12**）．

$$ER_0(K_1) = ER_0 \oplus K_1 \tag{10.9}$$
$$= (0\ 1\ 1\ 0\ 0\ 1) \oplus (1\ 1\ 0\ 0\ 0\ 1)$$
$$= (1\ 0\ 1\ 0\ 0\ 0) \tag{10.10}$$

［ステップ 5］ 表 10-5 に基づき，式（10.10）を圧縮・換字変換する（6 ビットを 4 ビットにビットを減らして，換字を選ぶ）．表 10-5 には，行番号 0，1，2，3 で表示された 4 種類の換字表が用意されている．このとき，式（10.10）の 6 ビットのうち最初のビット（最左端で第 1 ビット）と最後のビット（最右端で第 6 ビット）の 2 ビットが指示する値により，換字表の種類に対応する行番号（0～3）を選別する．そして，残りの 4 ビットが指示する値により，列番号（0～15）の一つを決定し，換字を選択する．例えば，式（10.10）の（$\boxed{1}\ 0\ 1\ 0\ 0\ \boxed{0}$）$_2$ に対しては，（$\boxed{1\ 0}$）$_2 = 2$ 行目を選び，次に（$0\ 1\ 0\ 0$）$_2 = 4$ 列目の交差する値（13）$_{10}$ を選択した後（**表 10-5** の□で囲む位置），10 進数の 13 を 2 進数に変換して（1 1 0 1）$_2$ を得る．

表10-5 圧縮・換字変換テーブル

行番号＼列番号	0	1	2	3	4	5	6	7	8	9	10	11	12	13	14	15
0	14	4	13	1	2	15	11	8	3	10	6	12	5	9	0	7
1	0	15	7	④	14	2	13	1	10	6	12	11	9	5	3	8
2	4	1	14	8	☐13	6	2	11	15	12	9	7	3	10	5	0
3	15	12	8	2	4	9	1	7	5	11	3	14	10	0	6	13

表10-6 出力転置

入力ビット位置 j	1	2	3	4
出力ビット位置 k	3	4	1	2

$ER_0(K_1) \rightarrow 1\ 0\ 1\ 0\ 0\ 0$

圧縮換字変換 ⟹

$1\ 1\ 0\ 1$

出力転置 ⟹

$f(R_0, K_1) \rightarrow 0\ 1\ 1\ 1$

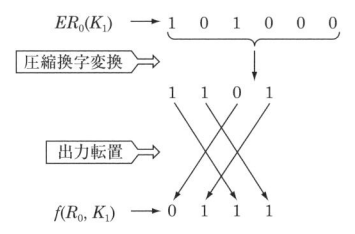

図10-13 ［ステップ5］の計算の流れ

さらに，得られた $(1\ 1\ 0\ 1)_2$ を表10-6に基づいて転置処理すると，

$$(1\ 1\ 0\ 1) \rightarrow (0\ 1\ 1\ 1)$$

となる（図10-13）．以上の一連の処理計算が圧縮換字・転置変換であり，この変換を非線形関数 f として，

$$f(R_0, K_1) = (0\ 1\ 1\ 1) \tag{10.11}$$

と表すことにする．

[**ステップ6**] 図10-8より，1段目の出力として上位4ビット（左側）L_1 と下位4ビット（右側）R_1 を，次式により求める［式 (10.6), (10.7), (10.11) を利用］．

$$L_1 = R_0 = (1\ 0\ 0\ 1) \tag{10.12}$$
$$R_1 = L_0 \oplus f(R_0, K_1) \tag{10.13}$$
$$= (1\ 0\ 0\ 0) \oplus (0\ 1\ 1\ 1) = (1\ 1\ \underline{1\ 1}) \tag{10.14}$$

以下，同様に**[ステップ3]**〜**[ステップ6]**を反復して計算することにより，DES暗号による暗号文を生成することができる．計算プロセスをまとめておくので，各自が計算して確認してもらいたい．

[ステップ7] 表10-4［拡大転置］に基づき，R_1を拡大転置する．

$$ER_1 = (\underline{1}\,1\,1\,1\,1\,\underline{1}) \tag{10.15}$$

[ステップ8] 鍵$K_2 = (1\,1\,1\,0\,0\,0)$と，式（10.14）の拡大転置したER_1との排他的論理和（$\oplus$）を計算する．

$$\begin{aligned}ER_1(K_2) &= K_2 \oplus ER_1 \\ &= (1\,1\,1\,0\,0\,0) \oplus (1\,1\,1\,1\,1\,1) \\ &= (0\,0\,0\,1\,1\,1)\end{aligned} \tag{10.16}$$
$$\tag{10.17}$$

[ステップ9] 式（10.17）の$(\boxed{0}\,0\,0\,1\,1\,\boxed{1})_2$に対しては，$(\boxed{0\,1})_2 = 1$行目かつ$(0\,0\,1\,1)_2 = 3$列目の交差する（**表10-5**の○で囲った位置の）値$(4)_{10}$を選択した後，2進数に変換して$(0\,1\,0\,0)_2$を得る．さらに，**表10-6**［出力転置］より，

$$(0\,1\,0\,0) \rightarrow (0\,0\,0\,1) \tag{10.18}$$

となり，最終的に

$$f(R_1, K_2) = (0\,0\,0\,1) \tag{10.19}$$

と表される．

[ステップ10] 図10-8の2段目の出力として，上位4ビット（左側）L_2と下位4ビット（右側）R_2は，式（10.12），（10.14），（10.19）より，

$$L_2 = R_1 = (1\,1\,1\,1) \tag{10.20}$$
$$R_2 = L_1 \oplus f(R_1, K_2) \tag{10.21}$$
$$= (1\,0\,0\,1) \oplus (0\,0\,0\,1) = (1\,0\,0\,0) \tag{10.22}$$

と求められる．

[ステップ11] 図10-8より，最終段では，上位ビットL_2と下位ビットR_2を入れ換える（**図10-14**）．

$$L_2' = R_2 = (1\,0\,0\,0) \tag{10.23}$$
$$R_2' = L_2 = (1\,1\,1\,1) \tag{10.24}$$

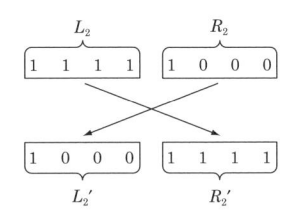

図 10-14 [ステップ 11] の計算の流れ

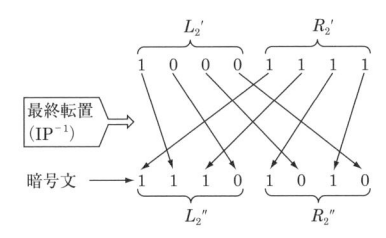

図 10-15 最終転置 (IP^{-1}) による暗号文の出力

[ステップ 12] 図 10-13 の 2 進データを，表 10-3 [最終転置] に基づき，転置出力データを作成する（図 10-15）．こうして得られた 8 ビットの出力データが，DES 暗号文になるのである．

$$L_2'' = (1\ 1\ 1\ 0) = \text{"O"} \tag{10.25}$$
$$R_2'' = (1\ 0\ 1\ 0) = \text{"K"} \tag{10.26}$$

◆ DES 暗号文の復号

今度は，図 10-15 の DES 暗号文を平文に戻してみることにしよう．復号の手順は，図 10-8 の暗号文生成の手順をそのまま適用することができる．ただし，DES 暗号文の生成時には，鍵 K_1, K_2 の順で利用したが，復号時にはこの順序を逆にして，第 1 段では鍵 K_2 を，第 2 段では K_1 という順にする．倉庫の二重鍵に喩えて言えば，鍵を閉めた順と逆の順に鍵を使っていかないと倉庫が開かないというイメージである．

まず最初に，式 (10.25)，(10.26) のデータ L_2'', R_2'' に対して，**[ステップ 1]** の初期転置（IP）から開始する．

[ステップ 1] 初期転置（IP）として，表 10-2 に基づき，暗号文（1 1 1 0 1 0 1 0）の転置出力データ L_2', R_2' を作成する（図 10-16）．

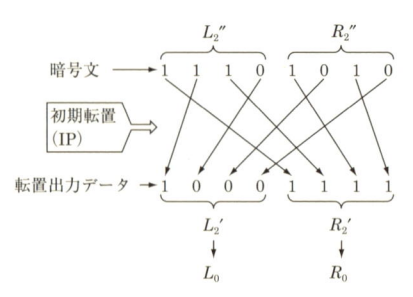

図 10-16 暗号文の初期転置（IP）による出力データ

[ステップ2] [ステップ1]で得られた転置出力データを，上位4ビット（左側）L_0 と下位4ビット（右側）R_0 に分割する（図 10-16）．

$$L_0 = (1\ 0\ 0\ 0) = L_2' \tag{10.27}$$
$$R_0 = (1\ 1\ \underline{1\ 1}) = R_2' \tag{10.28}$$

[ステップ3] 表 10-4 に基づき，第3ビットと第4ビット［式（10.28）の下線部］を重複させて，R_0 を拡大転置する．

$$ER_0 = (\underline{1\ 1}\ 1\ 1\ \underline{1\ 1}) \tag{10.29}$$

[ステップ4] 鍵 $K_2 = (1\ 1\ 1\ 0\ 0\ 0)$ と ER_0 との排他的論理和（⊕）を計算する．

$$\begin{aligned} ER_0(K_2) &= K_2 \oplus ER_0 \\ &= (1\ 1\ 1\ 0\ 0\ 0) \oplus (1\ 1\ 1\ 1\ 1\ 1) \\ &= (0\ 0\ 0\ 1\ 1\ 1) \end{aligned} \tag{10.30} \tag{10.31}$$

[ステップ5] 表 10-5 に基づき，式（10.31）を圧縮換字変換する．式（10.31）の $(\boxed{0}\ 0\ 0\ 1\ 1\ \boxed{1})_2$ に対しては，$(\boxed{0\ 1})_2 = 1$ 行目を選び，次に $(0\ 0\ 1\ 1)_2 = 3$ 列目の交差する値 $(4)_{10}$ を選択した後（表 10-5 の○で囲む位置），2進数に変換して $(0\ 1\ 0\ 0)_2$ を得る．さらに，得られた $(0\ 1\ 0\ 0)_2$ は表 10-6［出力転置］により，

$$(0\ 1\ 0\ 0) \rightarrow (0\ 0\ 0\ 1)$$

となり，最終的に，

$$f(R_0, K_2) = (0\ 0\ 0\ 1) \tag{10.32}$$

と表される．

[**ステップ6**] 図10-8より，1段目の出力として上位4ビット（左側）L_1 と下位4ビット（右側）R_1 を，次式により求める［式（10.27），（10.28），（10.32）を利用］．

$$L_1 = R_0 = (1\ 1\ 1\ 1) \tag{10.33}$$
$$R_1 = L_0 \oplus f(R_0, K_2) \tag{10.34}$$
$$= (1\ 0\ 0\ 0) \oplus (0\ 0\ 0\ 1) = (1\ 0\ \underline{0}\ \underline{1}) \tag{10.35}$$

以下同様に，[**ステップ3**]〜[**ステップ6**] を反復して計算する．

[**ステップ7**] 表10-4に基づき，R_1 を拡大転置する．

$$ER_1 = (\underline{0}\ \underline{1}\ 1\ 0\ 0\ \underline{1}) \tag{10.36}$$

[**ステップ8**] 鍵 $K_1 = (1\ 1\ 0\ 0\ 0\ 1)$ と ER_1 との排他的論理和（$\oplus$）を計算する．

$$ER_1(K_1) = K_1 \oplus ER_1 \tag{10.37}$$
$$= (1\ 1\ 0\ 0\ 0\ 1) \oplus (0\ 1\ 1\ 0\ 0\ 1)$$
$$= (1\ 0\ 1\ 0\ 0\ 0) \tag{10.38}$$

[**ステップ9**] 式（10.38）の $(\boxed{1}\ 0\ 1\ 0\ 0\ \boxed{0})_2$ に対しては，$(\boxed{1\ 0})_2 = 2$ 行目を選び，次に $(0\ 1\ 0\ 0)_2 = 4$ 列目の交差する値 $(13)_{10}$ を選択した後（**表10-5** の□で囲った位置），2進数に変換して $(1\ 1\ 0\ 1)_2$ を得る．さらに，**表10-6**［出力転置］により，

$$(1\ 1\ 0\ 1) \rightarrow (0\ 1\ 1\ 1) \tag{10.39}$$

となり，最終的に

$$f(R_1, K_1) = (0\ 1\ 1\ 1) \tag{10.40}$$

と表される．

[**ステップ10**] 図1の2段目の出力として，上位4ビット（左側）L_2 と下位4ビット（右側）R_2 は，式（10.33），（10.35），（10.40）より，

$$L_2 = R_1 = (1\ 0\ 0\ 1) \tag{10.41}$$
$$R_2 = L_1 \oplus f(R_1, K_1) \tag{10.42}$$
$$= (1\ 1\ 1\ 1) \oplus (0\ 1\ 1\ 1) = (1\ 0\ 0\ 0) \tag{10.43}$$

と求められる．

[**ステップ11**] 図10-8より，最終段では，上位ビット L_2 と下位ビット R_2 を

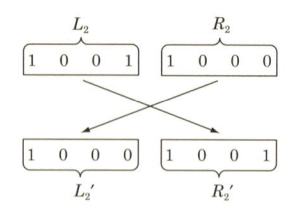

図 10-17 ［ステップ 11］の計算の流れ

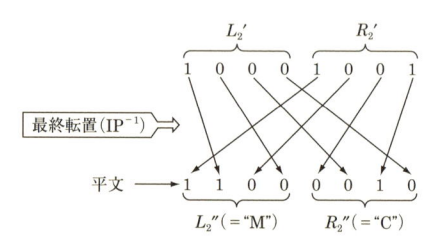

図 10-18 ［ステップ 12］の計算の流れ

入れ換える（**図 10-17**）．

$$L_2' = R_2 = (1\ 0\ 0\ 0) \tag{10.44}$$
$$R_2' = L_2 = (1\ 0\ 0\ 1) \tag{10.45}$$

[**ステップ 12**] 図 10-17 の 2 進データを，**表 10-3** ［最終転置］に基づき，転置出力データを作成する（**図 10-18**）．

$$L_2'' = (1\ 1\ 0\ 0) \tag{10.46}$$
$$R_2'' = (0\ 0\ 1\ 0) \tag{10.47}$$

こうして得られた 8 ビットの出力データが平文に相当し，式（10.46）と式（10.47）の 2 進コードはそれぞれ**表 10-1** より "M"，"C" という文字であることから，めでたく DES 暗号が解読できたということになるのである．

以上のことから，DES 暗号の復号処理を生成処理と対比させてみると，復号処理の流れをまったく逆にたどることにより，復号処理を実行していることが確認できる（**図 10-19**）．

このように，DES 暗号の変換処理（**図 10-20**）を適用して，(L_{n-1}, R_{n-1}) から (L_n, R_n) を得た後，続いて L_n と R_n を入れ替え，再び**図 10-20** の変換処理を実行すると，元の (L_{n-1}, R_{n-1}) が得られることがわかる（**図 10-21**）．このように，同じ変換処

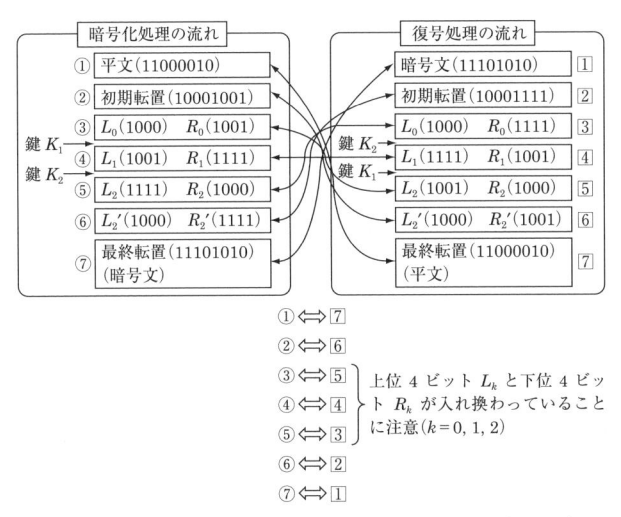

```
┌─ 暗号化処理の流れ ─┐         ┌─ 復号処理の流れ ─┐
│ ① 平文(11000010)    │         │ 暗号文(11101010) ① │
│ ② 初期転置(10001001)│         │ 初期転置(10001111) ② │
│ ③ L₀(1000) R₀(1001)│  鍵 K₂  │ L₀(1000) R₀(1111) ③ │
│ 鍵 K₁ ④ L₁(1001) R₁(1111)│ 鍵 K₁ │ L₁(1111) R₁(1001) ④ │
│ 鍵 K₂ ⑤ L₂(1111) R₂(1000)│         │ L₂(1001) R₂(1000) ⑤ │
│ ⑥ L₂'(1000) R₂'(1111)│         │ L₂'(1000) R₂'(1001) ⑥ │
│ ⑦ 最終転置(11101010) │         │ 最終転置(11000010) ⑦ │
│   (暗号文)          │         │   (平文)           │
```

①⇔⑦
②⇔⑥
③⇔⑤ ┐ 上位 4 ビット L_k と下位 4 ビッ
④⇔④ ├ ト R_k が入れ換わっていること
⑤⇔③ ┘ に注意 ($k = 0, 1, 2$)
⑥⇔②
⑦⇔①

図 10-19 DES 暗号における暗号化処理と復号処理との対応（インボルーション）

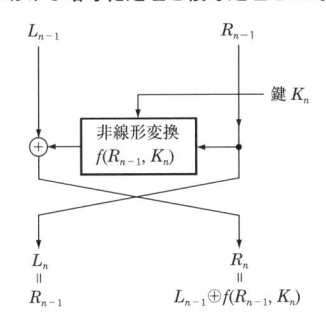

L_{n-1} 　　　　　R_{n-1}
　　　　　　　　　　　　鍵 K_n
　　　非線形変換
　⊕――$f(R_{n-1}, K_n)$
L_n 　　　　　　R_n
 ‖ 　　　　　　　 ‖
R_{n-1} 　　$L_{n-1} \oplus f(R_{n-1}, K_n)$

図 10-20 DES 暗号化における基本単位での処理

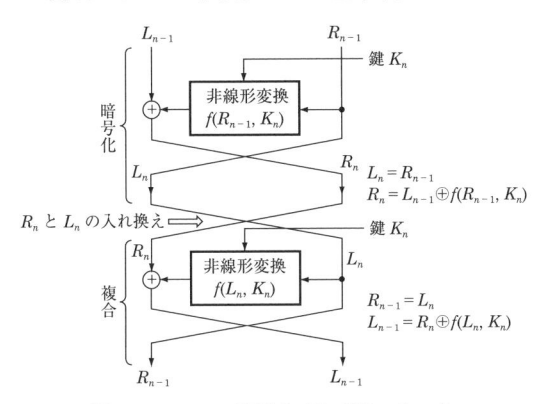

暗号化：
L_{n-1}, R_{n-1} → 鍵 K_n, 非線形変換 $f(R_{n-1}, K_n)$
$L_n = R_{n-1}$
$R_n = L_{n-1} \oplus f(R_{n-1}, K_n)$

R_n と L_n の入れ換え ⇒

復号：
鍵 K_n, 非線形変換 $f(L_n, K_n)$
$R_{n-1} = L_n$
$L_{n-1} = R_n \oplus f(L_n, K_n)$

図 10-21 DES 暗号のインボルーション

理を2度繰り返すことで元に戻せるような処理は**インボルーション**（involution）と呼ばれる．つまり，暗号化と復号の異なる処理が同じアルゴリズムを用いて実現できる．これがDES暗号の強みである．

DES暗号文の生成と復号の処理の流れを理解してもらえたところで，次にDES暗号のカギを握る"共通鍵"（前述のK_1とK_2に相当し，秘密にしておく鍵）である．複数個の鍵が必要になりそうで計算が煩雑だろうなと心配されるかもしれないが，実はたった一つの秘密鍵K_0から順に生成できることが知られている（紙面の都合上，割愛させていただく）．

10-4 公開鍵暗号：RSA暗号

今度は，共通鍵暗号に対向するものとして位置づけられる，公開鍵暗号の代表格であるRSA暗号を取り上げる．「鍵を第三者に公開しても，秘密が保てる」という公開鍵暗号の不思議な「からくり」を理解してもらうことを目標に，やさしい解説を試みる．その際，整数演算の剰余（わり算の余りに基づく計算で，モジュロ（mod）演算という．**5-6**を参照）がたびたび登場してくることになるが，整数の四則演算は原理的には小学校程度の算数にすぎないので，気楽な気持ちで読み進めていただきたい（**コラム⑭**を参照）．

なお，わかりやすく説明したために数学的な厳密性に欠けているところが多少なりともあるかと思われるので，実際にRSA暗号を利用するに際しては，専門書や論文を参考にしてもらいたい．

コラム14 column ［一方向性関数と暗号マジック］

「鍵を公開しても秘密が守れるのはなぜだろう？ RSA暗号のどこに，どんな秘密の仕掛けがあるんだろう？」という疑問にお答えしよう．

結論は，

「図10-22のように，ある方向（A → B）の計算①はやさしいが，その逆の方向（B → A）の計算②は非常に困難である」

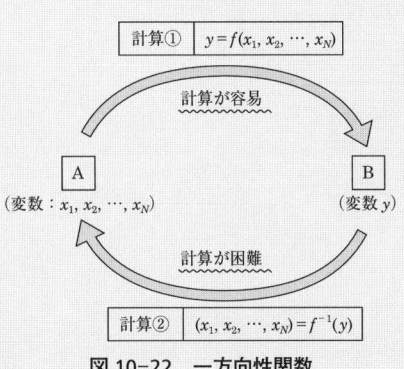

図 10-22　一方向性関数

という性質，「往きはよいよい，帰りは怖い」という感じの**一方向性関数**に，RSA 暗号の秘密の仕掛け（**マジック・プロトコル**と呼ばれる）が仕込んであるということだ．

例えば，二つの素数（p, q）の積で表される大きなけた数の正整数に対して，

　計算①：p と q が与えられたとき，積 $y = p \times q$ を計算する
　計算②：積 $y = p \times q$ が与えられたとき，二つの素数 p と q を算出する（素因数分解）

のように，素数の掛け算と，その逆の素因数分解の計算が一方向性関数の代表例である．

具体的数値例として，「25173451 という 8 けたの整数が与えられて，これが二つの素数の積になっているが，二つの素数はそれぞれいくらか？」と聞かれて，おそらく即座に答えられる人はほとんど皆無だろう．実は，

　　「25173451 = 4673 × 5387」（4673 と 5387 のいずれも素数）

に分解されるのだが，こうした素因数分解の難しさを利用して作られた暗号が **RSA 暗号**であり，鍵を公開しても秘密が守られるという"**公開鍵暗号**"の不思議な「からくり」のヒントになるものである．なお，非常に大きいけた数の素数を知りたい方は，URL https://primes.utm.edu/ を覗いてみていただきたい．

◆ RSA 暗号の基本演算

いま，$N = 22 = 2 \times 11$，$p = 2$，$q = 11$ の場合に，べき乗算として，

$$a^b = \underbrace{a \times a \times \cdots \times a}_{b \text{ 個}} \pmod{N} \tag{10.48}$$

を定義する．これを a の b 乗といい，b をべき指数と称する．mod 22 の 22 個の元 $P \in \{0, 1, 2, 3, \cdots, 19, 20, 21\}$ について，べき乗の表を作成すると**表 10-7** が得られる．

表 10-7 より，$N = 22$ より小さくて 22 と共通因数をもたない正整数 k（公約数が 1 で，「**互いに素**」の関係ともいう）は，$\{1, 3, 5, 7, 9, 13, 15, 17, 19, 21\}$ の 10 個であり，a^{10} の列を見れば納得できる（$\boxed{1}$ で示す）．

表 10-7 mod 22 のべき乗算 (a^b)

暗号化 $e = 7$ ／ 復号 $d = 3$

a ＼ b	0	1	2	3	4	5	6	7	8	9	10	11	12	13	14	15	16	17	18	19	20	21	22	23
0	•	0	0	0	0	0	0	0	0	0	0	0	0	0	0	0	0	0	0	0	0	0	0	0
1		1	1	1	1	1	1	1	1	1	$\boxed{1}$	1	1	1	1	1	1	1	1	1	$\boxed{1}$	1	1	1
2		2	4	8	16	10	20	18	14	6	12	2	4	8	16	10	20	18	14	6	12	2	4	8
3		3	9	5	15	1	3	9	5	15	$\boxed{1}$	3	9	5	15	1	3	9	5	15	$\boxed{1}$	3	9	5
4		4	16	20	14	12	4	16	20	14	12	4	16	20	14	12	4	16	20	14	12	4	16	20
5		5	3	15	9	1	5	3	15	9	$\boxed{1}$	5	3	15	9	1	5	3	15	9	$\boxed{1}$	5	3	15
6		6	14	18	20	10	16	8	4	2	12	6	14	18	20	10	16	8	4	2	12	6	14	18
7		7	5	13	3	21	15	17	9	19	$\boxed{1}$	7	5	13	3	21	15	17	9	19	$\boxed{1}$	7	5	13
8		8	20	6	4	10	14	2	16	18	12	8	20	6	4	10	14	2	16	18	12	8	20	6
9		9	15	3	5	1	9	15	3	5	$\boxed{1}$	9	15	3	5	1	9	15	3	5	$\boxed{1}$	9	15	3
10		10	12	10	12	10	12	10	12	10	12	10	12	10	12	10	12	10	12	10	12	10	12	10
11		11	11	11	11	11	11	11	11	11	$\boxed{11}$	11	11	11	11	11	11	11	11	11	$\boxed{11}$	11	11	11
12		12	12	12	12	12	12	12	12	12	12	12	12	12	12	12	12	12	12	12	12	12	12	12
13		13	15	19	6	10	8	16	12	20	$\boxed{1}$	13	15	19	6	10	8	16	12	20	$\boxed{1}$	13	15	19
14		14	20	16	4	12	14	20	16	4	12	14	20	16	4	12	14	20	16	4	12	14	20	16
15		15	5	9	3	1	15	5	9	3	$\boxed{1}$	15	5	9	3	1	15	5	9	3	$\boxed{1}$	15	5	9
16		16	14	4	20	12	16	14	4	20	12	16	14	4	20	12	16	14	4	20	12	16	14	4
17		17	3	7	9	21	15	13	$\boxed{1}$	17	3	7	9	21	15	19	15	13	$\boxed{1}$	17	3	7	9	
18		18	16	2	14	10	4	6	20	18	12	18	16	2	14	10	4	6	20	18	12	18	16	2
19		19	9	17	15	2	13	5	7	$\boxed{1}$	19	9	17	15	2	13	5	7	$\boxed{1}$	19	9	17		
20		20	4	14	20	4	14	20	4	14	12	20	4	14	20	4	14	20	4	14	12	20	4	14
21		21	1	21	1	21	1	21	$\boxed{1}$	21	1	21	1	21	1	21	1	21	$\boxed{1}$	21	1	21	1	21

↑ $L = 10$ ／ ↑ $2L = 20$

a（22 を法とする世界の正整数）

試しに $k=19$ を例に採って，

$19^{10} \pmod{22}$

を求めてみよう．以下に計算の流れを示すが，普通の電卓があればスムーズに算出できる．まず，

$19^2 = 361 = 16 \times 22 + 9 = 9 \pmod{22}$

であり，

$19^{10} = (19^2)^5 = (9)^5 = 59049 = 2684 \times 22 + 1 \pmod{22}$

が得られる．もちろん残りの正整数についてもすべて 1 になるので，不思議な感じがするのだが，この性質が RSA 暗号の「からくり」と密接に関係する．ここで，19 を 2 乗してわざわざ 361 にするのは，22 より大きい数を作り出して余りの計算を簡略化して求めるためである．基本的には，「22 より大きい部分を余りに置き換えて小さくして計算するやり方」で電卓でも容易に計算できるので試してみよう．また，プログラムのできる人は一度パソコンで挑戦してみてほしい．

ところで，べき指数の 10 は 1 ($=p-1=2-1$) と 10 ($=q-1=10-1$) の最小公倍数に一致する．さらに，べき指数 10 に 1 を加えた値 11 でべき乗すると，22 個の元 $P \in \{0, 1, 2, 3, \cdots, 19, 20, 21\}$ それ自身の値になることがわかる．すなわち，**表 10-7** の a^{11} の列を見てもらうと，

$$\begin{cases} 0^{11} \pmod{22} = 0, \quad 1^{11} \pmod{22} = 1, \quad 2^{11} \pmod{22} = 2 \\ 3^{11} \pmod{22} = 3, \quad 4^{11} \pmod{22} = 4, \quad 5^{11} \pmod{22} = 5 \\ \quad \cdots\cdots\cdots \\ 19^{11} \pmod{22} = 19, \quad 20^{11} \pmod{22} = 20, \quad 21^{11} \pmod{22} = 21 \end{cases} \quad (10.49)$$

であり，一般的にべき指数 10 の倍数に 1 を加えた値（$10n+1$，n は正整数）でべき乗すると，22 個の元 $\{0, 1, 2, 3, \cdots, 19, 20, 21\}$ それ自身の値になるのである．実は，こうした性質が RSA 暗号の鍵のペア（暗号化鍵 e，復号鍵 d）を与えることになるのである．

では，秘密裏に伝えたい平文の数値例を $(2, 18, 5)$ とし，友人から自分に送ってもらうことを想定し，公開する鍵を適当に 7 としてみよう（ただし，実際は適当にはとれず，多少の制約がある）．そして「鍵を 7 とし，22 を法として暗号化して送ってくれ」と友人に依頼する．よって，公開する情報は法とする数 $N=22$ と

公開鍵 $e=7$ の二つである．友人は平文 $(2, 18, 5)$ を言われたとおりに，**表 10-7** の a^7 の列に基づき，

$$2^7 (\mathrm{mod}\ 22) = 18, \quad 18^7 (\mathrm{mod}\ 22) = 6, \quad 5^7 (\mathrm{mod}\ 22) = 3$$

となって，暗号文 $(18, 6, 3)$ が送られてくるわけだ．

次に，暗号文 $(8, 2, 15)$ を受け取って，これを復号して平文に戻す処理に取りかかる．それには，公開した鍵 $e=7$ のペアになる秘密の鍵 d を求めて，その数だけ暗号文をべき乗すれば元の平文に戻せるはずである．

前述のように $N=22$ を法とするとき，10 の倍数に 1 を加えた値 $(10n+1)$ でべき乗すると元に戻るわけだから，$e=7$ という鍵で暗号化したなら（既に 7 乗されているので），任意のすべての元 $P \in \{0, 1, 2, 3, \cdots, 19, 20, 21\}$ の 7 乗したときの数をさらにある数（復号鍵 d，正整数）でべき乗することを考える．このとき，

$$(P^7)^d = P^{7d} = P^{(10n+1)}\ ;\ n\ は任意の正整数 \qquad (10.50)$$

で表される関係が成立しなければならない．よって，

$$7d = 10n + 1$$

の関係を満たす正整数 d を見つければよいわけだから，

$$d = \frac{10n+1}{7}\ ;\ n\ は任意の正整数 \qquad (10.51)$$

が得られ，正整数 e の乗算に対する逆元，すなわち，

$$d = e^{-1} \quad (\mathrm{mod}\ 10) \qquad (10.52)$$

となるのである．このような復号鍵としては，$n=2$ のときに $d=3$ となるので，この 3 が暗号化鍵 $e=7$ を使った暗号文を復号できる秘密の鍵 d になるというぐあいだ $[ed = 7 \times 3 = 21\ (\mathrm{mod}\ 10) = 1$ で，**表 10-7** の a^{21} の列に相当する$]$．

さっそく確認のために，送られたきた暗号文 $(18, 6, 3)$ を秘密の鍵 3 で復号してみると，22 を法とするモジュロ演算なので，**表 10-7** の a^3 の列に基づき，

$$18^3 (\mathrm{mod}\ 22) = 2, \quad 6^3 (\mathrm{mod}\ 22) = 18, \quad 3^3 (\mathrm{mod}\ 22) = 5$$

となり，復号結果は $(2, 18, 5)$ で最初の平文に一致して見事に復号できるのである．鍵を公開しても，確かに秘密が守れるらしいことが実感できるではないだろうか，思わず「おっ，お見事！」というほかない．

◆ RSA 暗号文の生成

まず，入力である平文を構成する文字列に対応する整数 $P \in \{0, 1, 2, \cdots, N-2, N-1\}$（正整数 N で割ったときの余り）を，

$$P \pmod{N} \tag{10.53}$$

で表すとき，この P を暗号化するための正整数の暗号化鍵 (e, N) を用意し，これらの暗号化鍵を公開して，

$$C = E_K(P) = P^e \pmod{N} \tag{10.54}$$

で暗号文に対応する整数 C を求める．ここで，$P^e \pmod{N}$ は，P を e 乗したもの，すなわち，

$$P^e = \underbrace{P \times P \times \cdots \times P}_{e \text{個}} \tag{10.55}$$

を正整数 N で割ったときの余りを表す．

◆ 暗号文の解読（平文の復元）

逆に，暗号文 C を平文 P に復号するには，秘密の復号鍵（d：正整数，e と異なる値をもつ）を用いて，

$$P = D_K(C) = C^d \pmod{N} \tag{10.56}$$

とする．ここで，$C^d \pmod{N}$ は，C を d 乗したもの，すなわち，

$$C^d = \underbrace{C \times C \times \cdots \times C}_{d \text{個}} \tag{10.57}$$

を正整数 N で割ったときの余りを表す．もちろん，P も C も $0 \sim (N-1)$ の正整数である．

◆ RSA 暗号の暗号化鍵／復号鍵の生成

次は，RSA 暗号のカギは，暗号化鍵 e とペアになる復号鍵 d をどのように見出すかが最大のポイントなので，その手順を以下に示す．

［ステップ 1］ 十分に大きな二つの異なる素数を p, q を任意に選ぶ（$N = pq$）．N を知って p, q を算出するという「素因数分解の難しさ」が RSA 暗号の秘密を守る

マジックのタネとなる.

[ステップ2] $(p-1)$ と $(q-1)$ の最小公倍数 L を計算する（LCM は最小公倍数を求める記号）．ここでも，L を算出するには二つの素数 p, q を知る必要がある．

$$L = \text{LCM}(p-1, q-1) \tag{10.58}$$

[ステップ3] 式 (10.58) の最小公倍数 L と「互いに素」で，これより小さい任意の正整数 $e(>\log_2 N)$ を選ぶ．ここで，**[ステップ2]**で求めた最小公倍数 L に対しては，N と「互いに素」となる P に対して，

$$p^{nL+1} = P \pmod{N} ; n \text{ は任意の正整数} \tag{10.59}$$

という関係が成立することも知っておいてほしい．なお，式 (10.59) は (10.50) の関係に相当する．

[ステップ4] 正整数 e に対して，次式を満たす整数 d を求める．

$$ed = 1 \pmod{L} \tag{10.60}$$

ただし，d は整数 e の乗算に対する逆元であり，

$$d = e^{-1} \pmod{L} \tag{10.61}$$
$$\max[p, q] < d < L \tag{10.62}$$

となるように選ばれる．なお，式 (10.62) の $\max[p, q]$ は p と q の大きいほうの値を表す．また，式 (10.60) を考慮すると，

$$(P^e)^d = P^{ed} = P^{nL+1} \pmod{N} ; n \text{ は任意の正整数} \tag{10.63}$$

が成立することから，べき指数に関して，

$$ed = nL + 1 \tag{10.64}$$

の関係を満たす正整数 d を見つければよいわけだから，

$$d = \frac{nL+1}{e} ; n \text{ は任意の正整数} \tag{10.65}$$

が得られる［この計算は，式 (10.50) から式 (10.52) に該当する］．
以上の**[ステップ2]**〜**[ステップ4]**を経て，以下の二つの鍵を得ることができる．

$$\begin{cases} 公開鍵 \ (e, N) \ \rightarrow \ 暗号化鍵 & (10.66) \\ 秘密鍵 \ (d) \ \rightarrow \ 復号鍵 & (10.67) \end{cases}$$

ナットクの例題 ⑩ − 1

いま，二つの素数をそれぞれ $p=7$，$q=11$ とするとき，公開鍵と秘密鍵を求めよ．

解答

[ステップ1] より，$N = pq = 7 \times 11 = 77$ である．

[ステップ2] より，$L = \mathrm{LCM}(7-1, 11-1) = \mathrm{LCM}(6, 10) = 30$．この 30 が RSA暗号の決め手であり，30 を導き出すには 77 が 7 と 11 の積に分解できることを知っている必要があり，秘密鍵が公開鍵から割り出されずに済むことの理由になる．このことが RSA暗号マジックの概念である．

[ステップ3] より，$L=30$ と「互いに素」である正整数 $e (> \log_2 77 \fallingdotseq 6.2)$ は，

$$\{7, 11, 13, 17, 19, 23, 29\}$$

7個となる．

[ステップ4] $\mathrm{mod}\, 30$（モジュロ 30）の演算で，例えば $e=23$ の乗算に対する逆元は，式（10.65）より，

$$d = \frac{30n+1}{23} \quad (\mathrm{mod}\, 30)$$

が正整数になり，同時に式（10.62）の条件 $[11 < d < 30]$ を満たす値は，$n=13$ のときで，

$$d = \frac{30 \times 13 + 1}{23} = \frac{391}{23} = 1 \quad (\mathrm{mod}\, 30)$$

であることから，

$$23 \times 17 = 1 \quad (\mathrm{mod}\, 30)$$

なる関係を導き出せる．よって，復号鍵 $d=17$ が得られる．
以上の結果から，以下のように鍵が計算される．

$$\begin{cases} 公開鍵 \ (e=23, N=77) \ \rightarrow \ 暗号化鍵 & (10.68) \\ 秘密鍵 \ (d=17) \qquad\quad \rightarrow \ 復号鍵 & (10.69) \end{cases}$$

ナットクの例題 ⑩-2

$N=77$，暗号化鍵 $e=23$，復号鍵 $d=17$ を有する RSA 暗号において，平文 $P=(75, 29, 34)$ の暗号文を求めよ．続いて，得られた暗号文を復号して，平文が算出できることを検証せよ．

解答

少々計算に戸惑うかもしれないが，気長にチャレンジしてもらいたい．

・RSA 暗号文の生成（暗号化）

最初は，式（10.68）の暗号化鍵（$e=23$）を用いて，式（10.54）を計算する．具体的には 10 進数の平文 $P=(75, 29, 34)$ を一つずつ 23 乗して 77 で割ったときの余りを求めて暗号文とする．したがって，

$$75^{23} \pmod{77}, \quad 29^{23} \pmod{77}, \quad 34^{23} \pmod{77}$$

を計算することにより，暗号文 C が得られることになる．例えば，75 に対しては，

$$75^2 = 4 \pmod{77}$$

となるので，

$$\begin{cases} 75^3 = 75^2 \times 75 = 4 \times 75 = 69 \pmod{77} \\ 75^4 = 75^2 \times 75^2 = 4 \times 4 = 16 \pmod{77} \\ \cdots\cdots \\ 75^{23} = 75^{22} \times 75 = 37 \times 75 = 3 \pmod{77} \end{cases}$$

となるので，暗号文は 3 となる．残りのデータ（29, 34）も同様な計算により，

$$29^{23} \pmod{77} = 57, \quad 34^{23} \pmod{77} = 34$$

と計算できるので，最終的に暗号文 $C=(3, 57, 34)$ が生成できる．

・RSA 暗号文の復号

今度は，暗号文 $C=(3, 57, 34)$ を解読して平文に戻す処理である．具体的には，式（10.69）の復号鍵（$d=17$）を用いて，式（10.56）を計算する．具体的には

$3^{17} \pmod{77}$, $57^{17} \pmod{77}$, $34^{17} \pmod{77}$

を計算すればよい．その結果，

$3^{17} \pmod{77} = 75$, $57^{17} \pmod{77} = 29$, $34^{17} \pmod{77} = 34$

となり，平文 $P = (75, 29, 34)$ が正しく復号できる．めでたし，めでたしというわけである．

付録 A：実フーリエ級数の展開式の導出

まず，式（3.13）と直流分（振幅 1）との相関は，式（2.38）の定義に基づき，基本角周波数 $\omega_1 = \dfrac{2\pi}{T_p}$ に対して，

$$\begin{aligned}
\frac{1}{T_p}\int_0^{T_p}\{x(t)\times 1\}dt &= \frac{1}{T_p}\int_0^{T_p}\left[a_0 + \sum_{\ell=1}^{\infty}\{a_\ell\cos(\ell\omega_1 t) + b_\ell\sin(\ell\omega_1 t)\}\right]dt \\
&= \frac{a_0}{T_p}\int_0^{T_p} 1\cdot dt + \sum_{\ell=1}^{\infty}\left\{\frac{a_\ell}{T_p}\int_0^{T_p}\cos(\ell\omega_1 t)dt + \frac{b_\ell}{T_p}\int_0^{T_p}\sin(\ell\omega_1 t)dt\right\}
\end{aligned} \tag{A.1}$$

と表される．ここで，すべての整数 ℓ と m に対して，**表 A-1** の三角関数の積分公式より，

$$\begin{cases}
\int_0^{T_p}\cos(\ell\omega_1 t)dt = 0, \quad \int_0^{T_p}\sin(\ell\omega_1 t)dt = 0, \\
\int_0^{T_p}\cos(\ell\omega_1 t)\sin(m\omega_1 t)dt = 0, \\
\int_0^{T_p}\cos(\ell\omega_1 t)\cos(m\omega_1 t)dt = 0\ (\ell\neq m), \quad \int_0^{T_p}\sin(\ell\omega_1 t)\sin(m\omega_1 t)dt = 0\ (\ell\neq m) \\
\int_0^{T_p}\cos^2(\ell\omega_1 t)dt = \dfrac{T_p}{2}, \quad \int_0^{T_p}\sin^2(\ell\omega_1 t)dt = \dfrac{T_p}{2}
\end{cases} \tag{A.2}$$

となる関係が成立することから，式（A.1）は，

$$\frac{1}{T_p}\int_0^{T_p}\{x(t)\times 1\}dt = \frac{a_0}{T_p}[t]_{t=0}^{t=T_p} = a_0 \tag{A.3}$$

と変形でき，直流分 a_0 が得られる［式（3.14）］．

表 A-1 三角関数の積分公式

$$\int_0^{2\pi}\cos(\ell x)dx = 0,\ \int_0^{\pi}\cos(\ell x)dx = 0\ ;\ell = 1,2,3,\cdots \tag{A.4}$$

$$\int_0^{2\pi}\sin(\ell x)dx = 0\ ;\ell = 1,2,3,\cdots \tag{A.5}$$

$$\int_0^{2\pi}\sin(\ell x)\cos(mx)dx = 0\ ;\ell,m = 0,1,2,3,\cdots \tag{A.6}$$

$$\int_0^{2\pi}\sin(\ell x)\sin(mx)dx = \begin{cases} 0 & ;\ell = m = 0 \\ \pi & ;\ell = m = 1,2,3,\cdots \\ 0 & ;\ell\neq m,\ \ell,m = 0,1,2,3,\cdots \end{cases} \tag{A.7}$$

$$\int_0^{2\pi}\cos(\ell x)\cos(mx)dx = \begin{cases} 2\pi & ;\ell = m = 0 \\ \pi & ;\ell = m = 1,2,3,\cdots \\ 0 & ;\ell\neq m,\ \ell,m = 0,1,2,3,\cdots \end{cases} \tag{A.8}$$

次に，式 (3.13) と $\cos(\ell\omega_1 t)$ との「**相関**」を採れば，式 (2.38) より，

$$
\begin{aligned}
\frac{1}{T_p}&\int_0^{T_p} x(t)\cos(\ell\omega_1 t)dt \;;\; \ell \neq 0 \text{ の整数} \\
&= \frac{1}{T_p}\int_0^{T_p}\left[a_0 + \sum_{m=1}^{\infty}\{a_m\cos(m\omega_1 t)+b_m\sin(m\omega_1 t)\}\right]\cos(\ell\omega_1 t)dt \\
&= \frac{a_0}{T_p}\int_0^{T_p}\cos(\ell\omega_1 t)dt + \sum_{m=1}^{\infty}\left\{\frac{a_m}{T_p}\int_0^{T_p}\cos(m\omega_1 t)\cos(\ell\omega_1 t)dt\right\} \\
&\quad + \sum_{m=1}^{\infty}\left\{\frac{b_m}{T_p}\int_0^{T_p}\sin(m\omega_1 t)\cos(\ell\omega_1 t)dt\right\}
\end{aligned}
\tag{A.9}
$$

と表される．ここでも，式 (A.2) の関係を考慮すれば，第 1 項と第 3 項の積分値，および右辺の第 2 項は $m=\ell$ を除いた残りの積分値がすべて 0 で「**直交**」するので，式 (A.9) は容易に，

$$
\begin{aligned}
\frac{1}{T_p}\int_0^{T_p}x(t)\cos(\ell\omega_1 t)dt &= \sum_{m=1}^{\infty}\left\{\frac{a_m}{T_p}\int_0^{T_p}\cos(m\omega_1 t)\cos(\ell\omega_1 t)dt\right\} \\
&= \frac{a_\ell}{T_p}\int_0^{T_p}\cos^2(\ell\omega_1 t)dt = \frac{a_\ell}{2}
\end{aligned}
\tag{A.10}
$$

と計算できる．よって，基本角周波数 ω_1 の ℓ 倍の周波数（$\ell\omega_1$）に対する cos 波のフーリエ係数 $\{a_\ell\}_{\ell=1}^{\infty}$ は，

$$
a_\ell = \frac{2}{T_p}\int_0^{T_p}x(t)\cos(\ell\omega_1 t)dt \;;\; \ell \neq 0
\tag{A.11}
$$

で与えられる［式 (3.15)］．

同様の計算によって，角周波数 $\ell\omega_1$ に対する sin 波のフーリエ係数 $\{b_\ell\}_{\ell=1}^{\infty}$ は，式 (A.2) の関係より，

$$
\begin{aligned}
\frac{1}{T_p}\int_0^{T_p}x(t)\sin(\ell\omega_1 t)dt &= \sum_{m=1}^{\infty}\left\{\frac{b_m}{T_p}\int_0^{T_p}\sin(m\omega_1 t)\cos(\ell\omega_1 t)dt\right\} \\
&= \frac{b_\ell}{T_p}\int_0^{T_p}\sin^2(\ell\omega_1 t)dt = \frac{b_\ell}{2}
\end{aligned}
\tag{A.12}
$$

となり，最終的に，

$$
b_\ell = \frac{2}{T_p}\int_0^{T_p}x(t)\sin(\ell\omega_1 t)dt \;;\; \ell \neq 0
\tag{A.13}
$$

と求まるので，各自で検証してほしい［式 (3.16)］．

なお，**表 A-1** より式 (A.2) の関係を導き出す計算プロセスは少々手ごわいと思われる．そこで，式 (A.8) を例にとって計算の様子を以下に示すので，参考にしていただきたい．まず，$x = \omega_1 t$ と変数変換して，$dx = \omega_1 dt$，変数 x の積分範囲 $[0, 2\pi]$ が変数 t の積分範囲 $[0, \frac{2\pi}{\omega_1}]$ に置き換えられるので，式 (A.8) は，

$$\omega_1 \int_0^{2\pi/\omega_1} \cos(\ell\omega_1 t)\cos(m\omega_1 t)dx = \begin{cases} 2\pi & ; \ell = m = 0 \\ \pi & ; \ell = m = 1,2,3,\cdots \\ 0 & ; \ell \neq m, \ \ell,m = 0,1,2,3,\cdots \end{cases}$$

と表される．さらに，$\omega_1 = \dfrac{2\pi}{T_p}$ を代入して，

$$\frac{2\pi}{T_p} \int_0^{T_p} \cos(\ell\omega_1 t)\cos(m\omega_1 t)dx = \begin{cases} 2\pi & ; \ell = m = 0 \\ \pi & ; \ell = m = 1,2,3,\cdots \\ 0 & ; \ell \neq m, \ \ell,m = 0,1,2,3,\cdots \end{cases}$$

となり，両辺に $\dfrac{T_p}{2\pi}$ を掛ければ，

$$\int_0^{T_p} \cos(\ell\omega_1 t)\cos(m\omega_1 t)dx = \begin{cases} T_p & ; \ell = m = 0 \\ \dfrac{T_p}{2} & ; \ell = m = 1,2,3,\cdots \\ 0 & ; \ell \neq m, \ \ell,m = 0,1,2,3,\cdots \end{cases}$$

が導かれる．

参考文献

❶ 三谷政昭:『今日から使えるフーリエ変換』, 講談社, 2005 年
❷ 三谷政昭:『今日から使えるラプラス変換・z 変換』, 講談社, 2011 年
❸ 三谷政昭:『信号解析のための数学』, 森北出版, 1998 年
❹ 三谷政昭:『やり直しのための工業数学　情報通信編』, CQ 出版, 2011 年
❺ 三谷政昭:『やり直しのための工業数学　信号処理＆解析編』, CQ 出版, 2012 年
❻ 堀内司郎ほか監修:『画像圧縮技術の話』, 工業調査会, 1993 年
❼ 特集記事「ウェーブレット」,『数理科学』, 1992 年 12 月号, サイエンス社
❽ 岡本龍明ほか:『現代暗号』, 産業図書, 1977 年
❾ イオタゼミ:『暗号がわかる本』, オーム社, 2004 年
❿ 今井秀樹:『情報・符号・暗号の理論』, コロナ社, 2004 年
⓫ 三谷政昭:『マンガでわかる暗号』, オーム社, 2007 年
⓬ 藤田広一:『基本情報理論』, 昭晃堂, 1969 年
⓭ 磯博:『図解ディジタル画像処理入門』, 産能大学出版部, 1996 年
⓮ 井上誠喜ほか:『C 言語で学ぶ実践画像処理』, オーム社, 2008 年
⓯ 藤原洋:『最新 MPEG 教科書』, アスキー出版局, 1994 年
⓰ 三谷政昭:『やり直しのための通信数学』, CQ 出版, 2008 年
⓱ 三谷政昭:『Scilab で学ぶディジタル信号処理』, CQ 出版, 2006 年
⓲ 佐藤幸雄:『信号処理入門』, オーム社, 1987 年
⓳ 大伴洋祐:『これでワカッタ！　信号処理入門』, オーム社, 2012 年
⓴ 三谷政昭:『やり直しのための信号数学』, CQ 出版, 2004 年

索　引

数字・英字

1次元信号	23
2元符号	206
2次元信号	23
AES暗号	212
DCT	42
DES暗号	148, 211, 215
DES暗号文の生成	217
DES暗号文の復号	223
DFT	82, 91
DPCM	175, 179
EMC	152
FEAL暗号	212
FFT	42
IDFT	83
JPEG	119, 178
LDPC符号	191
MISTY暗号	212
mod	131
MP3	119, 187
MPEG	119, 178
N次元ベクトル	41, 48
RLE	175
RSA暗号	213
RSA暗号の暗号化鍵／復号鍵の生成	233
XOR	135, 215
z変換	75, 76
z変換表	77

あ行

あいまいエントロピー	167
アナログ信号	32
アナログ信号処理	101
誤り検出	171
誤り検出／訂正	135, 193
誤り検出符号	171
誤り訂正	171
誤り訂正符号	171
誤りパターン	143
暗号	19
暗号化	168, 210
暗号化アルゴリズム	146, 210
暗号化鍵	210
暗号の復号	168
暗号文	145, 210
アンチ・エイリアシング・フィルタ	37
位相角	28
位相差	26, 28
一方向性関数	229
一様量子化	182
移動平均	103
インボリューション	228
ウェーブレット	113
ウェーブレット変換	111
ウォルシュ変換	117
動きベクトル	186
動き補償	186
動き補償フレーム間予測差分	187
動き補償フレーム間予測符号化	186

エイリアシング	36	
エルガマル暗号	213	
遠隔監視	157	
遠隔計測	157	
遠隔制御	157	
エントロピー	170	
エントロピー復号化	185	
エントロピー符号化	178, 183, 184	
オイラーの公式	66, 67	
遅れ位相	29	
音楽データ圧縮	119	

か行

回転因子	85
ガウス性雑音	106
換字式暗号	146
換字処理	215
鍵	146
可逆圧縮	173
角周波数	26
確定信号	24
画像データ圧縮	119, 179
可変長符号	177
ガロア体	134, 196
擬似輪郭	182
奇数パリティ検査	136
基本角周波数	83
基本周波数	83
逆元	132
逆量子化	181, 182, 185
共通鍵暗号	211, 215
極形式	67
偶数パリティ検査	136
計算量的に安全な暗号	149
元	131
検査多項式	198
検査データ	137
検査ビット	137
現代暗号	148
高域通過フィルタ	109
公開鍵暗号	148, 211, 212, 228
後向性マスキング	189
高調波成分	60
固定長符号	177
古典暗号	148
孤立波	24
コンパクト符号	178

さ行

最小可聴限界	188
最大振幅	25, 67
最適符号	178
雑音源	163
サーバ認証モデル	20
差分	117, 176
差分 PCM	175, 179, 183, 184
三角関数の公式	30
サンプリング	33
サンプリング間隔	33
サンプリング周波数	33, 75
サンプリング定理	34, 36
時間−周波数同時解析	113
時間推移	54, 77
ジグザグスキャン	175, 184
ジグザグ走査	184

自己相関関数	119, 120, 126	情報データ	137	**た行**	
シーザー暗号	145	剰余演算	131		
指数関数波形	78	初期位相	26	体	131
実効値	47	真正性	210	帯域阻止フィルタ	111
実フーリエ級数	59, 60, 239	シンドローム	143, 199	帯域通過フィルタ	111
実フーリエ係数	59	数体系	131	楕円暗号	213, 228
シャノン	162	進み位相	28	多項式表現による誤り訂正	
シャノンの限界	165	正弦波交流	25	（復号化）手順	198
周期	25	正弦波交流の複素表示	70	多項式表現による符号化手順	
周期信号	24	整数演算	131		197
周波数	26	生成多項式	197, 200	畳み込み符号	192
周波数スペクトル	61	声紋スペクトル	112	多表式暗号	147
周波数帯域	164	絶対値	67	ターボ符号	191
周波数分解能	83	ゼロ知識対話証明	209	単位ステップ関数	54, 77
受信エントロピー	167	線形量子化	182	知覚符号化	187
受信機	163	前向性マスキング	189	超楕円曲線暗号	213
受信者	163	線スペクトル	61	直交	47
冗長エントロピー	167	素因数分解	229	直交形式	66
冗長ビット	137	相関	45, 50	直交成分	60
情報エントロピー	166	相関関数	120	直交変換	115
情報源	162	相関係数	45	直交変換による周波数分解	
情報源復号化	168	相互相関関数	120, 123		183
情報源符号化	166	送信エントロピー	167	通信帯域	164
情報多項式	198	送信機	162	通信モデル	161

通信路	163
通信路復号化	168
通信路符号化	167
通報	162
低域通過フィルタ	108
ディジタル信号	33
ディジタル信号処理	17, 101
ディジタル通信	18
データ圧縮	115, 117, 166
データ・マイニング	131
テレメータリング	157
伝送メディア	163
伝送路	163
転置式暗号	147
転置処理	216
テンポラル・マスキング	190
同期加算	105
ド・モアブルの定理	67
ドリフト雑音	109

な行

ナイキスト間隔	36
ナイキスト周波数	36
内積	44, 47
認証	20, 208, 214
ノルム	44, 46, 50
バイオメトリクス	19
排他的論理和	135, 195, 215

は行

ハイパス・フィルタ	109
バースト誤り	206
バースト長	206
パターン認識	21
ハフマン符号	178, 184
ハミング符号	137, 142
パリティ検査	136
パリティ・チェック	136
パリティビット	136
パルス信号	24
バンド・エリミネーション・フィルタ	111
バンドパス・フィルタ	111
非可逆圧縮	173
非線形量子化	182
ビッグ・データ	131
秘匿	207, 213
標本化定理	36
平文	145, 210
フィルタ・バンク	111
フィルタリング	108
不規則雑音	106
不規則信号	23
復号化	168, 172, 182, 210
復号化アルゴリズム	172, 210
復号鍵	210
復号器	163
複素数	66
複素フーリエ級数	61, 64
複素フーリエ係数	64
復調器	172
符号化	168, 182
符号化アルゴリズム	171
符号化率	192
符号器	162
符号語	137
符号語の多項式表現	195

符号多項式	195, 198
符号ビット	137
符号理論	165, 191
フーリエ解析	59
フーリエ・スペクトル	61
フーリエ変換	111
フレーム	179
フレーム間	179
フレーム間予測差分	186
フレーム間予測符号化	186
フレーム内	179
フレーム内変換符号化	183
フレーム内予測符号化／復号化	179
ブロック誤り	206
ブロック符号	192
分配法則	133
平滑化	103
平均情報量	170
平均電力	46, 47
ベクトル	41
偏角	67
変調器	171
ホーム・ネットワーク	153

ま行

マジック・プロトコル	229
マスカー	189
マスキー	189
マスキング効果	189
無線通信	163
無線メディア	163
無相関	116
モジュロ	131, 134, 195

や行

有限体	131
有線通信	163
有線メディア	163
予測関数	177
予測誤差	119
予測符号化	175, 182, 183

ら行

ラプラス逆変換	53
ラプラス分布	177
ラプラス変換	52
ラプラス変換表	54
ランダム誤り	205
ランレングス	117
ランレングス符号	176, 184
ランレングス符号化	175, 183
離散信号	33
離散フーリエ変換	82
リード・ソロモン符号	200
リーマン和	102
量子化	33, 180, 181, 183, 184
量子化誤差	181
量子化ステップ	33, 180, 184
量子化テーブル	184
連長符号化	175
ローパス・フィルタ	108
ログ・データ	130

著者紹介

三谷　政昭（みたに　まさあき）

1951年　広島県豊田郡（現在，尾道市）瀬戸田町に生まれる
1974年　東京工業大学工学部電子工学科卒業
　　　　工学博士
現　在　東京電機大学　名誉教授
URL　　http://www.icrus.org/

NDC547　255p　21cm

やさしい信号処理（しんごうしょり）　原理（げんり）から応用（おうよう）まで

2013年8月30日　第1刷発行
2023年2月2日　第4刷発行

著　者　三谷　政昭（みたに　まさあき）
発行者　髙橋明男
発行所　株式会社　講談社
　　　　〒112-8001　東京都文京区音羽2-12-21
　　　　　販　売　(03)5395-4415
　　　　　業　務　(03)5395-3615
編　集　株式会社　講談社サイエンティフィク
　　　　代表　堀越俊一
　　　　〒162-0825　東京都新宿区神楽坂2-14　ノービィビル
　　　　　編　集　(03)3235-3701
印刷所　株式会社双文社印刷
製本所　株式会社国宝社

落丁本・乱丁本は，購入書店名を明記のうえ，講談社業務宛にお送りください．送料小社負担にてお取り替えします．
なお，この本の内容についてのお問い合わせは講談社サイエンティフィク宛にお願いいたします．
定価はカバーに表示してあります．
©Masaaki Mitani, 2013
本書のコピー，スキャン，デジタル化等の無断複製は著作権法上での例外を除き禁じられています．本書を代行業者等の第三者に依頼してスキャンやデジタル化することはたとえ個人や家庭内の利用でも著作権法違反です．

[JCOPY]　〈(社)出版者著作権管理機構　委託出版物〉
複写される場合は，その都度事前に(社)出版者著作権管理機構（電話 03-5244-5088, FAX 03-5244-5089, e-mail : info@jcopy.or.jp)の許諾を得てください．
Printed in Japan
ISBN978-4-06-156514-2